·过鱼设施丛书·

竖缝式鱼道水力设计的理论与方法

孙双科　李广宁　郑铁刚　著

科学出版社

北京

内 容 简 介

竖缝式鱼道是目前国内外运用最为广泛的鱼道布置方式之一。本书介绍竖缝式鱼道的主要类型及国内外技术发展情况，基于水工模型试验、数值模拟计算分析与过鱼试验研究，建立竖缝式鱼道常规池室的设计原则与优化设计方法，并研究休息池、转弯段、分岔段等非常规池室的水力设计方法。针对库水位变幅较大的鱼道工程，提出鱼道出口与进口的优化设计方法，结合工程实例，介绍若干鱼道进口与出口布置的具体技术方法。部分章节结尾处附有其彩图二维码，扫码可见。

本书可供水利水电工程、生态工程、环境环保等领域的规划、设计、科研和管理人员参考使用，也可作为高等院校相关专业的教学参考资料。

图书在版编目（CIP）数据

竖缝式鱼道水力设计的理论与方法 / 孙双科, 李广宁, 郑铁刚著. -- 北京 : 科学出版社, 2025.6. -- (过鱼设施丛书) -- ISBN 978-7-03-080625-3

I. S956.3；TV135.9

中国国家版本馆 CIP 数据核字第 20240G4B64 号

责任编辑：闫　陶/责任校对：韩　杨
责任印制：徐晓晨/封面设计：无极书装

科 学 出 版 社 出版

北京东黄城根北街 16 号
邮政编码：100717
http://www.sciencep.com

北京富资园科技发展有限公司印刷
科学出版社发行　各地新华书店经销

*

开本：787×1092　1/16
2025 年 6 月第 一 版　　印张：15 3/4
2025 年 6 月第一次印刷　　字数：367 000

定价：158.00 元
（如有印装质量问题，我社负责调换）

"过鱼设施丛书"编委会

顾　　问：钮新强　常仲农　顾洪宾　陈凯麒　李　嘉　衣艳荣

主　　编：常剑波

副 主 编：吴一红　薛联芳　徐　跑　陈大庆　穆祥鹏　石小涛

编　　委：（按姓氏拼音排序）

安瑞冬	白音包力皋	曹　娜	常剑波	陈大庆
杜　浩	段　明	段辛斌	龚昱田	韩　瑞
韩德举	姜　昊	金光球	李　嘉	刘　凯
陆　波	穆祥鹏	钮新强	乔　晔	石小涛
孙双科	谭细畅	唐锡良	陶江平	王　珂
王小明	王晓刚	翁永红	吴一红	徐　跑
徐东坡	薛联芳	张　鹏	朱世洪	

"过鱼设施丛书"序

 拦河大坝的修建是人类文明高速发展的动力之一。但是,拦河大坝对鱼类等水生生物洄游通道的阻断,以及由此带来的生物多样性丧失和其他次生水生态问题,又长期困扰着人类社会。300 多年前,国际上就将过鱼设施作为减缓拦河大坝阻隔鱼类洄游通道影响的措施之一。经过 200 多年的实践,到 20 世纪 90 年代中期,过鱼效果取得了质的突破,过鱼对象也从主要关注的鲑鳟鱼类,扩大到非鲑鳟鱼类。其后,美国所有河流、欧洲莱茵河和澳大利亚墨累-达令流域,都从单一工程的过鱼设施建设扩展到全流域水生生物洄游通道恢复计划的制订。其中:美国在构建全美河流鱼类洄游通道恢复决策支持系统的基础上,正在实施国家鱼道项目;莱茵河流域在完成"鲑鱼 2000"计划、实现鲑鱼在莱茵河上游原产卵地重现后,正在筹划下一步工作;澳大利亚基于所有鱼类都需要洄游这一理念,实施"土著鱼类战略",完成对从南冰洋的墨累河河口沿干流到上游休姆大坝之间所有拦河坝的过鱼设施有效覆盖。

 我国的过鱼设施建设可以追溯到 1958 年,在富春江七里泷水电站开发规划时首次提及鱼道。1960 年,在兴凯湖建成我国首座现代意义的过鱼设施——新开流鱼道。至 20 世纪 70 年代末,逐步建成了 40 余座低水头工程过鱼设施,均采用鱼道形式。不过,在 1980 年建成湘江一级支流洣水的洋塘鱼道后,因为在葛洲坝水利枢纽是否要为中华鲟等修建鱼道的问题上,最终因技术有效性不能确认而放弃,我国相关研究进入长达 20 年的静默期。进入 21 世纪,我国的过鱼设施建设重新启动并快速发展,目前已建和在建的过鱼设施超过 200 座,产生了许多国际"第一",如雅鲁藏布江中游的 ZM 水电站鱼道就拥有海拔最高和水头差最大的双"第一"。与此同时,鱼类游泳能力及生态水力学、鱼道内水流构建、高坝集诱鱼系统与辅助鱼类过坝技术、不同类型过鱼设施的过鱼效果监测技术等相关研究均受到研究人员的广泛关注,取得丰富的成果。

 2021 年 10 月,中国大坝工程学会过鱼设施专业委员会正式成立,标志我国在拦河工程的过鱼设施的研究和建设进入了一个新纪元。本人有幸被推选为专业委员会的首任主任委员。在科学出版社的支持下,本丛书应运而生,并得到了钮新强院士为首的各位专家的积极响应。"过鱼设施丛书"内容全面涵盖"过鱼设施的发展与作用""鱼类游泳能力与相关水力学实验""鱼类生态习性与过鱼设施内流场营造""过鱼设施设计优化与建设""过鱼设施选型与过鱼效果评估""过鱼设施运行与维护"六大板块,各分册均由我国活跃在过鱼设施研究和建设领域第一线的专家们撰写。在此,请允许本人对各位专家的辛勤劳动和无私奉献表示最诚挚的谢意。

　　本丛书全面涵盖与过鱼设施相关的基础理论、目标对象、工程设计、监测评估和运行管理等方面内容，是国内外有关过鱼设施研究和建设等方面进展的系统展示。可以预见，其出版将对进一步促进我国过鱼设施的研究和建设，发挥其在水生生物多样性保护、河流生态可持续性维持等方面的作用，具有重要意义!

2023 年 6 月于珞珈山

前　言

　　鱼道是帮助过鱼对象克服闸坝阻隔影响并顺利完成其上溯的专门建筑物，在维系河流连通性与生物多样性方面具有不可替代的重要作用，在目前重视环境保护的形势下，已成为水利水电工程建设可持续发展的重要元素之一。

　　鱼道技术最初起源于欧洲，迄今已有数百年的历史。我国鱼道技术发展的历史很短，工程实践大约始于 20 世纪 60 年代，至 20 世纪 80 年代，相继建成了安徽裕溪闸鱼道、湖南洋塘鱼道等 40 余座中小规模的鱼道工程。1982 年，我国历史上第一部涉及鱼道方面的专著——《鱼道》出版。20 世纪 80 年代，针对葛洲坝水利枢纽建设是否需要修建鱼道问题进行大量学术争论，但遗憾的是，最终决策采用人工增殖和放养的方法来解决中华鲟等珍稀鱼类的过坝问题。此后，我国在大江大河上修建水利工程时几乎都不再考虑修建过鱼设施，导致鱼道研究工作在后 20 年里基本陷于停滞状态。与此同时，一些早期的鱼道由于管理不当等原因，很多都没有充分发挥作用，也加剧了人们对于鱼道的各种"不信任"。

　　21 世纪以来，我国综合国力快速增强，水利水电工程建设进入快速发展期，工程建设对环境的不利影响逐步得到各方面的高度重视，修建过鱼设施成为水生生态保护的重要工程措施，鱼道研究开始成为研究热点。在上述背景下，笔者有幸开启鱼道水力学的研究之旅：2006 年，位于北京市海淀区翠湖国家城市湿地的上庄闸在重建过程中，首次提出了结合岸边景观布置鱼道的先进理念，受建设单位委托，笔者研究团队承担了上庄新闸鱼道水工模型试验研究。在试验过程中，笔者研究团队发现了原设计的隔板交错布置方案存在的问题，并提出同侧布置隔板、增设导板的优化布置方案，而且首次认识到国外惯常采用的带有钩状墩头的隔板布置方式可能并不适用于我国过鱼对象，并提出新的折线隔板墩头布置方案。此后，笔者指导研究生开展了数值模拟计算分析，进一步论证常规池室的优化设计方法与隔板墩头布置方案的合理性。2008 年，笔者研究团队又承担了大渡河枕头坝一级水电站鱼道水工模型试验任务，大渡河枕头坝一级水电站是我国第一座在大型水电工程中布置鱼道的工程，具有里程碑意义。在试验研究中，除优化研究常规池室布置与鱼道底坡外，还首次研究了鱼道进口位置的合理选择、休息池与转弯段布置等关键技术问题。2010 年与 2012 年，笔者研究团队又完成了大渡河安谷水电站鱼道与尼洋河多布水电站鱼道的水工模型试验研究工作。2017～2020 年，在国家自然科学基金项目、流域水循环模拟与调控国家重点实验室项目经费支持下，笔者研究团队开展了系统的对照性过鱼试验研究，进一步明确常规池室"主流居中"设计原则的正确性，并开展提升过鱼效果的技术措施研究，为竖缝式鱼道水力设计提供了基础数据支撑。针对高水头、长距离大型鱼道工程中普遍存在的休息池、转弯段、分岔段，本书基于常规池室"主流居中"的设计原则，进行系统的数值模拟计算研究，给出了优化布置方案。

需要指出的是，欧美鱼道技术先发国家的鱼道以池堰式与丹尼尔式居多，其过鱼对象通常是鲑、鳟等游泳能力较强的鱼类，日本的鱼道同样以池堰式居多，其过鱼对象以体型相对较小但经济价值很高的香鱼为主，这些过鱼对象在行为习性方面普遍存在喜好跳跃性游动的共同特点，这可能是国外早期鱼道以池堰式居多的主要原因之一。与池堰式鱼道和丹尼尔式鱼道相比，竖缝式鱼道的历史则较短，属于鱼道家族中的新贵，最早是 1943 年由加拿大人首次采用，之后得到快速推广，被国内外普遍认为是一种过鱼效果最好的鱼道工程布置形式，具有适应水位变动能力强且适用于表层、中层、底层不同上溯鱼类的突出特点。1990 年与 1992 年，在日本连续召开了两次鱼道技术国际研讨会，与会专家对竖缝式鱼道推崇备至，日本与澳大利亚为此还进行了"鱼道革命"，将部分老旧的池堰式鱼道与丹尼尔式鱼道改建为竖缝式鱼道。21 世纪以来，我国已建与在建的鱼道工程绝大多数也采用了竖缝式鱼道布置方式，鉴于我国鱼道过鱼对象以四大家鱼（青鱼、草鱼、鲢、鳙）与裂腹鱼为主，且每个鱼道通常都有多种不同的过鱼对象，这与国外以鲑、鳟为主要过鱼对象的鱼道有明显不同，采用竖缝式鱼道无疑更具合理性。这也是本书以竖缝式鱼道为主题的最主要原因之一。

除了池室结构布置，鱼道进口与出口如何布置也是鱼道设计中最为关键、技术难度最大的技术环节。进口处的集诱鱼效果直接关系着过鱼设施的运行效果乃至成败，无论是鱼道还是升鱼机莫不如此。从国内外已建过鱼设施工程的运行实践看，过鱼设施进口通常布置于水电站尾水渠附近，利用鱼类的趋流性进行集诱鱼。但因为其与环境流场在几何尺度上存在巨大差异，为"针孔"工程，所以集诱鱼效果往往比较有限，有的工程甚至是失败的。大型鱼道工程还经常存在上下游水位变动大，导致鱼道进口与出口数量较多，并由此造成鱼道布置与运行维护难度增大。本书将针对水位大变幅条件下鱼道进口与出口布置，提出新的解决方案，针对高效利用水电站尾水诱鱼作用，提出若干鱼道进口布置方案，并提出利用水流、温升实施诱鱼的技术方案。

本书主要内容整合了笔者研究团队自 2006 年以来长达近二十年的研究成果，由孙双科、李广宁、郑铁刚合作完成。孙双科撰写第 1、2、8、9 章，李广宁撰写第 3~7 章，郑铁刚撰写第 10 章，全书由孙双科统稿。作者要感谢研究生徐体兵、张国强、边永欢、吕强、柳松涛、石凯、郭子琪（中国水利水电科学研究院与河北农业大学合作培养）、江慧（中国水利水电科学研究院与安徽理工大学合作培养）、张浩男（中国水利水电科学研究院与济南大学合作培养）等同学的出色工作与贡献。

本书作者特别鸣谢国家自然科学基金项目"鱼类上溯行为对鱼道水流结构的响应机制研究"（51679261）、"鱼道进口诱鱼水流作用机制研究"（51709278），流域水循环模拟与调控国家重点实验室重点团队研究项目"竖缝式鱼道水力设计理论与应用研究"（SKL2018ZY08）和自由探索项目"基于过鱼效果的竖缝式鱼道池室结构重塑优化研究"（SKL2020TS04）的经费支持。

本书内容既有池室结构水力设计理论的系统性，也有鱼道进口布置的技术实用性，可供水利水电工程、生态工程、环境环保等领域的规划、设计、科研和管理人员参考使用，也可作为高等院校相关专业的教学参考阅读。

鱼道研究涉及鱼类行为学、水力学、水工建筑物、景观美学、生态水工学、运行管理等多学科技术领域，对于许多问题的认识只能在不断地研究、总结和实践中求得继续前进，那种希图一举即达"至善"的想法是不现实、不符合客观规律的，也是有碍前进的。本书就是在这种思想的支配下，尝试探求问题解决的正确之道。受作者理论水平与实践经验限制，本书的疏漏与不足在所难免，诚恳期待各位读者批评指正。

作　者

2024 年 7 月于北京

目　　录

第1章　绪论 ……………………………………………………………………… 1

1.1　引言 ………………………………………………………………………… 1

1.2　竖缝式鱼道的发展和分类 ………………………………………………… 2

1.2.1　竖缝式鱼道的发展史 ……………………………………………… 2

1.2.2　竖缝式鱼道的分类与作用 ………………………………………… 4

1.3　已有研究成果综述 ………………………………………………………… 6

1.3.1　竖缝式鱼道的结构形式与水流特性 ……………………………… 6

1.3.2　模型试验 …………………………………………………………… 10

1.3.3　数值模拟 …………………………………………………………… 17

1.3.4　原型观测 …………………………………………………………… 19

1.3.5　与鱼道设计相关的鱼类习性研究进展 …………………………… 20

第2章　竖缝式鱼道水力特性 ………………………………………………… 23

2.1　引言 ………………………………………………………………………… 23

2.2　竖缝式鱼道局部大比尺水工模型试验 …………………………………… 23

2.2.1　模型设计 …………………………………………………………… 23

2.2.2　竖缝式鱼道水流流态与平面流场 ………………………………… 24

2.2.3　竖缝断面流速 ……………………………………………………… 27

2.3　数值模拟计算 ……………………………………………………………… 28

2.3.1　竖缝式鱼道基本结构布置 ………………………………………… 28

2.3.2　数学模型 …………………………………………………………… 29

2.3.3　竖缝断面流场计算结果 …………………………………………… 31

2.3.4　主流区流场计算结果 ……………………………………………… 32

2.3.5　回流区流场计算结果 ……………………………………………… 35

2.3.6　数值模拟计算的试验验证 ………………………………………… 36

2.4　常规池室水流结构 ………………………………………………………… 39

2.4.1　水流结构的平面二元特性 ………………………………………… 39

2.4.2　三维与二维计算结果的对比 ……………………………………… 41

2.5　不同流速量值对池室水流结构的影响 …………………………………… 44

2.5.1　竖缝断面流速分布与特征值 ……………………………………… 45

　　　　2.5.2　主流区的水力特性 ·· 45

　　　　2.5.3　回流区的水力特性 ·· 47

　　2.6　水流结构分类 ·· 48

　　　　2.6.1　数学模型 ··· 48

　　　　2.6.2　水流结构类型划分 ··· 49

　　　　2.6.3　主流区流速分布 ··· 52

　　　　2.6.4　竖缝断面流速分布 ··· 53

第3章　不同水流结构竖缝式鱼道对比过鱼试验 ·· 55

　　3.1　引言 ··· 55

　　3.2　试验用鱼选择 ·· 55

　　3.3　试验布置与设计 ··· 56

　　　　3.3.1　试验布置及数据处理 ·· 56

　　　　3.3.2　试验设计与方法 ··· 57

　　3.4　池室结构 I（$P/B=0.1$）与池室结构 II（$P/B=0.25$）对比试验 ············ 58

　　　　3.4.1　上溯成功率 ··· 58

　　　　3.4.2　上溯时间 ··· 58

　　3.5　池室结构 III（$P/B=0.5$）与池室结构 II（$P/B=0.25$）对比试验 ············ 60

　　　　3.5.1　上溯成功率 ··· 61

　　　　3.5.2　上溯时间 ··· 61

　　3.6　上溯成功率与上溯时间综合分析 ·· 63

第4章　竖缝式鱼道水流结构对草鱼上溯行为的影响 ··· 65

　　4.1　引言 ··· 65

　　4.2　上溯轨迹提取及统计 ··· 65

　　　　4.2.1　上溯轨迹的提取 ··· 65

　　　　4.2.2　上溯轨迹的特征化处理 ··· 66

　　4.3　上溯轨迹与水力因子响应分析 ·· 68

　　　　4.3.1　上溯轨迹与流速场响应分析 ··· 68

　　　　4.3.2　上溯轨迹与紊动能响应分析 ··· 69

　　4.4　上溯耗能定性比较 ·· 71

　　4.5　上溯游泳行为分析 ·· 72

　　4.6　综合分析 ·· 73

第5章　齐口裂腹鱼过鱼试验 ·· 75

　　5.1　引言 ··· 75

　　5.2　齐口裂腹鱼 ··· 75

5.3　试验布置与设计 ……………………………………………………… 76
　　5.3.1　试验布置 …………………………………………………… 76
　　5.3.2　试验方法 …………………………………………………… 77
　　5.3.3　数据处理 …………………………………………………… 77
5.4　齐口裂腹鱼过鱼试验结果与分析 …………………………………… 78
　　5.4.1　通过率与通过时间 …………………………………………… 79
　　5.4.2　池室通过路径 ………………………………………………… 81
　　5.4.3　竖缝通过路径 ………………………………………………… 82

第6章　水流结构对齐口裂腹鱼上溯行为的影响 …………………………… 83
6.1　引言 ……………………………………………………………………… 83
6.2　上溯轨迹提取 …………………………………………………………… 83
6.3　上溯行为分析 …………………………………………………………… 84
　　6.3.1　上溯轨迹统计处理 …………………………………………… 84
　　6.3.2　上溯行为初步分析 …………………………………………… 86
　　6.3.3　上溯轨迹分类与典型轨迹提取 ……………………………… 88
6.4　上溯行为与水流结构关系分析 ………………………………………… 90
　　6.4.1　回流区与齐口裂腹鱼上溯行为的关系 ……………………… 90
　　6.4.2　流速与齐口裂腹鱼上溯行为的关系 ………………………… 91
　　6.4.3　紊动能与齐口裂腹鱼上溯行为的关系 ……………………… 93
　　6.4.4　总水力应变与齐口裂腹鱼上溯行为的关系 ………………… 94
　　6.4.5　竖缝区域细化分析 …………………………………………… 95
6.5　齐口裂腹鱼上溯过程解析 ……………………………………………… 99

第7章　墩头结构对过鱼效果影响的试验研究 …………………………… 101
7.1　引言 …………………………………………………………………… 101
7.2　不同墩头结构对水流结构的影响 …………………………………… 101
　　7.2.1　数学模型 …………………………………………………… 101
　　7.2.2　数值模拟结果及分析 ……………………………………… 102
7.3　草鱼过鱼试验 ………………………………………………………… 103
7.4　齐口裂腹鱼对比试验 ………………………………………………… 105
7.5　综合分析 ……………………………………………………………… 107

第8章　竖缝式鱼道常规池室水力设计 …………………………………… 109
8.1　引言 …………………………………………………………………… 109
8.2　常规池室长宽比的合理取值研究 …………………………………… 109
　　8.2.1　模拟区域与计算工况 ……………………………………… 110

　　　8.2.2　鱼道水池内流场特性分析 ···110
　　　8.2.3　主流最大流速轨迹线特征分析 ··112
　　　8.2.4　不同长宽比下鱼道水池内流速分布特性分析 ···············113
　　8.3　竖缝宽度对水流结构影响研究 ··115
　　　8.3.1　不同竖缝宽度对鱼道流场分区的影响 ····························115
　　　8.3.2　主流区最大流速轨迹线与流速沿程衰减情况 ···············120
　　　8.3.3　竖缝断面流速分布 ···123
　　　8.3.4　单位水体消能率计算 ···126
　　8.4　导向角度对水流结构影响研究 ··127
　　　8.4.1　模拟区域 ···128
　　　8.4.2　流场特性分析 ···128
　　　8.4.3　主流特性分析 ···129
　　　8.4.4　竖缝断面流速分布 ···129
　　8.5　常规池室隔板墩头结构布置对比研究 ···130
　　　8.5.1　模拟区域 ···130
　　　8.5.2　流场特性分析 ···131
　　　8.5.3　主流特性分析 ···132
　　　8.5.4　竖缝断面流速分布 ···133
　　8.6　竖缝式鱼道常规池室水力设计原则与方法 ·································134

第9章　非常规池室结构布置与改进 ··135
　　9.1　引言 ··135
　　9.2　休息池 ···135
　　　9.2.1　计算内容与工况 ···135
　　　9.2.2　数值模拟结果 ···138
　　　9.2.3　休息池水力特性分析 ···141
　　　9.2.4　调整导向角度改进措施研究 ··147
　　　9.2.5　增设整流导板改进措施研究 ··155
　　　9.2.6　休息池结构布置综合分析 ···163
　　9.3　90°转弯段 ···163
　　　9.3.1　90°转弯段的结构与分类 ···163
　　　9.3.2　计算内容与工况 ···164
　　　9.3.3　90°转弯段水力特性与改进 ··168
　　　9.3.4　物理模型试验数据与数值模拟结果对比分析 ···············178
　　　9.3.5　90°转弯段结构布置综合分析 ···179
　　9.4　180°转弯段 ···180
　　　9.4.1　180°转弯段结构与分类 ···180

　　9.4.2　计算内容与工况 ··181
　　9.4.3　180°转弯段水力特性与改进研究 ······························186
　　9.4.4　外内型 180°转弯段物理模型试验 ·····························196
　　9.4.5　180°转弯段结构布置综合分析 ··································198

第 10 章　鱼道进口与出口布置 ···199
　10.1　引言 ···199
　10.2　鱼道进口与出口位置选择的分析方法 ·······················199
　　10.2.1　依托工程概况 ··199
　　10.2.2　数学模型与网格划分 ··200
　　10.2.3　河道下游流场分析 ··202
　　10.2.4　鱼道进口位置分析 ··203
　　10.2.5　成果归纳 ···206
　10.3　自适应水位变动的鱼道进口布置方法 ·······················207
　　10.3.1　依托工程概况 ··207
　　10.3.2　结构设计 ···207
　　10.3.3　物理模型试验结果及分析 ······································211
　10.4　自适应水位变动的鱼道出口布置方法 ·······················215
　　10.4.1　结构设计 ···215
　　10.4.2　数值模拟结果及分析 ··216

参考文献 ···226

第1章 绪 论

1.1 引 言

本章简要回顾鱼道技术的发展历史,指出竖缝式鱼道是目前国内外运用最为广泛且应用效果最好的鱼道布置方式。针对前人已有的研究进行综述与分析,指出过鱼对象的游泳能力是鱼道水力设计的主要控制参数,而在实际鱼道工程中,如何确保鱼道进口良好的集诱鱼效果是鱼道成败的关键因素。人类为了发电、防洪、供水、灌溉、航运、景观等目的而在江河上修建了大量的闸坝建筑物(王珙,2016;陈凯麒 等,2013,2012;Silva et al.,2012;Yagci,2010),尤其是随着社会事业的飞速发展,我国在珠江流域、长江流域、黄河流域、淮河流域、辽河流域、海河流域与松花江流域等主要水系上建设了诸多水工建筑物,2010~2012 年第一次全国水利普查数据(中华人民共和国水利部和中华人民共和国国家统计局,2013)显示:我国分布水库数量为 98 002 座,其中已建与在建水库数量分别为 97 246 座与 756 座;水电站数量为 46 758 座,其中规模以上的水电站中已建与在建水电站数量分别为 20 866 座与 1 324 座;过流流量为 1 m^3/s 及以上的水闸数量为 268 476 座,其中规模以上的水闸中已建与在建水闸数量分别为 96 226 座与 793 座;橡胶坝数量为 2 685 座。上述闸坝建筑物给人类带来了巨大经济效益与高质量生活保证,同时也对其周围环境造成了影响(梅峰顺和王玉华,2012;胡望斌 等,2008;周世春,2007),其中最突出问题之一是闸坝建筑物阻断了江河的连通性、破坏了江河固有的自然属性,导致鱼类栖息地的水环境与水生态环境发生改变(易雨君和王兆印,2009),尤其对鱼类资源产生了不利影响(曹文宣 等,2021,2011;Karisch and Power,1994),譬如鱼类产卵、越冬、索饵洄游活动延迟或终止,鱼类下行通过水轮机时遭受伤害与生态景观破碎等,上述不利影响将导致鱼类种群多样性丧失(施炜纲 等,2009;黄亮,2006)、经济鱼类品质退化(于晓东 等,2005;陈银瑞 等,1998),甚至造成中华鲟等溯河性洄游鱼类种群濒临灭绝(杨宇,2007;刘绍平 等,2002)。为了有效减缓闸坝建筑物阻挡江河连通性的不利影响、帮助恢复鱼类与其他生物物种在江河中的自由洄游,河流水生态修复(龙笛和潘巍,2006)技术研究受到国内外学者的广泛关注与环保行政部门的高度重视(高玉玲 等,2004;廖国璋,2004;陈曾龙,1998)。

针对闸坝建筑物对其周围环境造成的不利影响,国内外专家进行了诸多修复措施研究(陈明千 等,2013;Aunins et al.,2013;王尚玉 等,2008;Quang and Geiger,2002),主要实施方式与预期效果为:在闸坝建筑物与其附近区域内修建过鱼设施(Baek and

Kim，2014；Cooke and Hinch，2013；Bunt et al.，2001），可促使洄游鱼类越过障碍物，完成其在江河中的溯河与降河洄游行为；依据地形条件修建增殖放流站，经过野生亲鱼采集、亲鱼驯养、人工催产、鱼卵孵化、鱼苗培育、增殖放流等工艺流程，可补偿闸坝建筑物开发造成的鱼类资源衰退、保护珍稀濒危鱼类物种延续与补充经济鱼类资源；基于鱼类产卵时对水环境的严格要求，人类修建满足水温、水流、光线、盐度与幼鱼营养条件的产卵场，促使鱼类产卵与鱼卵孵化，以提高江河中鱼类物种数量；划定自然保护区，以保护国家珍稀濒危鱼类；人造洪峰促使鱼类产卵，以丰富经济鱼类资源。其中，利用过鱼设施帮助鱼类越过障碍物措施的生态修复效果显著，得到了国内水生态学家的重点提倡。

根据洄游鱼类的游泳特性，过鱼设施主要分为上行与下行两类，上行过鱼设施主要包括鱼道、升鱼机、鱼闸与集鱼渔船等，下行过鱼设施主要分为拦网与电栅等（乔娟 等，2013）。自 1662 年法国贝阿恩省颁布了在闸坝建筑物上修建过鱼设施的规定以来（Kim，2001），鱼道成为最主要的过鱼设施形式，据不完全统计，截至 20 世纪末期，北美修建鱼道的数量约为 400 座，日本国内鱼道数量多达 1 400 余座（杨宇 等，2006）；我国鱼道研究大致经历了初步发展期、停滞期与二次发展期，随着 21 世纪我国鱼道事业步入二次发展期，近 20 年我国共有 24 个国家级水利水电项目鱼道经过环境影响技术评估，截至 2012 年我国修建鱼道的数量约为 40～60 座（陈凯麒 等，2012）。鱼道建设涉及水力学与鱼类行为学两大领域（李修峰 等，2006），是一项技术要求很高、风险非常大的工程，需要考虑的关键因素众多，如目标鱼类洄游特性、进口诱鱼措施、细部结构水力特性、运行管理与检测评估等（吕巍和王晓刚，2013；汪亚超 等，2013；艾克明，2010），所述环节务必尽善尽美，若存在任何技术上的疏漏，都将严重影响鱼道实际的过鱼效率，甚至导致鱼道过鱼功能的丧失，因此鱼道内水流流态能否适应鱼类洄游习性引起了国内外鱼类专家的高度关注，鱼道的水力特性研究已成为水力学学科内最为炙热的课题之一（汪红波 等，2013；闫滨 等，2013；肖玥，2012；吕海艳 等，2011）。

1.2 竖缝式鱼道的发展和分类

1.2.1 竖缝式鱼道的发展史

鱼道发展经历了几百年历史，最早可追溯到 1662 年，当时法国法律规定在闸坝建筑物及其附近区域内为鱼类上溯与下行活动修建通道，贝阿恩省修建的鱼道为一条宽浅明渠，在其地面上布满的石块、树枝等降低水流流速，有利于鱼类顺利游向上游；鱼道水流流态接近仿自然鱼道的水流情况，但流场特性并未经过科学研究（宋德敬 等，2008）。

在 19 世纪中叶，水利事业快速发展促使世界诸多国家在江河上修建了大量堰、闸、坝等水工建筑物，同时也加快了鱼道工程的修建进度。1852～1854 年，英格兰政府在巴利索达雷（Ballisodare）河上修建了诸多过鱼设施，随后在 1883 年建成世界上第一座池式鱼道，该鱼道位于伯思谢尔地区胡里坝，其内部共设置了 80 个大型池室，上下游水位落差仅 1.52 m，但设计鱼道时未考虑鱼类洄游习性，导致过鱼效率甚低。1870 年，日本境内为了促使鱼类游入十和田湖内，利用当地自然瀑布修建了过鱼设施，该过鱼设施布置形式形成了日本鱼道的雏形。

20 世纪初，1909~1913 年比利时工程师丹尼尔对鱼道进行了一系列水槽基础试验研究，结果表明在水槽边壁与底板上布置间距密集、向上倾斜的阻板与底坎后，将形成水流漩涡与对冲现象，可有效降低水槽内水流流速（Bunt et al.，2001）。该研究成果为鱼道设计、修建工作提供了重要参考价值，为了纪念丹尼尔这一重要发现，当今鱼道科研工作者将这种独具特色的鱼道布置形式称为丹尼尔式鱼道。在 20 世纪中后期，美国、法国、加拿大与丹麦等国鱼道专家深入研究了丹尼尔式鱼道的水力特性，并提出了阻板与底坎的不同布置形式，到目前为止，丹尼尔式鱼道布置形式主要分为平面障碍物、灵活障碍物与陡峭通道三种类型（Mallen-Cooper and Stuart，2007；Haro et al.，1999；Wada et al.，1999）。

20 世纪 40 年代，世界鱼道专家提出了池式、槽式鱼道的诸多布置形式，并开始研究竖缝式鱼道的水流流场特性。1943 年，加拿大政府在弗雷泽（Fraser）河上修建了世界上第一座竖缝式鱼道，即鬼门峡双侧竖缝式鱼道（Larinier et al.，2002），其内部布置了一系列大型水池，池长与池宽分别为 5.5 m 与 6.1 m，竖缝宽度为 0.6 m；水体通过双缝流入常规水池，由于两股竖缝射流在中央部分混合消能，水池下游部分形成静水区域，其水流流态适合鲑溯游与休憩。

截至 20 世纪 70 年代，据不完全统计美国与加拿大两国共修建 200 余座以鱼道为主的过鱼设施，法国、英格兰等欧洲国家修建的过鱼设施超过 100 座，日本与苏联两国境内的过鱼设施数量分别为 35 座与 15 座（许晓蓉，2012；张国强和孙双科，2012）；我国设计、修建了七里垅鱼道、鲤鱼港鱼道、新开流鱼道与斗龙港鱼道等 40 余座鱼道，当时国内鱼道研究步入初步发展期。

1971~1988 年，我国正处于建设葛洲坝水利枢纽工程的时期，国内水利与鱼类专家针对中华鲟保护工作进行了诸多研究，但经过研讨后决定葛洲坝水利枢纽工程不必附建过鱼设施（易伯鲁，1981）；此后 20 年时间，我国基本不考虑在闸坝建筑物与其附近区域内建设鱼道，导致我国鱼道研究工作步入停滞期；同时，早期建设的鱼道也未合理运行与监测管理，造成我国部分鱼道目前仍处于废弃状态。

20 世纪 80~90 年代，鱼道研究工作得到世界各国水利专家广泛关注，并召开了多次规模较大的专题国际会议。1986 年，贝尔（Bell）出版了一本指导鱼道水力设计的手册；1990 年与 1995 年，在日本岐阜市分别召开了第一届与第二届国际鱼道研讨会；自2011 年开始，美国渔业协会每年召开一届鱼道研究会议，并针对会议讨论内容出版一系列鱼道技术出版物；1996 年，联合国粮食及农业组织出版了鱼道设计的专业技术指导书；1997 年，日本政府修订了《河川法》，法律增加了保护河流水环境的规定，日本鱼类专家提出鱼道不仅为鱼类洄游提供通道，也是鱼类良好的休憩场所；1999 年，美国政府在博舍（Bosher）坝建造了竖缝式鱼道，解决了自 1823 年以来鱼类不能洄游的问题，该鱼道当年过鱼数量高达 6 万余条，种类约为 20 种，次年过鱼数量增至 11 万条（宋德敬 等，2008）。

2000 年以来，我国鱼道研究工作再次得到重视，鱼道修建事业步入二次发展期（王

珂 等，2013；徐海洋 等，2013；农静，2008；杨宇 等，2006）。近年来，我国 24 个国家级水利水电项目鱼道经过环境保护技术评估，以竖缝式鱼道为主要布置形式，如北京上庄新闸鱼道（孙双科 等，2007）、大渡河枕头坝一级水电站鱼道（徐海洋 等，2013）与吉林老龙口水利枢纽工程鱼道（程玉辉和薛兴祖，2010）等。但我国鱼道水力学与鱼类游泳行为学研究仍处于初步探索阶段（毛熹 等，2011；曹庆磊 等，2010b），并且国内洄游鱼类游泳能力较弱，致使某些鱼道工程运行时过鱼效果不佳，因此我国鱼道水流流态适应鱼类洄游特性技术研究仍是鱼类专家与环保行政部门最为重视的课题之一（董志勇 等，2008；王桂华 等，2007；杨德国 等，2005）。

1.2.2　竖缝式鱼道的分类与作用

鱼道是在人工建筑物或天然障碍物处为沟通鱼类洄游通道而布置的一种过鱼设施。鱼道可分为工程鱼道与仿自然式鱼道，而工程鱼道分为池式鱼道（Alexandre et al.，2013）与槽式鱼道两类。其中，池式鱼道包括竖缝式鱼道、堰流式鱼道、淹没式鱼道、涵洞式鱼道与组合式鱼道等，槽式鱼道包括简单槽式鱼道、丹尼尔式鱼道等。鱼道具体布置形式与结构特点如下。

（1）竖缝式鱼道（董志勇 等，2008）：在水槽两侧边墙与底板上布置导板与隔板，其将水槽分隔成系列常规水池，导板位于隔板的下游位置，导板与隔板之间形成竖缝；水流通过竖缝流入下一阶常规水池，并在常规水池内经过扩散、折返对冲作用进行消能，消能效果显著；竖缝式鱼道适合表层、中层、底层鱼类进行溯河洄游行为。

（2）堰流式鱼道（Santos et al.，2014）：在水槽内每隔一定距离布置一块溢流堰式隔板，堰顶可设计为倾斜矩形堰式或三角堰式，水流以堰流形式流向下一阶常规水池；水流通过水垫作用进行消能，消能效果显著；堰流式鱼道适合游泳能力强、具有一定跳跃能力的鱼类进行溯游行为。

（3）淹没式鱼道：水槽内布置的隔板将其分隔成系列常规水池，在隔板上开孔，其孔口淹没在水深中层与底层；水流通过孔口扩散与隔板阻挡作用进行消能；淹没式鱼道适合中、底层具有强洄游能力的鱼类进行溯游行为，如图 1.1 所示。

（a）整体   （b）局部

图 1.1　湖南衡阳的洋塘鱼道

（4）涵洞式鱼道（Ead et al.，2014；许晓蓉，2012；Morrison et al.，2009）：在涵洞内布置的隔板将其分隔成系列常规水池，隔板形式包含偏移式、槽堰式、堰式、扰流式、阿尔伯达堰式与阿尔伯达式 6 种类型；水流通过隔板阻挡、水流对冲或水垫作用进行消能；涵洞式鱼道依据其隔板形式可适合表层、中层、底层鱼类进行溯游行为。

（5）组合式鱼道（黄明海 等，2009）：其为竖缝式、堰流式、淹没式与涵洞式鱼道相组合的鱼道形式，可依据鱼类游泳习性灵活设计为不同布置形式；组合式鱼道综合了其他形式鱼道的优势，具有良好的水流条件，过鱼效率较高。

（6）简单槽式鱼道：其为一条底板坡度较小的水槽，内部水流流动较缓，适合闸坝建筑物上下游水位相差较小的条件下建设与运行，如图 1.2 所示。

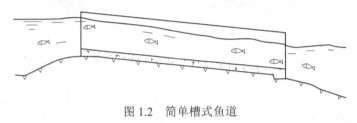

图 1.2 简单槽式鱼道

（7）丹尼尔式鱼道（Bunt et al.，2001）：1909～1913 年，比利时工程师丹尼尔通过一系列试验设计出一种新型鱼道，即倾斜水槽壁面与底板上布置阻板与底坎；水体从上游流经下游过程中，受阻板与底坎的阻挡作用而进行消能，消能效果显著，使得槽内水流流速降低，如图 1.3、图 1.4 所示。

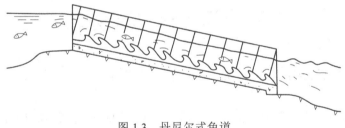

图 1.3 丹尼尔式鱼道

（8）仿自然式鱼道（王猛 等，2014；Gustafsson et al.，2013；方真珠 等，2012；孙双科和张国强，2012）：在宽浅明渠内布置天然漂石，使其形成阶梯水池或过鱼竖缝，明渠内水流接近天然河流的流态，具有较高的过鱼效率。

2002 年完成补建，2004 年投入运行的伊泰普水利枢纽（最大坝高 196 m）过鱼设施位于主体工程的左岸，由于上下游进出口距离长达约 10 km，设计者充分利用位于原河流左岸的一段支流，建设了三座鱼道、三个人工湖，形成了世界上最长、结构形式最为复杂的过鱼设施。中间设置的人工湖是供鱼类休息的场所，通过对进出口高程的设置和鱼道的设计，保证了洄游鱼类所需要的最小水深。在鱼道上游进水口处设有平板闸门和弧形闸门，起到调节或控制鱼道内流量（或流速）的目的。在三座鱼道中，除一座鱼道结合水上漂流运动，边墙采用混凝土衬砌外，其他两座鱼道的侧边均采用块石的护坡形式，以创造接近自然河道的水流条件和景观。

图 1.4　丹尼尔式鱼道的细部结构

鱼道可分为多种类型，但其共同的作用是促使鱼类越过人工障碍物，帮助其继续完成洄游行为（Katopodis and Williams，2012；Uddin et al.，2001）；鱼道在其运行过程中具有一定过流流量，起到江河旁路支流作用，从某种程度上沟通了闸坝建筑物上下游水体，促进了河流的连通性；另外，辅助设施将诱使降河性鱼类通过鱼道完成下行行为，因此鱼道为降河性鱼类提供了下行通道；原型观测结果显示，鱼道也为爬行类水生生物提供了自由游动通道，譬如大鲵可在仿自然式鱼道中依靠卵石与树枝等上溯与下行（陈国亮和李爱英，2013；谭细畅 等，2013；公培顺和李艳双，2011）。

1.3　已有研究成果综述

1.3.1　竖缝式鱼道的结构形式与水流特性

竖缝式鱼道的功能是利用水流帮助鱼类越过闸坝等挡水建筑物以完成洄游活动（环境保护部环境工程评估中心，2011）。基于水工建筑物的布置地形条件，往往将竖缝式鱼道修建在高山峡谷区域，为了适应闸坝建筑物上下游水位变化、复杂地域地形条件与缓坡造成的鱼道整体长度等，在鱼道内部除设置为鱼类提供上溯路线的常规水池外，还需设置适应水位大变幅的多进出口、连接进出口与鱼道主体的分岔段、为鱼类提供休憩场所的休息池、利于鱼道转折的转折段与方便观察鱼类游泳行为的观察室等细部结构，竖缝式鱼道的各细部结构是以串联形式连接起来的，所以鱼道任何组成部分的不利流态都将影响鱼道的过鱼效率，甚至导致过鱼功能丧失（南京水利科学研究所，1982）。

竖缝式鱼道底板具有一定坡度，在国内一般将底板坡度设计为 2%左右，国外洄游鱼类游泳能力较国内鱼类强，因此鱼道底板坡度设计稍大。在鱼道两侧边墙内壁上设置导板与隔板，其将鱼道分隔成各细部结构，导板与隔板之间形成竖缝，水流通过竖缝从鱼道出口流向鱼道进口，经过水流扩散与对冲作用进行消能，最终使水流流态适应鱼类的洄游习性。一般而言，细部结构通常布置于竖缝式鱼道中的平面布置。

如图 1.5 所示，竖缝式鱼道是池式鱼道，鱼类在池室内沿主流区水流逆向进行洄游活动，因此鱼道水流进口与出口分别为鱼类游出鱼道的出口与游入鱼道的进口；因为闸坝建筑物上下游水位通常是变化的，若变幅超出单进出口水深的适应范围，将在竖缝式鱼道中设计多个进出口，运行不同进出口是利用闸门启闭方式来实现的，将进出口、闸门与相邻若干常规水池称为进出口段。进出口段是通过分岔段与鱼道主体连接起来的，依据分岔段位置与功能，将其主要分为进口分岔段与出口分岔段两类，若鱼道上下游只设置了单进出口，则鱼道将不设置分岔段。常规水池组成了竖缝式鱼道主体部分，其功能是为鱼类提供洄游通道，诸多竖缝式鱼道研究成果是以优化常规水池与细部结构布置形式为主，以便常规水池水流流态适应鱼道洄游习性。我国鱼道上下游水位相距较大、底板坡度较缓，导致鱼道设计的整体长度较长，在深山峡谷等复杂地形条件下不易将竖缝式鱼道布置成顺直段，需要在特定区域内设置转折段，以实现鱼道走向发生改变，若鱼道内水流方向在转折段内发生 α 角度改变，则称为 α 转折段；在我国已建与在建的竖缝式鱼道工程中，较为常见的转折段有 90° 转折段与 180° 转折段，通常称其为 90° 转弯段与 180° 转弯段；在转折段内水流发生转向，将会引起环流与回流等复杂流态出现，因此需要研究其合理的结构布置。竖缝式鱼道原则上可不设置休息池，但针对我国洄游鱼类的游泳能力普遍较弱的问题，生态学家与鱼类专家普遍提倡在竖缝式鱼道中每隔若干常规水池设计一个休息池，以利于鱼类在溯游过程中得到充分休憩，待其恢复体力后继续进行洄游活动，有利于改善国内鱼道过鱼效率普遍不高的问题；已有研究成果显示，竖缝式鱼道休息池长度宜采用常规水池长度的两倍，因此休息池为一级加长了的常规水池，但底板坡度降低为常规水池底板坡度的一半；在长度较长的竖缝式鱼道项目中，休息池是重要设计内容。为了便于统计过鱼数量与鱼类在鱼道内游泳行为研究，通常在竖缝式鱼道出口附近修建观察室，观察室侧面采用玻璃材料，有助于观测研究与科研记录。除此之外，在竖缝式鱼道附近修建辅助设施，如在鱼道进口区域布置诱鱼水流设施与补水设施、在鱼道顶面设置格栅设施等。

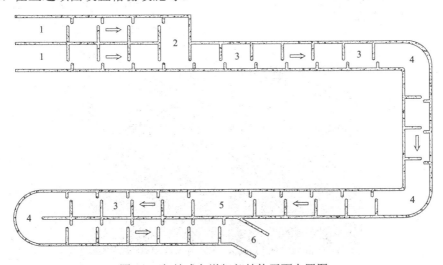

图 1.5 竖缝式鱼道细部结构平面布置图

1.鱼道出口；2.分岔段；3.常规水池；4.转折段；5.休息池；6.鱼道进口

竖缝式鱼道工程需要根据实际布置地形条件进行设计工作，利用布置区域灵活布置鱼道顺直段以满足鱼道所要求的整体长度，在提高鱼道过鱼效率的同时，也要考虑到修建鱼道应与当地景观相协调，因此这为竖缝式鱼道的修建工作提出了更高的要求。

依据细部结构布置形式，将竖缝式鱼道分为单侧竖缝式鱼道、双侧竖缝式鱼道与其他类型竖缝式鱼道。如图 1.6（a）所示，单侧竖缝式鱼道（Puertas et al.，2012）两侧边墙上布置导板与隔板，导板与隔板之间形成一条竖缝；而在双侧竖缝式鱼道中，导板设置在两侧边墙上，隔板位于水池中间部分，隔板与两侧导板之间形成两条竖缝，如图 1.6（b）所示；对于其他类型竖缝式鱼道而言，不同细部结构形式的隔板布置一侧边墙上，其前缘与另一侧边墙形成竖缝，如图 1.6（c）所示。相对于双侧竖缝式鱼道与其他类型竖缝式鱼道而言，单侧竖缝式鱼道的细部结构布置形式较为简单，其内部水流流态稳定，鱼道过流流量相对较小，洄游鱼类容易适应常规水池、转弯段、休息池、分岔段内水流流态而最终游至上游库区，有效提高了鱼道的过鱼效率，因此单侧竖缝式鱼道作为典型鱼道形式在国内外得到广泛的工程应用（曹刚，2009；洪峰和陈金生，2008），尤其在我国境内已建与在建的竖缝式鱼道工程中，单侧竖缝式鱼道占到主导地位，如北京上庄新闸鱼道、广西长洲水电站鱼道与吉林老龙口水利枢纽工程鱼道等（李捷 等，2013；孙斌 等，2013；梁朝皇和涂晓霞，2012）。近期，我国在雅鲁藏布江新建成的 DG 水电站鱼道、ZM 水电站鱼道、JC 水电站鱼道也都采用了竖缝式设计。

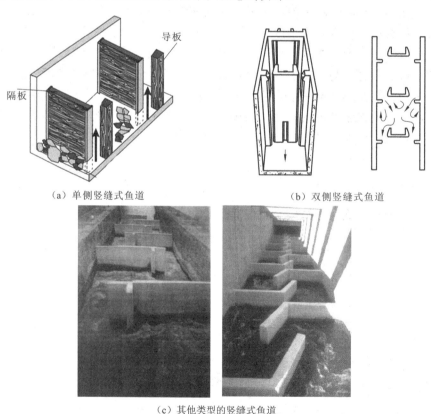

（a）单侧竖缝式鱼道　　　　　　　　（b）双侧竖缝式鱼道

（c）其他类型的竖缝式鱼道

图 1.6　竖缝式鱼道的布置形式

单侧竖缝式鱼道为一条倾斜水槽，国内通常将其底板坡度设计为 2%左右。单侧竖缝式鱼道平面布置如图 1.7 所示，导板与隔板相对设置在两侧边墙上，导板位于隔板的下游，导板与隔板将水槽分割成相邻的常规水池；导板与隔板之间形成竖缝，水流通过竖缝流入下一个常规水池；在美国、加拿大等国家修建的竖缝式鱼道中，隔板墩头迎水面通常设置梯形或 1/4 圆形钩状结构，以便于增强竖缝的导流作用与稳定主流区分布位置，但国内中国水利水电科学研究院徐体兵和孙双科（2009）曾深入研究了隔板墩头钩状结构对鱼道水流流态的影响，结果表明，钩状结构对常规水池水流流态的稳定作用甚微，隔板有无钩状结构的常规水池内水流流场分布规律相似，同时钩状结构容易造成鱼道内部泥沙淤积与漂浮物滞留等，不利于洄游鱼类进行上溯行为，因此我国近期已建与在建的多座竖缝式鱼道中，隔板墩头均采用了不设置钩状结构的方案，如图 1.7 所示。依据前人的研究成果，将单侧竖缝式鱼道的隔/导板墩头的迎/背水面坡度为 1∶3，背/迎水面坡度采用 1∶1。

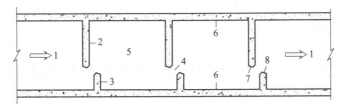

图 1.7 单侧竖缝式鱼道平面布置图

1.水流方向；2.隔板；3.导板；4.竖缝；5.常规水池；6.边墙；7.隔板墩头；8.导板墩头

如图 1.8 所示，与单侧竖缝式鱼道相似，双侧竖缝式鱼道也为一条倾斜水槽，但相异之处在于：导板布置在两侧边墙上，隔板固定在水槽中间部分，导板与隔板将水槽分隔成一系列的常规水池；导板位于隔板的下游，每块隔板与两侧导板之间形成两条竖缝，由此将其称为双侧竖缝式鱼道，水流可以通过两个竖缝流向下一级常规水池；基于隔板钩状结构对常规水池水流流态影响甚微的研究成果，图 1.8 中所示的导板与隔板均采用折线型墩头，隔/导板墩头的迎/背水面坡度为 1∶3，背/迎水面坡度采用 1∶1。相对于单侧竖缝式鱼道而言，双侧竖缝式鱼道水力特性存在的差异在于：水流通过双缝流向下一级常规水池，引起鱼道的过流流量增加；常规水池内存在两条主流区，主流区水流流动之间的相互作用，促使池内水流紊动程度增强；双侧竖缝式鱼道内的主流区数量增加，为

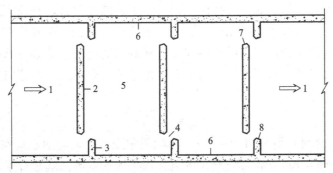

图 1.8 双侧竖缝式鱼道平面布置图

1.水流方向；2.隔板；3.导板；4.竖缝；5.常规水池；6.边墙；7.隔板墩头；8.导板墩头

洄游鱼类自由选择沿主流区水流的溯游通道提供了便利，与此同时，主流区两侧分布着多个回流区，更有利于鱼类进行充分休息；与单侧竖缝式鱼道相比，双侧竖缝式鱼道占地面积大，且耗水量相对较多，因此国内外修建的双侧竖缝式鱼道数量相对较少。

在竖缝式鱼道运行过程中，鱼道内部水流从上游竖缝以射流形式流入常规水池，形成贯通整个常规水池的主流区，主流区水流的射流断面在常规水池内沿程递增，但断面流速的动量通量保持不变，引起主流区水流流速沿程递减，待水流流入下游竖缝附近区域内，主流区水流的射流断面急速收缩，致使主流区水流流速急剧增加至竖缝断面平均流速，主流区流速在横向上呈从中心线至两侧边缘递减的变化规律；在主流区两侧分布着若干回流区，不同侧的回流区水流旋转方向相反，回流区中心位置水流流速甚小，趋近于 0，回流区从中心至边缘水流流速呈递增趋势，回流区边缘水流流速与主流区两侧水流流速相当（Cea et al.，2014；Davies and Desai，2008）。

1.3.2　模型试验

最初针对竖缝式鱼道水流流场特性而进行的系统研究起源于 20 世纪 80 年代，主要研究手段是依托物理模型试验，1986 年加拿大阿尔伯塔大学的 Rajaratnam 等（1992）首次通过 4 种模型比尺针对 7 种细部结构进行了较为系统的物理模型试验，根据试验现象与测量数据分析了竖缝式鱼道常规水池的水流流态与流场分布规律，研究结果表明，水流通过竖缝以射流形式流入常规水池，并随着主流区水流流动，水流流速能量逐渐衰减，并且常规水池内出现了涡流现象；不同结构的竖缝式鱼道在均匀来流条件下，水流流场分布并不相似，因此竖缝式鱼道的水流流态主要取决于常规水池的设计尺寸，如常规水池的长宽比、导板与隔板的长度、竖缝导向角度等，并给出了较为合理的常规水池设计尺寸：常规水池长度应为竖缝宽度的 10 倍，宽度应为竖缝宽度的 8 倍，在此设计尺寸的常规水池结构内，主流区水流的消能效果显著，并且在主流区两侧出现水流缓慢旋转的回流区，为洄游鱼类在上溯过程中提供充足的休憩空间。

Rajaratnam 等（1992）在最初进行大比尺竖缝式鱼道物理模型试验中，通过观察常规水池的水流流态得出，当鱼道底板坡度在 5%以内，水流从竖缝以射流形式流入常规水池，射流表现出较强的平面二元特性，相对于平面流速而言，垂线流速甚小，可忽略不计，在射流两侧分布着两个回流区，回流区的旋转方向相反；并且样点流速的测量数据研究表明，上游边界在均匀来流的条件下，常规水池内水流流场分布规律与鱼道过流流量值的大小无关，通过对试验数据的拟合得出了竖缝断面最大流速 V_m 的计算公式，公式如式（1.1）所示：

$$V_m = \sqrt{2g\Delta h} \qquad\qquad (1.1)$$

式中：g 为重力加速度，取 9.81 m/s^2；Δh 为相邻常规水池之间的水头差，m。

2010 年，Bermúdez 等针对竖缝式鱼道常规水池的水流流场进行了系统的物理模型试验，并结合了连续性方程，推导得出了在竖缝式鱼道中，竖缝式中心断面平均流速 v

的计算公式，公式如式（1.2）所示：

$$v = \frac{Q}{bh} \qquad (1.2)$$

式中：Q 为竖缝式鱼道的过流流量，m^3/s；b 为竖缝宽度，即隔墩头背水面至导板墩头迎水面之间的宽度，m；h 为竖缝断面处的平均水深，m。

通过数值模拟研究成果可知，当竖缝式鱼道底板坡度在 5%以内时，竖缝断面平均水深与常规水池中心位置的水深成正比关系，即竖缝断面平均水深为常规水池中心位置水深的 0.97 倍，因此在物理试验过程中，可通过测量常规水池中心位置的水深来计算得出竖缝断面平均水深。

20 世纪 80～90 年代，Rajaratnam 等（1992，1986）通过 18 种不同细部结构布置的竖缝式鱼道的量纲为一流量进行深入研究，通过对过流流量的影响因素进行分析，并结合大量试验测量数据，最终得出了上游边界在均匀来流的条件下，鱼道量纲为一流量值与常规水池的相对水深存在线性关系，其中相对水深为测量样点距水面的垂向距离与实际水深的比值，并在 1992 年推导得出了竖缝式鱼道量纲为一流量与常规水池中心位置相对水深之间的计算关系式，如式（1.3）所示：

$$\frac{Q}{\sqrt{gJb^5}} = \frac{uh_{slot}}{b} \qquad (1.3)$$

式中：J 为竖缝式鱼道底板坡度，%；u 为流量系数；$Q/\sqrt{gJb^5}$ 表示竖缝式鱼道的量纲为一流量；h_{slot}/b 为常规水池中心位置的水深相对值。

2004 年，Puertas 等观察了两种不同结构的竖缝式鱼道水流流态，并对常规水池的水流流速数据进行了系统分析，最终修正了 Rajaratnam 等（1992，1986）提出的量纲为一流量计算公式，修正公式如式（1.4）所示：

$$Q_A = \frac{Q}{\sqrt{gb^5}} = \frac{\beta h}{b} \qquad (1.4)$$

式中：Q_A 为量纲一流量值；β 为运移系数。

修正公式验证了竖缝式鱼道在小底坡坡度下的量纲为一流速值与常规水池中心位置水深相对成正比关系。

常规水池内主流区水流流速通过隔板阻挡、水流对冲与射流扩散等作用而在流动过程中逐渐衰减，衰减效果显著的竖缝式鱼道可有利于洄游鱼类在溯游过程中节省体力，提高鱼道的过鱼效率。Wu 等（1999）提出了竖缝式鱼道水流消能效果较池堰式鱼道显著，为了定量研究竖缝式鱼道的消能效果，Bermúdez 等（2010）提出了竖缝式鱼道消能率的概念，并给出了如式（1.5）所示的计算公式：

$$\varepsilon = \frac{\rho g Q \Delta h}{hBL} \qquad (1.5)$$

式中：ε 为竖缝式鱼道消能率，W/m^3；ρ 为水的密度，取 $1\,000\,kg/m^3$；B 为常规水池宽度，m；L 为常规水池长度，m。

若竖缝式鱼道水流进口边界条件为均匀来流条件下，竖缝式鱼道的消能率可按式（1.6）

进行计算:

$$\varepsilon = eu\sqrt{2J^3g^3L}\left(\frac{b}{B}\right) \tag{1.6}$$

式中: u 为流量系数,其数值与隔板、导板细部结构布置相关。

　　洄游鱼类逆常规水池主流区水流进行溯游行为,若主流区水流的消能效果不甚明显,游泳能力较弱的鱼类在上溯的过程中需要消耗大量的体力,使得鱼类停滞不前或被水流再次冲向鱼道进口,导致鱼道的过鱼效率降低,甚至丧失。为了保证修建的竖缝式鱼道具有显著的消能效果,2002 年法国的 Larinier 等提出了单位水体消能率的概念,并根据竖缝式鱼道实际运行经验,建议在设计鱼道时,将常规水池的单位水体消能率控制在 150~200 W/m³ 以下,对于鱼道总体长度较短或鱼道过流流量较大的情况,可允许设计鱼道的单位水体消能率控制在更大的范围内。Larinier 等(2002)提出的单位水体消能率 E 计算公式如式(1.7)所示:

$$E = \frac{\rho g Q \Delta h}{Bh(L-b)} \tag{1.7}$$

　　德国的 Gebler(1991)研究了竖缝宽度不小于 0.17 m 的竖缝式鱼道单位水体消能率,且竖缝宽度与鱼道宽度之比为 0.1~0.5、竖缝断面平均流速为 0.8~1.2 m/s,并给了常规水池的单位水体消能率结果,见表 1.1。

表 1.1　竖缝式鱼道单位水体消能率　　　　　　　　　(单位: W/m³)

竖缝断面平均流速/(m/s)	竖缝断面相对宽度(b/B)				
	0.1	0.2	0.3	0.4	0.5
0.8	18	36	55	73	91
1.0	36	71	107	142	178
1.2	61	123	184	245	307

　　相对于美国、澳大利亚、德国与日本等国而言,我国鱼道的发展大致经历了三个阶段:初步发展阶段、停滞阶段与二次发展阶段。2000 年以来,我国鱼道事业再次进入了迅速发展时期,诸多鱼道专家对竖缝式鱼道常规水池内的水力特性进行了长期深入研究,研究成果为我国鱼道工程设计与修建工作提供了必要的科学依据。2008 年,董志勇等通过系统物模模型试验研究了竖缝式鱼道的水流流场分布特性,试验结果表明,竖缝断面流速呈正态分布规律,而主流区水流在常规水池下游阶段才出现壁面射流分布现象。笔者认为竖缝射流流速较大,对主流区两侧区域具有较强的卷吸作用,促使在主流区两侧形成不同旋转方向的漩涡出现,与此同时射流纵向流速衰减速度较横向快,且主流区射流不具有自由射流的势能核。另外在进行竖缝式鱼道物理模型试验时,同步进行了放鱼试验,试验结果表明,在竖缝宽度较大、常规水池长度较短的竖缝式鱼道中,较为合理的过流流量应控制在 8~41 L/s 的变化范围内,若水流流量过大,将导致竖缝射流流速偏大,主流区两侧回流流速超过我国过鱼对象的感应流速,甚至喜爱流速,不利于洄游

鱼类穿过常规水池而进行上溯行为。

徐体兵和孙双科（2009）采用数值模拟与物理模型试验相结合的方法深入研究了常规水池的细部结构布置形式对水流流场分布的影响，研究结果表明，常规水池的长宽比为 9∶8～10.5∶8 时，内部的水流结构分布较为合理。同时，通过数值模拟技术对比了隔板墩头的钩状结构对常规水池水力特性的作用，数值模拟结果显示，隔板分别布置钩状结构墩头与直墩头时，常规水池内主流区位置分布、主流区水流流速衰减情况、回流区尺度、回流区内最大流速、回流区的旋转方向等水力学指标相似，因此认为隔板墩头布置钩状结构对常规水池的水流流场分布作用甚微，可忽略不计。在我国近期修建的竖缝式鱼道工程中，隔板墩头开始采用不设置钩状结构的方案。

河海大学的曹庆磊等（2010a）对竖缝式鱼道的水力特性进行了系统试验研究，在试验过程中，通过三维超声波流速仪对常规水池内水流流速数据进行采集，并根据试验测量数据对过流流量分别为 5.61 L/s 与 9.31 L/s 的流场分布、紊流程度与雷诺应力等水力学指标进行了初步研究。研究结果表明，竖缝附近的水流流动速度、紊动程度与雷诺应力均相对较大，主流区两侧回流区尺度不等，大尺度回流区的水力学指标均小于小尺度回流区，因此洄游鱼类在上溯的过程中，在竖缝附近受水流流场影响相对较大，而大尺度回流区为过鱼对象提供了良好的休憩空间；相对于水平流速而言，垂向流速甚小，可忽略不计，常规水池内水流流动表现出较强的平面二元特性；在模型过流流量相同的条件下，增加常规水池内的水深，则水流流速减小，而水流表现出的紊动能（turbulent kinetic energy，TKE）与雷诺应力呈增加趋势；将物理模型试验的过流流量增加，常规水池内的水流流动速度、紊动能与雷诺应力等水力学指标均表现出增加的趋势。

与此同时，罗小凤和李嘉（2010）通过物理模型与数值模拟等技术对竖缝式鱼道的水力特性进行研究，研究结果表明，在相同长宽比的竖缝式鱼道内，在过流流量等水力学指标相同的条件下，若将边墙考虑成光滑体，则竖缝的导向角度越大，主流区的偏转程度越强，主流区内水流流速衰减效果越显著；当导向角度超过某一数值时，主流区大部分水流将紧贴边墙流动，主流区两侧出现大尺度回流区。同年，刘东等也开展了系统试验，所选择的模型宽度为 0.8 m，长度分别为 1.0 m、1.5 m 与 2.0 m，过流流量分别为 40 L/s、50 L/s 与 60 L/s，常规水池内水深分别设计为 0.4 m、0.5 m 与 0.6 m，底板坡度均采用 0.03，试验结果表明，竖缝式鱼道主流区在整个鱼道内呈"S"形曲线，但在单个常规水池内，则呈"L"形；在相同过流流量与设计水深的条件下，竖缝宽度越小，水流通过隔板与导板的消能效果越显著；若竖缝布置形式与过流流量均相同的情况下，水深越浅，主流区水流沿程损失越明显，消能效果越理想。

戚印鑫等（2010）在物理模型试验中利用宽顶堰流量计算公式研究了竖缝式鱼道流量系数的变化规律，物理模型采用 1∶10 的几何比尺，底板坡度采用 1/58.5，模型尺寸为 1.30 m×14.02 m。通过试验测量数据分析得出，竖缝式鱼道的过流流量通常较小，其值不超过上游河流流量的 1%，因此鱼道运行过程中不会对影响枢纽建筑物引水流量造成压力；根据下游宽顶堰的堰顶水头计算得出宽顶堰的过流流量，由于物理模型试验的进出流量平衡，宽顶堰的计算流量与鱼道的过流流量相同，通过过流流量与水位之间的关系推导出鱼道流量系数的计算公式，流量系数数值的变化规律与一般堰的流量系数变化趋势相反（戚印鑫 等，2009）。

傅菁菁等（2013）在通过物理模型试验研究齐口裂腹鱼游泳能力的竖缝式鱼道水流流态时，提出齐口裂腹鱼以 0.70 m/s 的速度可持续游动 804 m，以 0.80 m/s 的速度可持续游动 385 m，但裂腹鱼游动过后会导致自身疲劳，须设置休息池以便鱼类进行休憩。傅菁菁等（2013）认为应将休息池设置在转弯段，因此采用数值模拟技术计算了矩形与半圆形转弯段的水流流场，在数学模型中，流量设置为 0.36 m³/s，底板坡度为 0.026，在转弯段的上下游各设置了三级常规水池，以避免所研究的转弯段水流流场受上下游边界设置条件的影响。数值模拟结果表明，半圆形转弯段的最大流速为 1.35 m/s，而在矩形转弯段内，最大流速仅达到 1.20 m/s；水流流经矩形转弯段时受阻挡作用而产生局部损失，使得内部水流流速相对较小，而半圆形转弯段属于流线型细部结构，水流流动更平顺，引起水流流速整体偏大；相对于半圆形转弯段的水流流场而言，矩形转弯段内水流流动相对缓慢，更适合洄游鱼类进行充分休憩，待恢复自身体力后，逆主流区水流流动方向而游出转弯段，继续完成上溯过程。

陈静等（2013）进行了高坝鱼道水工模型试验与可通过性试验，结果表明，鱼类并未在两倍常规水池长度、底板坡度为 0 的休息池内休憩，为了避免通常情况下休息池功能丧失的现象，考虑在高坝鱼道工程中每升高 9.00 m 设置一个休息池，并保持其长度与常规水池相等，宽度为常规水池宽度的两倍，底板坡度采用 2%，因此鱼道整体长度并未增加，而扩宽部分内有充足空间为洄游鱼类提供休憩场所，有利于帮助鱼类在上溯过程中恢复体力而提高鱼道的过鱼效率。

对于闸坝建筑物上下游水位变化范围较小的情况，可在竖缝式鱼道中设置单个进出口，但对于某些水电站而言，其在运行过程中上下游水位变幅较大，超过鱼道进出口的适应范围，若在此情况下设置单个进出口，则将造成部分运行工况下鱼道进出口水深过深或过浅，致使鱼道内部流速过小或过大，不利于鱼类洄游习性。为了避免单进出口不适应水位大变幅的情况，通常在鱼道上下游设置多个进出口，以启闭闸门方法实现不同进出口运行适应相应水位的运行方式。分岔段是连接不同进出口与鱼道主体的枢纽部分，其内部较大区域为鱼类上溯提供了充足的休憩空间，若将分岔段内水流流场设计合理，将实现鱼类平顺转弯与顺利上溯，同时也为鱼类恢复体力提供了良好的休憩场所，但分岔段连接着不同进出口，内部水流存在环流、回流等复杂流态，而国内外对分岔段的水流流场水力特性研究成果鲜见报道。汪亚超等（2013）在研究鱼道进口方案时提出补水措施，涉及在进口分岔段对鱼道进口进行补水，其进口分岔段为三角形，且从补水管流入鱼道的水流流向是偏向鱼道上游的，补水管射流与鱼道竖缝射流相互掺混消能。将三角形进口分岔段设计为足够大的布置空间，有利于紊乱水流恢复稳定，便于鱼类在分岔段内休憩，待恢复体力后继续进行其上溯行为，提高了竖缝式鱼道的过鱼效率。

竖缝式鱼道的进出口位置的选择对鱼道能否过鱼及过鱼效率高低具有重要的影响作用。一方面，若鱼道进口选择位置不当，将导致洄游鱼类不容易发现鱼道进口水流而无法游入鱼道主体，致使鱼道过鱼功能丧失；另一方面，若将竖缝式鱼道的出口选在不合理的位置，例如：将鱼道出口修建在水电站水轮机进口附近，在水电站运行过程中，水轮机进口附近流速较大，从鱼道出口游入的洄游鱼类受较高水流的冲击下，再次被冲向下游，过鱼效率大大降低，同时对鱼类自身造成伤害。因此，竖缝式鱼道的进出口位置选择与进口诱鱼措施对鱼道设计与修建工作甚为重要，国内外诸多学者对鱼道进出口结构及其附近流场进行了研究。

史斌等（2011）基于楠溪江供水工程鱼道建立了物理模型，通过模型试验对过鱼对象洄游习性、水工建筑物的布置特点与运行工况下的水力特性等进行了研究，并提出了鱼道进口优化布置方案：将鱼道进口位置布置在水电站尾水渠内，尾水渠水流流速在过鱼对象的感应流速与临界流速之间的范围内，并且洄游鱼类为表层生活的鱼类，尾水渠水流将起到诱鱼与集鱼效果；将鱼道进口段设置为狭长的夹缝形式，利于在涨潮情况下便于鱼类适应水流的响应变化，且将鱼类的过流流量维持在较为合理的范围内；鱼道进口以尾水渠水流作为诱鱼系统，既结合了水流特点，又节省了工程投资。

艾克明（2010）基于湖南洋塘鱼道等工程的成功实例，对竖缝式鱼道进口与出口设计及布置方式进行了探索，艾克明认为鱼道进口应布置在流速较小的区域，且保证鱼道进口水深为 1.0～1.5 m，鱼道进口与河床间应铺设砂卵石以形成缓坡；在鱼道进口布置集鱼系统，即在鱼道进口附近设置一个集鱼箱，在集鱼箱下游壁面上开设一系列孔口，孔口流速控制在 0.3～0.5 m/s；鱼道出口宜设置在岸边，出口附近水流流动平顺，且出口高程能适应上游水位变化，并保证出口水深应在 1.5 m 以上；若上游水位变幅较大，可设计多个出口以保证出口处的水深要求。

与此同时，李强（2012）对长沙综合枢纽工程鱼道布置进行研究，认为将鱼道进口布置在水轮机尾水处，鱼类容易被吸引并游入鱼道进口，并设置诱鱼与拦鱼辅助设施，有利于聚集鱼群洄游上溯；在尾水墩布置补水槽与输鱼槽组成的线型集鱼系统，补水槽壁上设置补水孔，而补水管通向上游库区，补水管设拦污设施与控制流量的闸门，有利于鱼道进口的诱鱼效果；将鱼道出口布置在距水电站进口 250 m 的上游护坡坡面上，鱼道出口流态平顺、流向明确，方便鱼类沿着岸边水流顺利上溯。梁朝皇和涂晓霞（2012）专门研究了石虎塘航电枢纽鱼道工程的补水系统，其中集鱼渠顶部与底板高程分别为 50.5 m 与 46.3 m，在高程为 46.75～47.0 m 设置消能格栅，以保持渠内流速均匀、稳定，研究结果表明，补水系统根据不同运行工况对鱼道汇合池与集鱼渠进行补水，以满足鱼道进口水流流速的设计要求，有利于诱导鱼类游入鱼道，完成上溯过程。

加拿大的 Thiem 等（2013）在研究洄游鱼类通过竖缝式鱼道过程中的游泳行为时提到了维亚-内勒让德（Vianney-Legendre）鱼道，维亚-内勒让德鱼道是世界上少见成功通过鲟鱼的竖缝式鱼道之一。其鱼道进口处水流流向是与河流流动方向成一定夹角，进口处水流流速相对较大，可以诱使鱼类游入鱼道内部，而在鱼道进口段布置了一个广阔的区域，区域内水流流动较为缓慢，有利于从鱼道进口急速游入的鱼类得到良好的休憩，待恢复体力后逆水流流动方向沿常规水池、转弯段等组成部分从鱼道出口游出，完成穿坝的上溯过程。同时，汪亚超等（2013）通过水工模型试验，提出了鱼道进口补水诱鱼系统，模型试验结果表明，当枢纽建筑物的泄水流量较小，下游河道水位较低，利用底板高程较低的鱼道进口时，进口及其附近流速基本保持在 0.2～0.4 m/s 的范围内；当枢纽建筑物的下泄流量较大，引起下游河流水位较高，运行底板高程较高的鱼道进口时，进口及其附近流速相对较大，其值应在 0.2～0.6 m/s 的范围内变化；在鱼道进口布置钢管补水系统后，鱼道进口水流流速增加值为 0.6～0.8 m/s，与过鱼对象的喜爱流速相当，因此较为适合作为诱鱼水流。

张辉等（2013）研究了亚马孙流域马德拉河桑托安东尼奥（Santo Antônio）鱼道设计方案，为了增加鱼道内部水流流速而设置的鱼道补水系统，该补水系统由引水管道与消能体组成，引水管道分为左右两支，在鱼道不同位置各通过 6 处消能体将水量补进鱼道主体，消能体的主要作用是降低引水管内水流流速，使其与鱼道主体内水流流速基本一致。从桑托安东尼奥鱼道补水方案得到启示：吸引水流系统在保证过鱼效率的同时，也需要投入较大资金并且运行过程中损失大量水能；卵石框隔板常规水池分隔方法兼并池式鱼道与仿自然式鱼道双重特性；鱼道进口设置人字闸门，既可适应尾水变化而方便栖息于不同水层的鱼类游入，又可与吸引水流系统相配合；水轮机组选用的大功率灯泡式水轮机，为鱼类下行活动提供便利。

汤荆燕等（2013）通过物理模型试验研究了不同流态对鱼道进口的诱鱼效果，试验鱼类以平均体长 12 cm、平均体重 70 g 的齐口裂腹鱼为主，试验过程中通过上游拦网处隔板闸门的开度大小控制水流进口流速，以调整下游闸门的开启程度来改变河道中水流流动快慢，以此组成不同的试验工况。试验测量结果表明，河流内水流流速的大小对鱼类洄游路线具有重要影响，较小的河流流速将促使鱼类的洄游路线较短；鱼类对水流流向具有强烈的辨识性，对于试验使用的齐口裂腹鱼而言，当河流水流流速为 0.4 m/s 时，鱼类洄游成功率达到 66%左右，而在河流流速为 0.5 m/s 的试验工况中，目标鱼的洄游成功率几乎为 0，因此将鱼道进口的诱鱼水流流速设置为 0.4 m/s 更为合理。

金弈等（2011）在研究竖缝式鱼道水流特性时，也对鱼道进口布置形式及水流优化进行初步研究工作。目前，诸多鱼道专家注意到鱼道进口段与出口段的水流流场对鱼道的过鱼功能与过鱼效率具有至关重要的作用，若鱼道进口段与出口段结构的设计不当，将造成鱼道的过鱼效率下降，甚至使鱼道的过鱼功能丧失。与此同时，国内外闸坝建筑物上下游水流流场特性表现不同，鱼道专家根据实际运行工况对鱼道进出口段的水流特性进行初步阶段研究，并利用水电站尾水流、拦水坝下泄流等提出不同的优化结构布置。在近些年，鱼道进口段与出口段的水流流场特性与诱鱼水流的水力条件等已成为鱼道水力学研究的热点课题。

在设计竖缝式鱼道时原则上可不设置休息池，但针对我国洄游鱼类游泳能力较弱的问题，国内生态学家与鱼类专家提倡在鱼道宜设置休息池，金弈等（2011）认为每隔 10 个常规水池修建一个休息池，休息池底板采用平坡，休息池长度可设置为常规水池长度的两倍；傅菁菁等（2013）在研究齐口裂腹鱼有能力适应竖缝式鱼道水流流态时，认为鱼类在上溯过程中会耗散体力而产生身体疲劳，建议至少每隔 60 m 或水头比降为 1.5～3.0 m 时设置一个休息池。

2013 年，职小前等申请的公告号为 CN202745019U 的专利中提出了生态鱼道休息池，其休息池长度与常规水池长度相等，但宽度增加至常规水池长度的两倍，上下游竖缝导向角度为 45°，隔板墩头上设置 1/4 圆形钩状结构。该结构的休息池的有效效果为：休息池宽度为常规水池宽度的两倍，突出部分不会受竖缝式鱼道中水流流动的影响，突出部分内部水流较为平静，可方便鱼类在突出部分内休憩；休息池长度与常规水池长度相等不会增加鱼道的整体长度；休息池与常规水池底板坡度之间不存在落差，因此不会造成水流与水面线的变化，能保持主流区水流原有的运行轨迹；隔板墩头上设置 1/4 圆形钩状结构，解决了隔板形式设计不合理的问题，使得消能效果显著、主流区明确，避免了水跃等不稳定流态产生。

1.3.3　数值模拟

进入 21 世纪后，国内外计算机技术飞速发展，流体运动数值模拟越来越多应用到流体力学学科内，科研工作者可通过数值计算结果清晰分析流体运动过程的水流特性与流体在不同初始条件下的变化规律。与此同时，鱼道专家借助物理模型试验数据，也尝试将数值模拟研究技术推广到竖缝式鱼道水流特性研究课题中：Alvarez-Vázquez 等（2007a）优化了浅水流动方程的求解方法，并利用计算机数值模拟技术，分别计算了不同竖缝宽度的竖缝式鱼道水流流场，并得到了较好的数值模拟结果；日本的 Fujihara 和 Kinoshita（2001）在竖缝式鱼道二维数学模型中，剖分结构性与非结构性相结合的四边形网格，并利用浅水方程的二元解计算了竖缝式鱼道的水流流场，并针对相同鱼道结构同步进行了物理模型试验，通过数值模拟结果与模型试验数据的对比研究表明，数值模拟与模型试验吻合良好；Fujihara 和 Kinoshita（2001）在计算双侧竖缝式鱼道的水流流场时，提取出竖缝断面处的最大流速，并与浅水方程的理论值相比较，两者吻合效果较为理想；Barton 和 Keller（2003）考虑到竖缝式鱼道内水面为自由表面，因此将对竖缝式鱼道的水流流动进行三维数值模拟，在数值模拟结果中，提取样点的水流流速分量值与不同断面的水深，将其与 Wu 等（1999）的物理模型试验数据相比较，结果显示数值模拟结果与试验测量数据较为一致；Heimerl 等（2008）通过数值模拟技术研究了不同隔板与导板墩头长度和位置下的水流流场特性，并对不同的水流特性进行了对比研究，研究结果有利于分析竖缝式鱼道细部结构布置对常规水池内的水流流场的影响。

2008 年，Alvarez-Vázquez 等通过二维数值模拟技术研究了不同竖缝宽度的常规水池水流流场，并提出了一种求解浅水方程的特征线法与优化计算变量的直接捕捉方法；毛熹等（2012）将竖缝式鱼道隔板与导板调整为"T"形结构形式，并利用数值模拟技术对"T"形鱼道的水力特性进行了分析，研究结果表明，"T"形鱼道内水流流速与水流流态较为适合中国洄游鱼类的上溯行为。

2012 年，张国强和孙双科通过二维数学模型从水流流场、水力特性与竖缝断面流速分布三方面研究了竖缝宽度对常规水池水流结构分布的影响，并提出了最大流速轨迹线的概念，研究结果表明，当竖缝宽度为常规水池长度的 10%～20%时，主流区水流基本居于常规水池中间部分流动，主流区两侧分布着两个对称的、大体相当的回流区，常规水池水流流场结构分布较为合理；当竖缝宽度为常规水池宽度的 10%～25% 时，最大流速轨迹线上的值基本在 0.5 附近上下波动，轨迹线已经偏转，且偏转适中，最大流速轨迹线上的流速衰减效果显著，表明主流区水流流速衰减效果较好；竖缝宽度对竖缝断面流速分布的影响较大，若竖缝宽度过大，则竖缝断面右侧流速较高，竖缝宽度过小将引起竖缝断面流速分布不均匀，从竖缝断面流速大小与分布角度看，竖缝宽度宜设计为常规水池宽度的 15%～20%，同时验证了此时常规水池的单位水体消能率在 150～200 W/m³ 以下；综合考虑，最终提出竖缝宽度与常规水池宽度之比的合理取值范围应为 0.15～0.20。

毛熹等（2012）在通过数值模拟计算技术研究了底板坡度与隔板设置底孔对常规水池内水流流场的影响，计算过程选择了 k-ε 模型的标准形式，计算工况分为三类：底板坡度采用 5.2%，隔板不设置底孔；底板坡度采用 5.2%，在隔板上靠近边墙附近设置底孔，底孔为边长为 0.3 m 的正方形；底板坡度降低至 2.6%，隔板上不设置底孔。在数学模型中，常规水池长度、宽度与高度分为设置为 1.2 m、1.0 m 与 1.0 m，竖缝宽度为 0.3 m。数值模拟计算结果表明，常规水池内的最大流速出现在竖缝附近；竖缝断面流速的垂线分布不均匀，底层流速较表层流速大；在隔板上开设底孔，将使得竖缝断面平均流速降低，但底孔处的射流流速偏大；底板坡度将影响常规水池内水流流速，若底板坡度降低，常规水池内水流流速随之降低，当底板坡度降低一半时，竖缝断面平均流速将减小至其 4/5。水流流速降低，洄游鱼类在上溯的过程中将节省大量体力，有利于鱼道的过鱼效率的提高，因此在我国修建的竖缝式鱼道中，常规水池的底板坡度设计为 2% 左右，而休息池底板坡度仅采用 1%。

郭维东等（2013a）在二维数学模型中剖分非结构性四面体网格，并选择雷诺应力模型与压力耦合方程组的半隐式方法（semi-implicit method for pressure linked equations，SIMPLE）对竖缝式鱼道内常规水池的水流流场进行数值模拟计算研究，建立的数学模型中常规水池的长宽比分别选择 5∶8、10∶8 与 12∶8，初始及边界条件设置为底板坡度分别为 1/100、3/100 与 1/20，数值模拟计算结果表明，水流从竖缝处以射流形式流入常规水池，主流区呈微弯的"S"形，主流区两侧分布着两个大小不等的回流区；常规水池长宽比越大，最大流速轨迹线的弯曲程度越明显，凹面的曲率增加；在常规水池细部结构尺寸不变的情况下，底板坡度越大，主流区水流消能速度越快，同时最大流速轨迹线向边墙移动。同时，郭维东等（2013b）对其数值模拟结果进行了系统试验进行验证，物理模型比尺采用 1∶5，底板坡度分别采用 1/50、1/72 与 1/90，过流流量分别设置为 9.34 L/s、11.21 L/s 与 14.14 L/s，在试验过程中应用多普勒流速仪测量了相对水深为 0.26 与 0.52 的平面流场，物理模型试验结果表明，数值模拟结果与物理模型试验数据吻合较好。

2012 年，包莉和安瑞冬采用数值模拟技术对 180° 转弯段的布置与结构形式进行了研究。在建立的竖缝式鱼道数学模型中，常规水池长度与宽度分别设置为 2.4 m 与 2.0 m，竖缝宽度为 0.3 m，竖缝导向角度为 45°，每隔 10 级常规水池布置一级 180° 转弯段，转弯段宽度为 4.8 m，水深设置为 1.2 m。在计算数学模型的水流流动过程中，选用 k-ε 模型，数值模拟结果显示，矩形转弯段竖缝及附近达到的最大流速为 1.20 m/s，而半圆形转弯段及附近则达到 1.35 m/s；从流速与方向的角度出发，矩形转弯段内水流流速较半圆形转弯段小，且在矩形转弯段主流区左侧出现明显的回流区，为鱼类提供了良好的休憩空间；矩形转弯段的消能效果较半圆形转弯段明显。之后，包莉和安瑞冬（2012）对数值模拟结果进行物理模型试验研究，模型尺寸与数学模型相同，物理模型试验研究结果表明，矩形 180° 转弯段内的最大流速为 1.08 m/s，出现在竖缝射流跌水末端位置；水流从竖缝以射流形式流入矩形转弯段，遇到挡墙后水位壅高，存在的落差促使主流区水流流向发生改变，主流区两侧分布着两个漩涡，漩涡内的涡流流速甚小，而主流区水流流速测量值较大；在矩形转弯段内设置"L"形整流导板后，促使主流区水流居中流动，更有利于鱼类洄游。

张国强和孙双科（2012）利用数值模拟技术对 180° 转弯段的水流流场进行了计算研究，并针对出现的不利流场提出了改变导板长度的改进措施，结果表明，当上游导板长度为常规水池宽度的 11.0%～11.5% 时，最大流速轨迹线基本位于转弯段水池中央且偏转适中，主流区水流流速沿程衰减效率显著，消能效果显著，主流区内侧回流区尺度与内部流速分布合理，较为适合洄游鱼类上溯与休憩，因此张国强和孙双科认为竖缝式鱼道上游导板长度与常规水池宽度的最佳比值范围为 0.110～0.115。

许晓蓉等（2013）利用数值模拟技术计算了竖缝-孔口组合式鱼道中休息池的水流流场，在数学模型中间隔 10 级常规水池设置一级休息池，数值模拟结果表明，水流从休息池上游隔板竖缝与孔口流入，孔口射流分为两股，一股流向下游竖缝，一股与竖缝射流混掺并流向下游隔板孔口，在休息池中间区域内与右侧边墙附近分别形成两个与一个小漩涡；休息池内最大流速发生在上游孔口处，其值约为 0.8 m/s，竖缝水流流速约为 0.5 m/s，休息池内绝大部分流速均在 0.4 m/s 以下，为鱼类上溯过程提供了良好的休憩场所。

1.3.4 原型观测

数值计算技术在模拟鱼道水流流动方面得到了广泛应用，但有关鱼道水力特性与洄游鱼类的游泳习性方面的基础性研究资料仍处于欠缺状态，为了补充与丰富竖缝式鱼道的自然科学资料，国内孙双科等在研究北京上庄新闸鱼道结构布置时进行了常规水池大比尺水槽试验与整体模型水工试验，优化了鱼道细部结构布置与尺寸，同时其水流试验数据为国内竖缝式鱼道工程设计与修建提供了参考价值；董志勇等（2008）同时研究了单侧与双侧竖缝式鱼道的水流流动特性，并针对两者不同水流流态进行了深入分析，依据研究结果制作了合理尺寸大比尺水工模型，在水工模型内研究鱼类的游泳行为与上溯活动；2008 年，Pena 与 Laurent 等除进行了水工模型试验外，又利用声学多普勒流速剖面仪（acoustic Doppler velocimeter，ADV）技术观察了实际鱼道工程中的水流流态，包括主流区水流流场与回流区水流流态，其原型观测数据为竖缝式鱼道水工模型试验与数值模拟技术提供了丰富的参考资料；同时，澳大利亚昆士兰州境内对菲茨罗伊河鱼道进行了原型观测，结果表明，原池堰式鱼道水流流态只适应乌贼上下通行，经过将池堰式鱼道修改成竖缝式鱼道后，观测通过的洄游鱼类增加了蓝鲶鱼、硬骨鱼、澳洲肺鱼与长鳍鳗；美国 Mary 等在哥伦比亚河流域的鳗鱼体内植入电波发射器，并在相应电波接收站内统计鱼道的过鱼效率，其观测技术在评价鱼道过鱼效果方面处于世界先进水平。

加拿大境内黎塞留（Richelieu）河上修建的维亚-内勒让德竖缝式鱼道内设置了 13 级常规水池与两级 180° 转弯段，鱼道长度与宽度分别为 48.5 m 与 9.6 m，其出口与进口处的水位落差为 2.55 m，底板坡度设计为 0.028，维亚-内勒让德鱼道是世界上少量成功通过鲟鱼的竖缝式鱼道之一。2014 年，阿尔伯塔大学的 Marriner 等基于维亚-内勒让德鱼道的细部结构与水力条件，采用数值模拟与原型观测相结合的方式研究了鱼道内部 180° 转弯段的水力特性，同时在转弯段内采取了增设整流导板与改变底板坡度等措施，数值模拟了结构调整后的水流流场分布，并对 7 种形式转弯段的水力特性进行了对比分析，结果表明，在转弯段内，最大流速衰减率在上游部分呈线性下降、中游部分保持不变、下游部分急剧增加的变化规律，而在转弯段内增设整流导板后，主流区水流出现降低的现象；转弯度的单位水体消能率为 29 W/m^3，符合 Larinier 等（2002）提出的控制在 150～200 W/m^3 以下的范围内；上游竖缝与其附近出现了最大紊流动能，其值超过 0.05 m^2/s^2，在转弯段的下游紊动能下降；在维亚-内勒让德鱼道转弯段内出现的回流区，不适合过鱼对象洄游与休憩，在转弯段内增设了整流导板后，漩涡尺度降低，回流区内的流速出现下降的现象。最终 Bryan 等根据研究成果认为，为了促使鱼类在转弯段内实现顺利转弯，且得到充分的休憩，可在 180° 转弯段中间部分设置整流导板，整流导板墩头可布置为矩形或半圆形。

加拿大的 Thiem 等（2013）利用集成转发器对 18 种目标鱼通过维亚-内勒让德竖缝式鱼道的过鱼效率与通过时间进行原型观测，测量数据表明，14 种目标鱼在低水头时通过了竖缝式鱼道，其过鱼效率均在 25%～100% 的变化范围内，值得注意的是大西洋鲑鱼、斑点叉尾鮰、小口黑鲈、河鲈与白亚口鱼的过鱼效率均超过了 50%；对于不同目标鱼种类，通过竖缝式鱼道的时间也不尽相同，如小口黑鲈的过坝时间为 1.0～452.9 h，大鳞红马鱼则需要 2.4～237.5 h 通过维亚-内勒让德竖缝式鱼道。

1.3.5　与鱼道设计相关的鱼类习性研究进展

我国淡水鱼类丰富，有 1 285 种，其中有 24 种洄游性鱼类（隋晓云，2010），有关资料表明，我国近期设计的过鱼设施中过鱼对象多以裂腹鱼等冷水性鱼类和四大家鱼等鱼类为主（曹晓红 等，2013）。

鱼类游泳能力是鱼道设计的关键指标，该指标直接决定着过鱼对象能否通过鱼道流速控制断面，同时也决定着鱼道工程的布置形式、建设规模和投资。表征鱼类游泳能力的指标主要有感应流速、持续游泳速度、突进游泳速度、耐久游泳速度、临界游泳速度。国内外一般将临界游泳速度作为鱼道过鱼孔设计流速的重要参考值（Mao，2018；Silva et al.，2018；蔡露 等，2002）。

鱼类感应流速指的是鱼类能够从周围环境中分辨出水流来流方向的最小流速。赵希坤和韩桢锷（1980）采用室内水槽方法测定了不同体长的草鱼、鲢、鲫等鱼类的感应流速，发现多种鱼类的感应流速多分布在 0.2～0.3 m/s；曹平等（2017）在（25±0.5）℃水温条件下，测定了体长在 5.0～16.0 cm 范围内草鱼幼鱼的感应流速，平均感应流速为12.84 c m/s。

鱼类临界游泳速度反映了鱼类能够长时间持续的游泳能力，以此对鱼道内过鱼孔口流速量值进行设计（郭卓敏，2013）。鲜雪梅等（2010）对青鱼［体长（7.93±0.08）cm］临界游泳速度进行试验，表明水温在 25℃下青鱼的相对临界游泳速度为（5.25±0.18）BL/s（BL代表鱼类体长）；龚丽等（2015）对不同体长的草鱼幼鱼进行了临界游泳速度测量试验，表明体长 5～15 cm 的草鱼幼鱼在（28±1）℃水温条件下，临界游泳速度为（84±16.06）cm/s，并且随着鱼类体长的增加而呈现出增长趋势；房敏等（2013）以鲢幼鱼为试验对象研究了不同温度下的游泳能力，研究表明，在一定范围内温度与鱼类临界游泳速度呈现正相关关系。

鱼类突进游泳速度是鱼类游泳过程中能够达到的最大速度，持续的时间一般很短，通常小于 20 s，是过鱼设施高速流速区设计的主要依据（郑金秀 等，2010）。熊锋等（2014）采用流速递增的方法，测量了松花江流域四大家鱼的突进游泳速度，研究指出四大家鱼的绝对突进游泳速度与体长为正相关；而相对突进游泳速度与体长为负相关，且相对突进游泳速度排序为鲢>草鱼>青鱼>鳙。牛宋芳等（2015）、路波等（2014）采用惊吓法研究了鱼类在快速启动过程中的游泳行为，发现鱼类加速至最大疾冲速度 v_{max} 后身体保持直线的姿势以滑行减速。

我国鱼道工程的过鱼对象以四大家鱼与裂腹鱼等为主，这些鱼类的个体普遍较小，游泳能力相对较弱。因此，我国鱼道在设计与建设过程中，对于鱼道的克流流速指标给予了充分的重视，针对主要保护鱼类进行游泳能力定量测试以确定鱼道的克流流速设计值，多数鱼类的感应流速在 0.2 m/s 左右，偏好流速范围为 0.3～0.8 m/s，极限流速在0.8 m/s 以上（王晓 等，2022；李阳希 等，2021；蔡露 等，2002）。

目前，鱼道相关研究中普遍采用 Loligo 环形循环水槽进行游泳能力测试。但由于Loligo 环形循环水槽几何尺度有限，且水流流态较为单一，缺乏对鱼类体力、行为和生理的综合考虑，且测试方法是在理想的均匀流场中进行的，其结果会与复杂的天然河流中鱼类的实际游泳能力有较大差异。因此，业内普遍认为测试结果偏于保守，不能准确反映自然状态下鱼类真实的游泳能力（李阳希 等，2021；仲召源 等，2021；丁少波 等，2020；石小涛 等，2011）。

在鱼道结构既定的情况下，如何进一步提高鱼道进口集诱鱼效果和鱼道通过效率，实现高效过鱼，是一项极具挑战的工作。一方面，水流流态、流速梯度、紊动能等对鱼类游泳行为有重要影响。水流紊动的尺度及其作用范围影响着鱼类的行为（汪靖阳 等，2023；Silva et al.，2018；Marriner et al.，2014），如草鱼在外来扰动突然来临情况下会出现加速滑行的行为，表明变化的水流过程比稳定单一的水流更能对鱼类产生刺激作用，从而有利于促进鱼类上溯（柳松涛 等，2024）。若能营造具有一定强度的脉冲水流，则有助于提升鱼类上溯动力与活力，实现助溯效应。另一方面，鱼类属于变温动物（陈永灿 等，2015），其体温随着环境水温的变化而变化，在有水温变化梯度的环境中，鱼类会游向温度适宜的区域（郑铁刚 等，2023；王晓 等，2022；郭子琪 等，2021）。利用这种温升效应进行诱鱼也可能是实现助溯的一种有效途径。

相对于数百米乃至上千米宽的河道而言，鱼道进口属于"针眼工程"，鱼类在上溯过程中易受到周围流场的干扰，而错过鱼道进口所在位置（谭红林 等，2021；Couto et al.，2021；Mohammad et al.，2021）。因此，采取有效的诱导措施帮助鱼类顺利找到鱼道进口是鱼道设计需要解决的首要问题。

利用鱼类的趋流性采用水流诱鱼，是国内外惯常采用并得到普遍应用的方法（Ronald et al.，2023；李广宁 等，2019；郑铁刚 等，2016）。其作用原理是利用鱼类对流场信息的感应，将过鱼对象吸引到鱼道的进口内。鱼道出流本身属于诱鱼水流的一种，在很多情况下为提高鱼道进口的诱鱼效果，需要进行额外补水。目前，对于鱼道进口区域的水力特性及集诱鱼效果的精细化研究还十分不足，现有的鱼道设计导则提出了一些基本的布置原则，如要求鱼道进口位置不但具有相对稳定的流场结构，还应充分考虑鱼类的生活习性、游泳能力和洄游规律等（国家能源局，2015）。在实际工程中，鱼道进口通常布置在经常有水流下泄、鱼类洄游路线及鱼类经常集群的地方，并尽可能靠近鱼类能上溯到达的最前沿，即阻碍鱼类上溯的工程障碍物或者水流速度障碍附近。水电站尾水渠水流条件稳定，往往是鱼类较为理想的聚集场所。总体而言，有水体流动且临近岸边是洄游鱼类上溯和聚集的地方，适于设置鱼道进口。

鱼道进口区域需要存在稳定的、与目标鱼类的游泳能力相适应的上溯通道，其流速以大于目标鱼类的感应流速，且小于其突进速度为宜。鱼道进口诱鱼水流的流速应略高于外部环境流速，其流速差应大于 0.2 m/s（Li et al.，2019）。在满足诱鱼水流速度要求的同时，鱼道进口下泄流量的大小也是重要的影响因素。部分过鱼设施的低效率主要归咎于诱鱼水流的流量过小。Larinier 等（2002）建议采用河流平均流量的 1%～5%作为诱鱼的下泄流量。对于大型河流上的鱼道工程，通常要利用辅助水流来加大流量，形成集中的诱鱼水流，以提高诱鱼效率（Justin et al.，2022；Hershey，2021；Li et al.，2019）。

第 2 章　竖缝式鱼道水力特性

2.1　引　言

本章采用水工模型试验与数值模拟计算方法，系统研究竖缝式鱼道的水力学特性，分析竖缝式鱼道池室水流结构的特点，包括主流区与回流区的分布与流速演变规律、竖缝断面流速分布等；通过二维与三维数值模拟计算和对比分析，指出竖缝式鱼道池室水流结构具有二元特性，并根据主流区分布特点将竖缝式鱼道的池室水流结构划分为三大类型，为第 3 章的过鱼试验研究提供了对比试验的基本布置结构。

2.2　竖缝式鱼道局部大比尺水工模型试验

2.2.1　模型设计

按照重力相似准则制作了比尺为 1：2 的鱼道物理模型，为了避免所测量常规水池的水流流态受水流进出口条件的影响，在物理模型中修建了 7 级常规水池，并将其从上游至下游依次标记为 1#、2#、3#、4#、5#、6#、7#，其平面布置如图 2.1 所示。

图 2.1　竖缝式鱼道物理模型平面布置

物理模型中鱼道细部结构的模型尺寸为：常规水池长度与宽度分别为 1.25 m 与 1.00 m；导板长度与厚度分别为 0.25 m 与 0.10 m，导板墩头迎水面与背水面坡度分别为 1：1 与 1：3；隔板墩头迎水面与背水面坡度分别为 1：3 与 1：1；竖缝长度与宽度分别为 0.05 m 与 0.15 m，竖缝导向角度为 45°；底板坡度采用 2%。

物理模型进口与钢水箱相连，下游设置可调节开度的闸门。在试验过程中，通过水泵将地下水库的水体供给钢水箱，钢水箱内水体通过水工模型进口流入各级常规水池，下游经闸门泄入水池，最终通过矩形量水堰重新流入地下水库。模型试验通过水泵设定的恒定功率保证钢水箱内水深为稳定值，钢水箱与鱼道水流进口相连，可促使鱼道水流进口水深保持恒定，下游通过闸门开度的调节，使得鱼道水流出口处水深与进口处水深相等，最后通过矩形量水堰可测得相应的过流流量。为了在试验过程中便于观察鱼道内的水流流态，鱼道物理模型采用透明的有机玻璃进行制作，物理模型放水情况如图 2.2 所示。

图 2.2　物理模型放水情况

2.2.2　竖缝式鱼道水流流态与平面流场

在数值模拟中，鱼道工作水深设置为 2.0 m，依据物理模型比尺换算出物理模型试验鱼道水深应为 1.0 m，在试验开始前调节供水水泵功率与下游闸门开度，使水流进出口水深大致处于 1.0 m，待水流流态稳定后开始常规水池水流流态观察与不同水深平面流速测量试验工作。

为了避免所研究常规水池水流流态受水流进出口边界条件的影响，选择物理模型中第 4#常规水池作为观察对象。在观察竖缝式鱼道水流流态过程中，竖缝部分水流出现跌落现象，导致竖缝射流与两侧回流区水面出现轻微紊动，且试验水体水质较为纯净，将不易观察到主流区与回流区内水流流动情况；为了便于清晰区分主流区与回流区，在竖缝部分滴入高锰酸钾染色剂，通过染色剂追踪方式可明显观察到主流区与其水流流动效果，第 4#常规水池的水流流态如图 2.3 所示。

由图 2.3 可知：在第 4#常规水池内，水流从上游竖缝以射流形式流入水池中，主流区在常规水池中游部分向左侧边墙偏转，其宽度从上游至下游呈先增加后减小的变化规律；主流区大致居中，在主流区两侧分布着两个尺度相当的回流区，回流区中心流速甚小，接近静水状态，而回流区边缘部分水流则相对较大；竖缝部分出现水流跌落现象，并且在竖缝与其附近区域内水流出现紊动现象；从侧墙观察到，在竖缝处导板背水面出现小漩涡，且漩涡的位置及强度不稳定。

图 2.3　物理模型中第 4#常规水池水流流态

　　竖缝式鱼道水流流态观察结果表明，常规水池内存在射流、平流、回流等水流流态，水流所含水力信息较为丰富，为了全面研究常规水池内水流流动特性，将测量表层、中层、底层平面的水流流场，即表层、中层、底层平面距底板的高度与试验水深之比分别为 0.8、0.5 与 0.2。

　　在物理模型中建立坐标系，以第 4#常规水池上游隔板背水面与右侧边墙内表面相交的点为原点，指向下游方向为 x 轴正方向，指向左侧边墙的方向为 y 轴正方向。在表层、中层、底层平面上沿 x 轴方向上截取 26 条横断线，每条横断线上从右侧边墙起，每隔 0.05 m 选取一个样点，但因物理模型横梁阻挡原因而不能测量个别样点流速，每层平面上共测量 425 个样点，样点平面分布如图 2.4 所示。

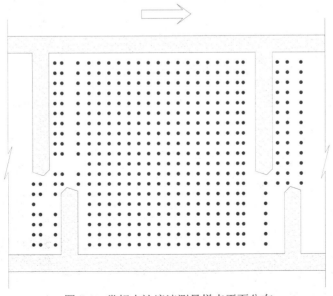

图 2.4　常规水池流速测量样点平面分布

　　第 4#常规水池表层、中层、底层平面上样点流速通过 P-EMS（programmable electromagnetic flow meter）电磁流速仪进行测量，将试验测量数据通过重力相似准则换算为实际水流流速，并将其导入至 Tecplot 图形处理软件中，通过流速颜色调节与流速矢量显示功能，得到常规水池表层、中层、底层平面水流流速矢量图，分别如图 2.5、图 2.6 与图 2.7所示。

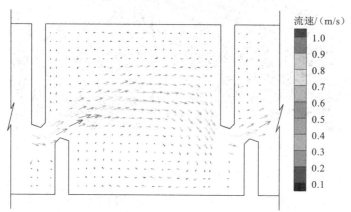

图 2.5　物理模型中第 4#常规水池表层流速矢量图

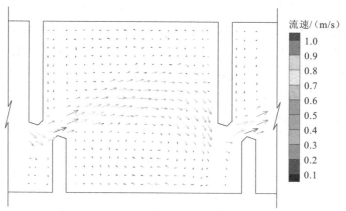

图 2.6　物理模型中第 4#常规水池中层流速矢量图

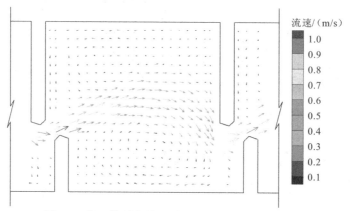

图 2.7　物理模型中第 4#常规水池底层流速矢量图

　　由图 2.5、图 2.6 与图 2.7 可知，当竖缝式鱼道底板坡度为 2% 时，表层、中层、底层水流流场分布规律相似，水流从竖缝部分以射流形式流入水池中，在竖缝水体跌落末端出现流速最大值，其值约为 1.0 m/s；主流区基本居中，主流区内水流流速基本在 0.4～1.0 m/s 的变化范围内，主流区在 y 轴方向上的宽度不超过 0.4 m；主流区两侧分布着两个对称的、等尺度的回流区，左右回流区水流旋转方向分别为逆时针与顺时针；回流区水流流速从边缘至中心呈递减的变化趋势，中心流速甚小，趋近于 0，回流区内水流流速基本在 0～0.4 m/s 的变化范围内。

2.2.3　竖缝断面流速

　　竖缝断面流速是设计鱼道最为关键的水力学控制指标，即竖缝断面最大流速不能超过洄游鱼类的临界游泳速度。为了研究竖缝断面流速分布情况，且避免所测量竖缝断面流场受物理模型进出口边界条件的影响，将选择第 4# 常规水池的上游竖缝中心断面作为测量对象。在竖缝中心断面上分别选择左、中、右三条垂线，每条垂线上截取 18 个样点，其距底板高程与水深之比分别为 0.02、0.06、0.12、0.18、0.24、0.29、0.35、0.41、0.47、0.53、0.59、0.65、0.71、0.76、0.82、0.88、0.94、1.00，样点所测得的流速按重力相似准则换算为实际流速，得到的竖缝断面流速垂向分布如图 2.8 所示。

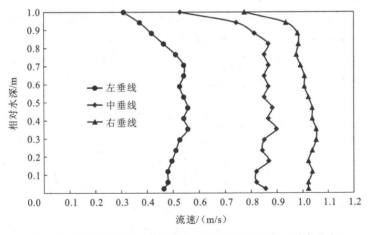

图 2.8　物理模型第 4# 常规水池上游竖缝断面流速垂向分布

　　由图 2.8 可知，竖缝断面流速从左至右呈增加趋势，左、中、右垂线流速分别处于 0.3～0.6 m/s、0.6～0.9 m/s 与 0.8～1.1 m/s 的变化范围内；左侧垂线上表层 30% 范围内流速增加，在底层 70% 范围内基本保持不变；中间垂线上表层 20% 范围内随水深增加而递增，在底层 80% 范围内流速基本在 0.8～0.9 m/s 的范围内变化；右侧垂线上表层 10% 范围内流速迅速增加，而在底层 90% 范围内基本保持在 1.0～1.1 m/s 流速范围内变化，底层流速较为稳定。物理模型试验结果表明，竖缝断面流速并非相同，其所含水力信息较为丰富，可适应多种游泳能力的洄游鱼类通过。

2.3　数值模拟计算

2.3.1　竖缝式鱼道基本结构布置

竖缝式鱼道存在射流、涡流等水流流态，所含水力学信息较为丰富，为了全方位捕捉到鱼道内丰富的水流信息，将通过三维数学模型计算鱼道内水流流动情况。在竖缝式鱼道内，常规水池结构布置相同，内部水流结构分布情况极为相似，因此为了节省工作站的计算空间，同时避免上下游边界设置条件影响鱼道水流流态，将在数学模型中布置5级常规水池，并以中间常规水池作为研究对象，数学模型平面布置如图2.9所示。

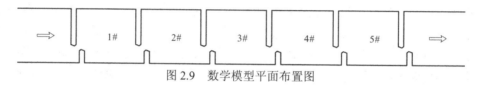

图2.9　数学模型平面布置图

如图2.9所示，6组隔板与导板相对设置在两侧边墙内壁上，其将竖缝式鱼道水槽分隔成进出口段与5级常规水池，常规水池从上游至下游依次标记为1#～5#；隔板位于导板的上游，隔板与导板之间形成竖缝，从鱼道出口边界流入的水流通过竖缝流经常规水池，最终从鱼道进口边界流出；隔板与导板墩头均包含迎水面与背水面，隔/导板墩头的迎/背水面坡度采用1：3，隔/导板墩头的背/迎水面坡度采用1：1；为了避免所研究常规水池的水流流态受上下游边界设置条件的影响，将中间的第3#常规水池作为研究对象。数学模型细部结构的设计值见表2.1。

表2.1　数学模型细部结构的设计值

细部尺寸	设计值	细部尺寸	设计值	细部尺寸	设计值	细部尺寸	设计值
鱼道宽度/m	2.00	边墙高度/m	2.50	进口长度/m	2.20	出口长度/m	2.30
水池长度/m	2.50	隔板长度/m	1.36	隔板宽度/m	0.20	隔板高度/m	2.50
导板长度/m	0.50	导板宽度/m	0.20	导板高度/m	2.50	竖缝长度/m	0.10
竖缝宽度/m	0.30	竖缝高度/m	2.50	导向角度/(°)	45	底板坡度	0.02

竖缝式鱼道数学模型中的不规则区域制约Gambit软件剖分网格形状，工作站数值计算能力制约剖分网格数量，综合考虑网格质量与数值计算结果科学性之间的关系，将数学模型剖分网格的分布情况如下：在上游边界与第1#常规水池上游隔板迎水面之间的部分、常规水池上游导板背水面与下游隔板迎水面之间的部分、第5#常规水池下游导板背水面与下游边界之间的部分剖分为结构性六面体网格，网格长度设置为0.05 m；竖缝部分剖分为结构性六面体网格，网格长度设置为0.02 m；相对设置的隔板迎水面与导板背水面之间的部分（除竖缝部分外）剖分为非结构性与结构性相结合的四面体网格，网格长度设置为0.05 m，数学模型网格的分布情况如图2.10所示。

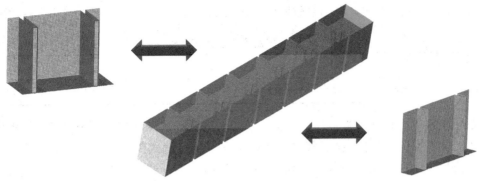

图 2.10 数学模型网格的分布情况

2.3.2 数学模型

将剖分网格的数学模型导入 Fluent 计算软件中，在数值模拟迭代计算前选择 k-ε 模型的 RNG（re- normalization group）模式，模型控制方程如下。

连续性方程：

$$\frac{\partial \rho}{\partial t} + \frac{\partial \rho u_i}{\partial x_i} = 0 \tag{2.1}$$

动量方程：

$$\frac{\partial \rho u_i}{\partial t} + \frac{\partial}{\partial x_j}(\rho u_i u_j) = -\frac{\partial P}{\partial x_i} + \frac{\partial}{\partial x_j}\left[(\mu + \mu_t)\left(\frac{\partial u_i}{\partial u_j} + \frac{\partial u_j}{\partial u_i}\right)\right] \tag{2.2}$$

k 方程：

$$\frac{\partial (\rho k)}{\partial t} + \frac{\partial (\rho u_i k)}{\partial x_i} = \frac{\partial}{\partial x_i}\left[\left(\frac{\mu + \mu_t}{\sigma_k}\right)\frac{\partial k}{\partial x_i}\right] + G_k - \rho \varepsilon \tag{2.3}$$

ε 方程：

$$\frac{\partial (\rho \varepsilon)}{\partial t} + \frac{\partial (\rho u_i \varepsilon)}{\partial x_i} = \frac{\partial}{\partial x_i}\left[\left(\frac{\mu + \mu_t}{\sigma_\varepsilon}\right)\frac{\partial \varepsilon}{\partial x_i}\right] + C_{1\varepsilon}\frac{\varepsilon}{k}G_k - C_{2\varepsilon}^*\rho\frac{\varepsilon^2}{k} \tag{2.4}$$

式中：ρ 为体积分数平均密度；μ 为分子黏性系数；u_i 为流速分量；P 为修正压力；μ_t 为紊动黏性系数；G_k 为平均速度梯度引起的紊动能产生项。

μ_t、G_k、$C_{2\varepsilon}^*$ 的具体表达式如下。

$$\mu_t = \rho C_\mu \frac{k^2}{\varepsilon} \tag{2.5}$$

$$G_k = \mu_t\left(\frac{\partial u_i}{\partial u_j} + \frac{\partial u_j}{\partial u_i}\right)\frac{\partial u_i}{\partial x_j} \tag{2.6}$$

$$C_{2\varepsilon}^* = C_{2\varepsilon} + \frac{C_\mu \rho \eta^3\left(1 - \dfrac{\eta}{\eta_0}\right)}{1 + \beta\eta^3} \tag{2.7}$$

式中：$\eta = Sk/\varepsilon$，$S = (2S_{ij}S_{ij})^{0.5}$。

式（2.1）～式（2.7）中的参数取值见表 2.2。

表 2.2　控制方程参数值列表

参数	C_μ	$C_{1\varepsilon}$	$C_{2\varepsilon}$	σ_k	σ_ε	η_0	β
数值	0.0845	1.42	1.68	0.72	0.72	4.38	0.012

在我国竖缝式鱼道工程设计中，上下游边界的设计水深通常为 1.5～2.5 m，水位变幅为 1.0 m。为了使数值模拟计算具有实际意义，将竖缝式鱼道数学模型上下游边界条件设置为恒定水深，水深设置为 2.0 m；鱼道顶面边界设置为压力进口，相对压强值设置为 0，以便空气可自由出入。数值模拟计算采用压强-速度耦合 SIMPLE，根据前期对数值模拟与模型试验的对比研究可知，算法参数采用默认值的计算结果与试验结果吻合效果良好，因此压力耦合方程组的 SIMPLE 的松弛因子均采用默认值；真实可信的数值结果对水力特性研究极为重要，为了保证其科学可靠性，将迭代计算的残差各项数值调整为 10^{-5} 以下；数值迭代计算稳定收敛是获取数值结果的必要条件之一，而稳定性条件取决于时间步长与空间步长的比值，比值越小越能促使计算稳定收敛，因此将时间步长设置为 0.01 s，每个时间步长内最大迭代次数设置为 20，以保证数值计算稳定收敛。数值计算的初始条件与边界条件中各参数值见表 2.3。

表 2.3　数值计算的初始条件与边界条件中的参数值列表

名称	类型	参数	数值
进口	压力进口	水深	2.0 m
出口	压力出口	水深	2.0 m
压强-速度耦合 SIMPLE	松弛因子	压强	0.3 Pa
		密度	1.0
		体积力	1.0
		动量	0.7
		紊动能	0.8
		紊流耗散率	0.8
		紊流黏度	1.0
残差	数值	连续性	1×10^{-5}
		横向速度	1×10^{-5}
		纵向速度	1×10^{-5}
		垂向速度	1×10^{-5}
		k 值	1×10^{-5}
		ε 值	1×10^{-5}
时间步长	数值	Δt 值	0.01 s
每个时间步长内最大迭代次数	数值	N_{max} 值	20

2.3.3　竖缝断面流场计算结果

隔板与导板之间形成竖缝，竖缝断面水流流动相对急剧，鱼类以突进游泳速度或极限游泳速度穿越竖缝，故竖缝断面的水力特性研究对提高过鱼效率具有重要意义。为了避免所研究竖缝断面的水流流场受上下游边界设置条件的影响，将选取第 3#常规水池上游竖缝的中心断面作为研究对象。

在所研究竖缝断面上，沿宽度方向上截取三条垂线，从左至右依次标记为 1、2、3，竖缝断面流速与三条垂线的流速矢量分布情况如图 2.11 所示。由图 2.11 可知，竖缝断面流速从右到左、从上到下呈递减规律；竖缝断面大部分流速保持在 0.9~1.1 m/s，主要分布在断面右下方。

垂线 1、2、3 沿竖缝宽度方向距左侧边缘的相对距离 X_{slot}/L_{slot} 分别为 0.2、0.5、0.8，其中 X_{slot} 为垂线 1、2、3 沿竖缝宽度方向距左侧边缘的绝对距离，L_{slot} 为竖缝断面宽度。为了研究竖缝中心断面的流场分布规律，从数值模拟结果中提取垂线 1、2、3 上的水流流速，得到竖缝中心断面流速垂向分布线 $V_i/V_a \sim$

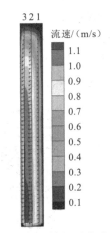

图 2.11　竖缝断面流速分布

h_{slot}/H，其中 V_i 为垂线 i（$i=1$、2、3）上的流速，V_a 为竖缝断面水流流速平均值 0.85 m/s，h_{slot} 为距底板的高度，H 为设计水深 2.0 m。竖缝中心断面垂线分布线如图 2.12 所示。

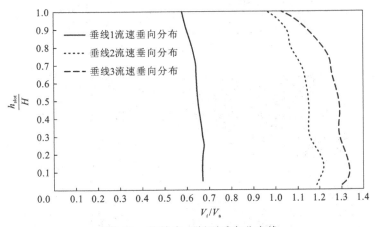

图 2.12　竖缝中心断面垂向分布线

由图 2.12 可知，竖缝断面流速在水平方向上从左到右呈增加趋势，垂线 1、2、3 上量纲为一流速值分别处于 0.5~0.7、1.0~1.2、1.0~1.3；竖缝断面流速从上至下呈增加趋势，且垂线 3 的增加效果较垂线 1 明显；竖缝断面最大、最小流速分别约为 1.1 m/s、0.5 m/s，大部分流速处于 0.8~1.1 m/s。通过分析可知，竖缝断面水力学信息比较丰富，多种游泳能力的鱼类可在断面上寻找到合适位置通过竖缝，继续进行其上溯过程。

2.3.4　主流区流场计算结果

在数学模型中，截取了相对水深 h_{slot}/H 为 0.2、0.5、0.8 的三个平面，基于三个平面分别研究常规水池的底层、中层、表层的水流结构及水力特性。为了避免所研究的水流流态受上下游边界设置条件的影响，以中间的第 3#常规水池作为研究对象，分别提取研究对象中所截取的表层（h_{slot}/H 为 0.8）、中层（h_{slot}/H 为 0.5）、底层（h_{slot}/H 为 0.2）三个平面上的流场数据，并将其转入 Tecplot 图形处理软件中进行处理，最终将第 3#常规水池表层、中层、底层三个平面上的水流流场分布以平面二维形式显示出来，分别如图 2.13、图 2.14、图 2.15 所示。

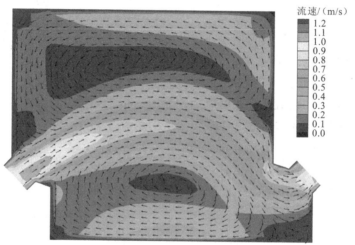

图 2.13　第 3#常规水池表层水流流场分布

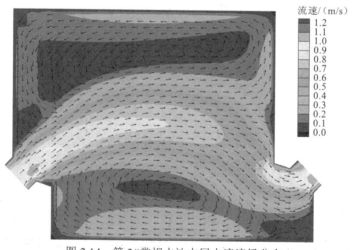

图 2.14　第 3#常规水池中层水流流场分布

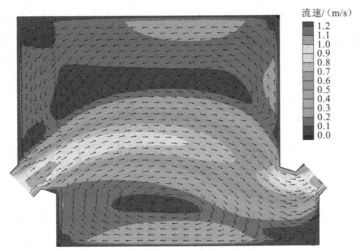

图 2.15　第 3#常规水池底层水流流场分布

图 2.13、图 2.14、图 2.15 所示的水流流场分布相似，即水流通过上游竖缝以射流形式进入常规水池，射流断面沿程扩散、动量通量保持不变导致断面流速减小，而在接近下游竖缝时，射流断面收缩、恒定动量通量引起流速增加，本小结将这部分区域称为主流区；主流区左右侧水流分别以逆时针、顺时针方向缓慢旋转流动，本小结将这两部分区域统称为回流区。

由图 2.13、图 2.14、图 2.15 可知：常规水池表层、中层、底层水流结构相似，即主流区基本居于常规水池横向中间部分，主流区两侧对称分布着两个尺度相当的回流区；主流区流速横向上从中心到两侧逐渐减小，纵向上从上游至下游呈先减小后增加的规律；回流区流速从边缘至中心逐渐减小，中心部分的流速趋近于 0；主流区绝大部分流速处于 0.7~1.1 m/s，回流区流速基本在 0.4 m/s 以下。

在竖缝式鱼道常规水池中，主流区流速较回流区大，且主流区射流断面中心位置流速始终保持断面最大值，由此可见，常规水池平面横向上的最大流速为主流区中心位置的流速，在已有的研究成果中，将平面横断线上最大流速的位置沿程变化的曲线称为最大流速位置分布曲线，而最大流速从常规水池上游至下游的变化曲线称为最大流速沿程分布曲线。最大流速位置分布曲线与主流区中心线基本重合，因此其从一定程度上反映了主流区分布规律；而最大流速沿程分布曲线反映了主流区中心线上流速沿程变化规律，一定程度上表现出主流区流速的衰减效果。

从主流区分布位置的角度出发，竖缝式鱼道的水流结构大致分为三类：主流区贴壁、主流区偏向与主流区居中。在竖缝式鱼道中，若主流区水流紧贴左/右边墙内壁流动，将会引起主流区右/左侧出现大尺度回流区，左/右侧的回流区尺度过小、水流流速较高。当常规水池内出现主流区贴壁现象时，最大流速位置分布曲线上的值偏大或偏小，而在主流区水流大体沿常规水池中间部分流动的条件下，最大流速位置分布曲线上的值靠近 0.5 附近上下波动，因此可通过最大流速位置分布曲线上的数值变化规律来定量研究常规水池的水流流态，从而为设计竖缝式鱼道时避免贴壁流的不利流态而提供可靠的科学依据。主流区水流通过竖缝射流扩散、隔板阻挡与水流对冲等作用进行消能，最大流速沿程分布曲线反映了主流区中心线流速的变化规律，而射流断面中心位置的流速能反映出主流区在该断面处的流速量值，从某种意义上讲，最大流速沿程分布曲线上流速的降低率从一定程度上反映了主流区水流从常规水池上游至下游的流速衰减程度。根据前人的研究成果，可通过最大流速位置分布曲线与最大流速沿程分布曲线来定量研究竖缝式鱼道主流区的水流流动特性。

以上通过图形方式定性分布了常规水池的水流流态，而从数据角度出发，为了定量研究主流区位置、流速沿程分布及衰减情况，在数学模型的表层、中层、底层平面上，从上游隔板背水面起，每隔 0.1 m 截取一条横断线，至下游隔板背水面为止，每个平面上共截取 26 条横断线。从数值计算结果中筛选出每条横断线上的最大流速 V_{imax} 及其相应的横坐标值 x_i、纵坐标值 y_i，并将其转化为量纲为一值 V_{imax}/V_a、x_i/L、y_i/B，其中 L 与 B 分别为常规水池的长度与宽度。由横断线上最大流速所处横、纵坐标的量纲为一值得到表层、中层、底层平面上的最大流速位置分布曲线 $y_i/B \sim x_i/L$，如图 2.16 所示。

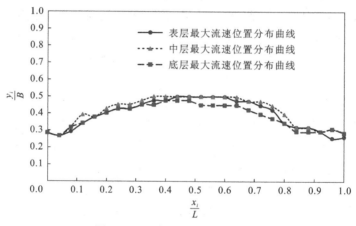

图 2.16　最大流速位置分布曲线

由平面流场分析可知，主流区的流速均大于回流区，并且水流从上游竖缝射流进入常规水池，射流断面沿程先扩散后收缩，但中心位置的流速始终为射流断面的最大值，因此最大流速位置分布曲线基本位于主流区的横向中间位置，从一定程度上反映了主流区的位置分布情况。由图 2.16 可知，表层、中层、底层最大流速位置分布曲线相似，即在 x_i/L 值从 0 增加至 0.3 的过程中，y_i/B 值逐渐从 0.3 增加至 0.5；在 x_i/L 值在至 0.3~0.8 时，y_i/B 值始终保持在 0.5 左右；在 x_i/L 值从 0.8 增加至 1.0 的过程中，y_i/B 值逐渐从 0.5 减小至 0.3。通过最大流速位置分布曲线可得，主流区水流从上游竖缝以射流形式进入常规水池，在上游 30% 范围内逐渐向横向中间位置移动，中游 50% 范围内保持在常规水池横向中间部分，下游 20% 范围内由横向中间位置流向下游竖缝。

在图 2.13、图 2.14、图 2.15 所示的水流平面流速矢量云图中，可利用流速颜色条定性分析主流区水流沿程分布情况，但不能将主流区水流流速值沿程变化规律定量化，为了利用数据研究主流区水流流速在常规水池内的衰减效果，将第 3# 常规水池表层、中层、底层平面上截取横断线，并提出横断线上最大流速 V_{imax} 及相应的纵坐标值 x_i，将其分别转化为量纲为一值 V_{imax}/V_a 与 x_i/L，其中 V_a 与 L 分别为竖缝断面平均流速与常规水池长度，从而得到最大流速沿程分布曲线 $V_{imax}/V_a \sim x_i/L$，如图 2.17 所示。

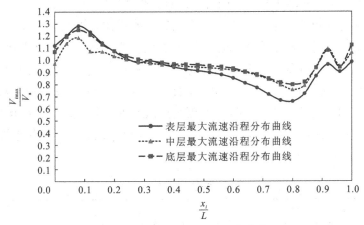

图 2.17　最大流速沿程分布曲线

水流从上游竖缝以射流形式流入常规水池内，主流区射流断面沿程变化，但射流断面中心位置流速始终保持最大值，因此在平面横断线上提取的最大流速 V_{imax} 为主流区横向中心流速，各横断线上的最大流速 V_{imax} 在纵向上的沿程变化在一定程度上反映了主流区流速的沿程分布规律及衰减情况。由图 2.17 可知：表层、中层、底层的最大流速沿程分布曲线相似，即在 x_i/L 值在 0.1 之内，V_{imax}/V_a 值从 1.0～1.1 增加至 1.2～1.3，在 x_i/L 值从 0.1 增加至 0.8 的过程中，V_{imax}/V_a 值从 1.2～1.3 逐渐减小至 0.7～0.8，而当 x_i/L 值处于 0.8～1.0 时，V_{imax}/V_a 值呈先增加、后减小、再增加的变化规律，最终恢复到 1.0～1.1 的初始值。由表层、中层、底层最大流速沿程分布曲线的对比分析表明，常规水池在距上游隔板背水面 0.25～2.00 m 的中游区域内，主流区水流流速沿程逐渐衰减，衰减效果显著。

2.3.5　回流区流场计算结果

常规水池的表层、中层、底层平面流场显示，左、右回流区对称分布在主流区的两侧，左/右侧回流区逆/顺时针旋转缓慢流动，且两个回流区的尺度相当。回流区因其内部水流缓慢流动而为洄游鱼类提供良好的休憩空间，鱼类在竖缝式鱼道中需要不停以爆发速度穿过竖缝而进行上溯的过程，耗费了大量体力，急需在缓慢流动的回流区内休憩，待鱼类充分恢复体力后，自由游出回流区，继续完成上溯过程。但回流区内流速尽量小，若超过鱼类的感应流速，则因鱼类自身逆流而上的生物物种特性而持续在回流内游动，不利于鱼类充分休憩，同时回流区的尺度不宜过大，因为过大尺度将导致洄游鱼类在回流区内迷失方向而无法游出回流区，最终造成上溯鱼类大量聚集在各个常规水池的回流区内，严重降低了鱼道的过鱼效率，甚至导致鱼道过鱼功能丧失，因此回流区的水力特性研究对鱼类设计、修建、运行、修缮工作具有重要的工程实际意义。

从图 2.13、图 2.14、图 2.15 中可以定性地分析回流区的流速分布及尺度大小，但不能从数据角度上清晰地研究回流区的水流流场特性，为了定量地分析回流区的水流流场分布规律，以数学模型中第 3# 常规水池为研究对象，提取其截取的表层、中层、底层平面上的流速数据，以三维模式导入 Tecplot 图形处理软件中，在平面上分别画出密集的流场分布，根据流场分布情况可测量出左、右回流区的横向长度与纵向长度。同时，可以在平面上显示速度矢量表示的水流流场，根据速度值筛选功能可清晰地显示出回流区内的最大流速。经过处理后得到第 3# 常规水池表层、中层、底层平面上的回流区横向长度 B_c、纵向长度 L_c 与最大流速 V_{cmax}，并将其转化为量纲为一值 B_c/B、L_c/L 与 V_{cmax}/V_a，其中 B、L 与 V_a 分别表示常规水池宽度、长度与竖缝断面平均流速，由回流区横、纵向长度的量纲为一值可得到回流区的影响域 $B_c/B \times L_c/L$ 与形状比 L_c/B_c，最终得到的 L_c/L、B_c/B、L_c/B_c、$B_c/B \times L_c/L$ 与 V_{cmax}/V_a，见表 2.4。

表 2.4　回流区的参数列表

h_{sLot}/H	主流区左、右侧	L_c/L	B_c/B	L_c/B_c	$B_c/B \times L_c/L$	总影响域	V_{cmax}/V_a
0.2	左	0.89	0.35	3.19	0.31		0.39
	右	0.77	0.45	2.17	0.34	0.66	0.56
0.5	左	0.90	0.37	3.08	0.33		0.35
	右	0.79	0.44	2.25	0.35	0.68	0.55
0.8	左	0.89	0.38	2.97	0.33		0.28
	右	0.79	0.45	2.22	0.35	0.69	0.53

由表 2.4 可知：常规水池的左/右回流区横向长度 B_c/B 为 0.35～0.38/0.44～0.45，纵向长度 L_c/L 为 0.89～0.90/0.77～0.79；左/右侧回流区形状比 L_c/B_c 为 2.97～3.19/2.17～2.25；左、右侧回流区的影响域相当，其值为 0.31～0.35；表层、中层、底层平面回流区总影响域为 0.66～0.69；左/右侧回流区内最大流速 V_{cmax}/V_a 为 0.28～0.39/0.53～0.56。常规水池回流区的水力学指标表明，常规水池内左、右侧回流区的影响域相当，总影响域约占常规水池面积的 70% 左右；左、右回流区的纵向长度均约为横向长度的 2～3 倍；回流区内流速较小，均在 0.5 m/s 以下。

2.3.6　数值模拟计算的试验验证

由数值模拟计算结果与物理模型试验数据可得：①常规水池内水流流场分布情况较为吻合，即水流从上游竖缝以射流形式流入水池中，竖缝射流断面沿程先增加、后减小，而主流区水流流速沿程先减小、后增加；主流区基本居于常规水池中间部分，在主流区两侧分布着两个对称、等尺度的回流区，左、右侧回流区水流旋转方向分别为逆时针与顺时针；回流区水流流速从边缘至中心呈递减规律，中心流速甚小，趋近于 0，为鱼类提供了良好的休息空间。②竖缝断面流速分布规律相似，即竖缝断面水流流速从左至右呈增加趋势，从上至下呈先增加、后基本保持不变的变化规律。

　　在数值模拟计算结果中提取数据的方式为：在第 3#常规水池中截取中间横向断面，在横向断面上截取表层、中层、底层横断线，其距底板的高度与工作水深之比分别为 0.8、0.5 与 0.2，分别提取每条横断线上各节点的流速分量，并将其合成流速。在物理模型试验中提取数据的方式为：在第 4#常规水池中选取 57 个样点，每 19 个样点为 1 组，所有样点处于中间横向断面上，但每组样点的高程不同，表层、中层、底层样点距底板的高度与试验水深之比分别为 0.8、0.5 与 0.2，利用 P-EMS 电磁流速仪测量样点的流速，并依据模型比尺将测量流速转化为实际流速。常规水池中横断线与样点平面分布情况如图 2.18 所示。

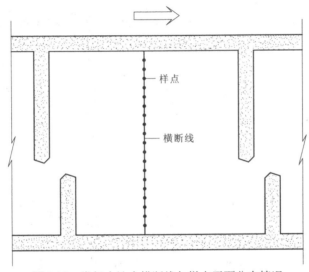

图 2.18　常规水池中横断线与样点平面分布情况

　　物理模型试验所采用 P-EMS 电磁流速仪圆形探头的直径为 0.04 m，为了避免相邻样点测量流速时相互干扰，将相邻样点与边墙内壁之间的距离设计为 0.05 m。将物理试验测量样点的流速依据重力相似准则均增加至 20.5 倍，以换算成实际常规水池流速。在数值模拟结果中提取横断线上节点的流速分量值(u, v, w)，并将流速分量值换算成节点相应的流速$(u^2 + v^2 + w^2)^{0.5}$。在常规水池中以横断线与右侧边墙内壁面交点作为原点，节点（样点）距原点的距离设定为 y，并将其转化为量纲为一值 y/B，其中 B 为常规水池实际宽度 2.0 m。为了实现数值模拟计算与物理模型试验在数据上相互验证，将数值计算结果与试验测量数据进行对比分析，但常规水池内节点数量可观，不可能全部给出对比结果，在此仅给出具有代表性的表层、中层、底层横截线上流速之间的对比结果，如图 2.19、图 2.20、图 2.21 所示。

　　计算结果表明，常规水池中间横向断面表层、中层、底层横断线上流速分布规律相同，即流速从右侧边墙至左侧边墙呈先减小、后增加、再减小、最后增加的变化趋势；横断线上最大流速为 0.7~0.8 m/s，最小流速接近于 0；数值模拟计算结果与物理模型试验数据相对误差在 10%以内。

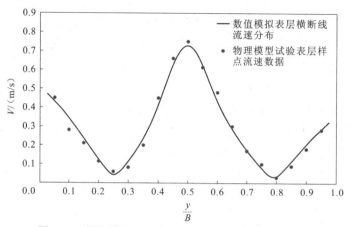

图 2.19　数值模拟与物理模型试验表层流速对比结果

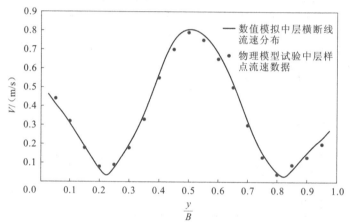

图 2.20　数值模拟与物理模型试验中层流速对比结果

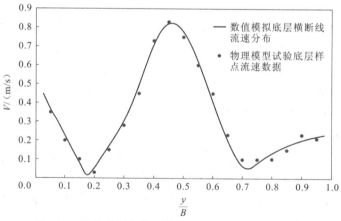

图 2.21　数值模拟与物理模型试验底层流速对比结果

　　横断线与样点流速对比研究显示，数值模拟计算结果与物理模型试验数据吻合良好，说明采用数学模型能够较好地模拟出竖缝式鱼道的水流流动情况，其数值模拟结果具有较高的科学可靠性，可通过数值模拟结果研究竖缝式鱼道的水力特性。

2.4　常规池室水流结构

2.4.1　水流结构的平面二元特性

常规水池水流流场的水力学信息相对丰富，除平面流速外，流动水流也存在垂向流速，而本节将重点研究常规水池水流的垂向流场特性。鉴于数值模拟结果数据繁多，不可能全部给出，在此仅给出具有代表性的部分点的流速分量。为了全面研究常规水池表层、中层、底层上水流的垂向流场特性，在相对水深 h_{slot}/H 为 0.2、0.5、0.8 的三个平面上截取一个竖缝横断线 A—A 与三个常规水池横断线 B—B、C—C、D—D，其中横断线 A—A 处于竖缝中心断面上，横断线 B—B、C—C、D—D 分别为距上游隔板背水面 0.625 m、1.250 m、1.875 m 处截取。在横断线上取中点作为样点，并记为 1 点；在横断线 B—B、C—C、D—D 上分别取 1/4、1/2、3/4 分点，依次记为 2、3、4，5、6、7 与 8、9、10 点，样点的平面布置如图 2.22 所示。

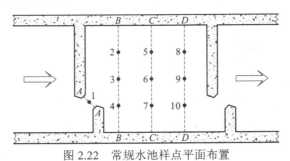

图 2.22　常规水池样点平面布置

在常规水池表层、中层、底层上分别提取了 10 个具有代表性的样点，共计 30 个样点。在数值模拟结果输入样点的横坐标 x、纵坐标 y 与垂向坐标 z，筛选出样点的横向流速 u、纵向流速 v 与垂向流速 w，结果见表 2.5。

表 2.5　常规水池样点的流速分量列表

h_{slot}/H	样点	x/m	y/m	z/m	u/(m/s)	v/(m/s)	w/(m/s)
	1	7.27	0.57	2.79	0.84	0.54	−0.15
	2	7.85	1.50	2.78	0.00	−0.04	0.01
	3	7.85	1.00	2.78	0.61	0.21	−0.03
	4	7.85	0.50	2.78	0.03	0.16	0.00
0.8	5	8.45	1.50	2.77	0.07	0.02	0.02
	6	8.45	1.00	2.77	0.73	0.02	−0.02
	7	8.45	0.50	2.77	0.00	0.06	0.00
	8	9.07	1.50	2.76	−0.02	0.11	0.01

h_{slot}/H	样点	x/m	y/m	z/m	u/(m/s)	v/(m/s)	w/(m/s)
0.8	9	9.07	1.00	2.76	0.43	-0.21	0.00
	10	9.07	0.50	2.76	0.14	-0.28	0.01
0.5	1	7.27	0.57	2.19	0.68	0.65	-0.02
	2	7.85	1.50	2.18	0.01	-0.04	0.07
	3	7.85	1.00	2.18	0.74	0.33	-0.01
	4	7.85	0.50	2.18	0.02	0.13	-0.03
	5	8.45	1.50	2.17	0.12	0.03	0.08
	6	8.45	1.00	2.17	0.81	0.03	-0.03
	7	8.45	0.50	2.17	0.06	0.04	-0.01
	8	9.07	1.50	2.16	0.13	0.03	0.00
	9	9.08	1.00	2.16	0.65	-0.17	0.04
	10	9.08	0.50	2.16	0.26	-0.27	0.03
0.2	1	7.27	0.57	1.59	0.79	0.61	-0.08
	2	7.85	1.50	1.58	-0.05	-0.06	0.00
	3	7.85	1.00	1.58	0.66	0.22	-0.03
	4	7.85	0.50	1.58	0.07	0.13	-0.03
	5	8.45	1.50	1.57	-0.06	-0.04	0.04
	6	8.45	1.00	1.57	0.78	-0.03	-0.03
	7	8.45	0.50	1.57	0.16	0.01	-0.01
	8	9.07	1.50	1.56	-0.09	0.04	-0.01
	9	9.07	1.00	1.56	0.50	-0.16	-0.01
	10	9.07	0.50	1.56	0.39	-0.32	0.00

由表 2.5 可知：常规水池水流的垂向流速绝大部分在 0.08 m/s 以下，仅在竖缝断面表层的垂向流速为-0.15 m/s，但相对于该样点的水平流速而言，不足其 15%。常规水池水流的垂线流场特性表明，常规水池内绝大部分水流的垂向流速甚小，可忽略不计，而相邻常规水池的水面高程不同引起竖缝断面处出现水面跌落，因此竖缝断面表层样点处水流的垂向流速较为明显，但相对于该样点的水平流速而言，垂向流速不足其 15%。

上述研究表明，常规水池水流结构主要以平面二维流动为主，相对于水平流速而言，垂向流速甚微，可忽略不计。

2.4.2　三维与二维计算结果的对比

通过对常规池室的垂向流速分布规律的研究，表明水池内水流流动具有较强的平面二元特性，为了验证这一重要的水流特性，本节将对常规水池的三维数值模拟结果进行垂向均化处理，并将处理结果与二维数值模拟结果进行对比研究。

在 Gambit 软件中建立数学模型，在数学模型中设置了 5 级常规水池，其布置形式如图 2.10 所示的三维数学模型平面布置图，模型细部结构尺寸见表 2.1。综合考虑二维数值仿真效果受网格剖分形状与尺寸的制约，在常规水池内上游导板背水面与下游隔板迎水面之间的部分、竖缝部分均建立结构性四边形网格，网格长度分别为 0.05 m 与 0.02 m；在上游导板迎水面与上游导板背水面之间部分（除竖缝部分外）建立非结构性三角形网格，网格长度设置为 0.05 m。

在数学模型中，上/下游边界设置为均匀速度进/出口条件，计算模型仍采用 k-ε(RNG) 模型与压强-速度耦合 SIMPLE，模型控制方程如下。

连续方程：

$$\frac{\partial u_i}{\partial x_i}=0 \tag{2.8}$$

动量方程：

$$\frac{\partial u_i}{\partial t}+u_j\frac{\partial u_i}{\partial x_j}=-\frac{1}{\rho}\frac{\partial p}{\partial x_i}+\frac{\partial}{\partial x_j}\left(\nu\frac{\partial u_i}{\partial x_j}-\overline{u_i u_k}\right) \tag{2.9}$$

k 方程：

$$\frac{\partial k}{\partial t}+u_j\frac{\partial k}{\partial x_j}=\frac{\partial}{\partial x_j}\left(\alpha_k\nu\frac{\partial k}{\partial x_j}\right)+2\nu_t S_{ij}^2-\varepsilon \tag{2.10}$$

ε 方程：

$$\frac{\partial \varepsilon}{\partial t}+u_j\frac{\partial \varepsilon}{\partial x_j}=\frac{\partial}{\partial x_j}\left(\alpha_\varepsilon\nu\frac{\partial \varepsilon}{\partial x_j}\right)-R+2c_1\frac{\varepsilon}{k}\nu_t S_{ij}^2-c_2\frac{\varepsilon^2}{k} \tag{2.11}$$

式中：u_i 为时均速度；p 为时均压强；k 为紊动能，$k=\partial\varepsilon=1.39$；$\varepsilon$ 为紊动能耗散率；ρ 为水的密度；u 为分子黏性系数；v_i 为涡黏性系数；$\nu_t=C_u(k^2/\varepsilon)$；$c_1=1.42$；$c_2=1.68$；$S$ 为应变率张量范数，$S=(2S_{ij}^2)^{0.5}$；$S_{ij}=\partial_{u_i}/\partial_{u_j}+\partial_{u_j}/\partial_{u_i}$；$\overline{u_iu_j}$ 与 R 如下。

均值项：

$$\overline{u_iu_j}=\frac{2}{3}k\delta_{ij}-\nu_t\left(\frac{\partial u_i}{\partial u_j}+\frac{\partial u_j}{\partial u_i}\right) \tag{2.12}$$

附加项：

$$R=2\nu S_{ij}\overline{\frac{\partial u_i'}{\partial x_j}\frac{\partial u_j'}{\partial x_i}}=\frac{C_u\eta^3(1-\eta/\eta_0)}{1+\beta\eta^3}\frac{\varepsilon^3}{k} \tag{2.13}$$

式中：δ_{ij} 为克罗内克函数；u_i' 为脉动速度；$C_u=0.084\,5$；η 为紊流时间尺度与平均流时间尺度之比；$\eta=Sk/\varepsilon$；η_0 为 η 在均匀剪切流中典型值，$\eta_0=4.38$，$\beta=0.012$。

上下游边界均设置为速度进口，流速分别设置为 0.15 m/s 与−0.15 m/s，以保证竖缝断面平均流速为 1.0 m/s；数值模拟计算采用压强−速度耦合 SIMPLE，其松弛因子均采用默认值；迭代计算的残差各项数值调整为 10^{-5} 以下；时间步长设置为 0.01 s，每个时间步长内最大迭代次数设置为 20 次。数值计算的初始条件与边界条件中各参数值见表 2.6。

表 2.6   二维数值计算的参数值列表

名称	类型	参数	数值
上游边界	速度进口	流速	0.15 m/s
下游边界	流速出口	流速	−0.15 m/s
压强−速度耦合 SIMPLE	松弛因子	压强	0.3 Pa
		密度	1.0 Pa
		体积力	1.0 Pa
		动量	0.7 Pa
		紊动能	0.8 Pa
		紊流耗散率	0.8 Pa
		紊流黏度	1.0 Pa
残差	数值	连续性	1×10^{-5}
		横向速度	1×10^{-5}
		纵向速度	1×10^{-5}
		垂向速度	1×10^{-5}
		k 值	1×10^{-5}
		ε 值	1×10^{-5}
时间步长	数值	Δt 值	0.01 s
每个时间步长内最大迭代次数	数值	N_{max} 值	20

在 Fluent 计算软件中，将数学模型的初始条件与边界条件设置完毕后，在工作站开始进行数值模拟迭代计算，当数值模拟迭代超过 1×10^{5} 次后计算基本达到稳定收敛状态，在计算收敛结果中提取各节点的坐标值与速度分量值，并将其导入 Tecplot 图形处理软件中，利用流速颜色条可定性分析常规水池水流流场分布情况，流速矢量分布可表明水流流动方向，流速颜色与流速矢量分布的叠加图将显示出水流流速矢量云图，图 2.23 将显示出第 3#常规水池二维数值模拟流场分布情况。

在二维数学模型中，从第 3#常规水池上游隔板背水面起，每隔 0.1 m 截取一个横断线，至下游隔板背水面为止，共截取 26 条横断线。筛选各横断线上最大流速量值 V_{imax}/V_a 及其相应的横坐标值 x_i/L、纵坐标值 y_i/B，并提取回流区的横向长度 B_c/B、纵向长度 L_c/L 与最大流速 V_{cmax}/V_a，则将三维模拟垂向均化处理结果与二维数值模拟结果见表 2.7。

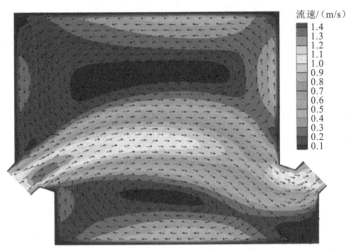

图 2.23　常规水池二维数值模拟流场分布

表 2.7　三维与二维数值模拟结果对比列表

x_i/L	$(y_i/B)_2$	$(y_i/B)_3$	$(V_{imax}/V_a)_2$	$(V_{imax}/V_a)_3$	y_i/B 相对误差	V_{imax}/V_a 相对误差
0.00	0.30	0.29	1.01	1.05	0.05	0.04
0.04	0.28	0.27	1.09	1.18	0.05	0.08
0.08	0.31	0.31	1.25	1.24	0.00	0.01
0.12	0.33	0.36	1.24	1.17	0.07	0.06
0.16	0.37	0.38	1.16	1.11	0.02	0.04
0.20	0.40	0.41	1.11	1.06	0.04	0.04
0.24	0.42	0.43	1.06	1.02	0.03	0.04
0.28	0.42	0.43	1.03	0.99	0.03	0.04
0.32	0.45	0.46	1.02	0.99	0.03	0.03
0.36	0.45	0.47	1.00	0.97	0.06	0.03
0.40	0.47	0.48	0.99	0.96	0.02	0.03
0.44	0.47	0.49	0.98	0.95	0.04	0.04
0.48	0.47	0.49	0.98	0.94	0.04	0.04
0.52	0.47	0.48	0.97	0.93	0.02	0.05
0.56	0.47	0.48	0.96	0.92	0.02	0.04
0.60	0.47	0.48	0.94	0.90	0.02	0.04
0.64	0.44	0.47	0.91	0.87	0.06	0.05
0.68	0.44	0.45	0.88	0.84	0.03	0.04
0.72	0.42	0.44	0.83	0.80	0.05	0.03

x_i/L	$(y_i/B)_2$	$(y_i/B)_3$	$(V_{imax}/V_a)_2$	$(V_{imax}/V_a)_3$	y_i/B 相对误差	V_{imax}/V_a 相对误差
0.76	0.41	0.41	0.78	0.76	0.01	0.03
0.80	0.36	0.36	0.74	0.74	0.00	0.01
0.84	0.33	0.31	0.76	0.78	0.08	0.02
0.88	0.33	0.31	0.85	0.91	0.08	0.07
0.92	0.31	0.29	1.01	1.05	0.06	0.03
0.96	0.31	0.29	0.98	0.93	0.05	0.06
1.00	0.30	0.28	0.98	1.06	0.08	0.05
回流区	$(B_c/B)_2$	$(L_c/L)_2$	$(V_{cmax}/V_a)_2$	$(B_c/B)_3$	$(L_c/L)_3$	$(V_{cmax}/V_a)_3$
主流区左侧	0.37	0.91	0.42	0.36	0.90	0.38
主流区右侧	0.42	0.85	0.55	0.44	0.79	0.55

注：括号外面下角标表示维数，2 表示二维，3 表示三维。

　　由图 2.13～图 2.15 与图 2.23 对比可知：常规水池三维数学模型中的表层、中层、底层平面流场分布与二维数值模拟结果相似，即主流区大致居于常规水池横向中间位置，主流区两侧对称分布着两个尺度相当的回流区，左/右侧回流区内水流逆/顺时针缓慢旋转流动；对于主流区最大流速沿程分布及其位置分布，三维均化处理与二维数值模拟的相对误差均在 8%以内；对于回流区的横向长度、纵向长度与最大流速，三维均化处理与二维数值模拟结果相近。

　　通过常规水池的垂向流场特性与平面二元特性研究表明，常规水池内绝大部分水流流场具有较强的平面二元水力特性，仅竖缝断面处出现水面跌落而在其表层出现相对突出的垂向流动特性，但与竖缝断面表层平面流速相比，垂向流速甚微，可忽略不计；而二维数值模拟与三维数学模型表层、中层、底层平面的水流流态相似，主流区的最大流速及其位置的相对误差均在 8%以下，回流区的尺度与最大流速相当，说明二维数值模拟与三维数值模拟在垂向上的均化结果相当，二维数值模拟的水流流场能基本反映常规水池的水力特性。

2.5　不同流速量值对池室水流结构的影响

　　鉴于常规水池水流流动具有较强的平面二元特性，本节将通过二维数学模型对常规水池水流流场特性进行研究。为避免所研究常规水池的水流流态受上下游边界设置条件的影响，在数学模型中建立了 5 级常规水池，平面布置如图 2.24 所示。以第 3#常规水池为研究对象。在计算软件中选择 k-ε（RNG）模型与 SIMPLE，上游边界条件设定为速度进口，均匀来流速度分别设置为 0.14 m/s、0.175 m/s、0.21 m/s、0.2625 m/s、0.315 m/s、

0.35 m/s，以保证竖缝断面平均流速分别为 0.8 m/s、1.0 m/s、1.2 m/s、1.5 m/s、1.8 m/s、2.0 m/s。迭代计算的时间步长设置为 0.01 s。

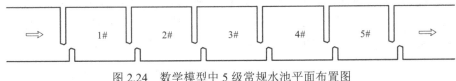

图 2.24　数学模型中 5 级常规水池平面布置图

2.5.1　竖缝断面流速分布与特征值

待计算稳定后，选择第 3#常规水池的上游竖缝中心横断面作为研究对象，在计算结果中提取断面上网格节点的流速 V_i 及位置 b_i，并采用竖缝断面平均速度 $\bar{V}$ 和竖缝宽度 B 分别进行无量纲化处理，最终得到竖缝中心断面的流速分布曲线 $V_i/\bar{V} \sim b_i/B$，如图 2.25 所示。

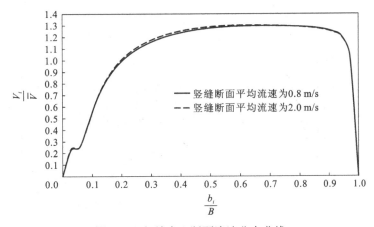

图 2.25　竖缝中心断面流速分布曲线

由于竖缝中心断面流速分布较为相似，为了便于线条区分，在图 2.25 中仅给出了竖缝断面平均流速为 0.8 m/s、2.0 m/s 的流速分布曲线，而其他工况的流速分布曲线则处于这两条曲线之间。由图 2.25 可知，在竖缝断面平均流速为 0.8～2.0 m/s 的范围内，竖缝中心断面流速分布曲线较为相似，从左到右呈先快速递增、后缓慢递增、再急速衰减的变化规律；在左侧 b_i/B 值为 0.2 与右侧 b_i/B 值为 0.97 的位置，V_i/V_a 值为 1，说明水流流速接近竖缝断面平均流速；在竖缝中心断面左侧 20%与右侧 3%范围内，流速均小于竖缝断面平均流速，而中间 77%范围内的流速大于竖缝断面平均流速。

2.5.2　主流区的水力特性

主流区水流为上溯鱼类通过鱼道的洄游路线，其水力特性是常规水池水流流场的重要水力学指标。为了研究主流区水流流速分布及衰减情况,在数学模型的第 3#常规水池中,从上游隔板背水面起,每隔 0.125 m 截取一条横断线,至下游隔板背水面为止,共截取 21 个横断线。在数值模拟结果中,提取每条横断线上的最大流速 V_{imax} 及其相应横坐标 x_i 与纵坐标 y_i,并将其转化为量纲为一量 V_{imax}/V_a、x_i/L 与 y_i/B,得到主流区的最大流速位置分布曲线与沿程分布曲线,分别如图 2.26 与图 2.27 所示。

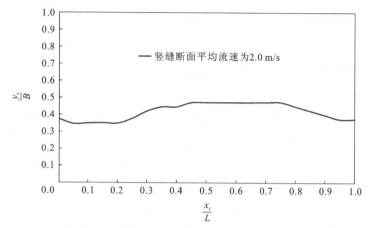

图 2.26　主流区最大流速位置分布曲线

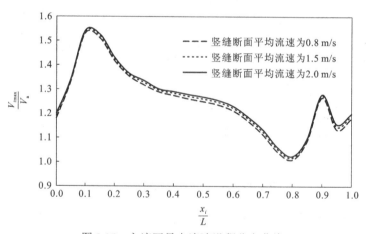

图 2.27　主流区最大流速沿程分布曲线

在不同工况下,主流区最大流速位置分布曲线与沿程分布曲线较为相似,本书为了便于线条之间的区分,仅给出了竖缝断面平均流速为 2.0 m/s 的最大流速位置分布曲线与 0.8 m/s、1.5 m/s、2.0 m/s 的最大流速沿程分布曲线。由图 2.26 与图 2.27 可知,在竖缝断面平均流速为 0.8~2.0 m/s 的范围内,主流区最大流速位置分布曲线近乎相同,而最大流速沿程分布也仅有略微差异;由位置分布曲线可知,y_i/B 值始终保持在 0.34~0.48 的范围内,表明主流区基本居于常规水池的横向中间部分;由沿程分布曲线可知,当 x_i/L 值为 0.1 时,V_{imax}/V_a 值达到最大值 1.55,而当 x_i/L 值为 0.8 时,V_{imax}/V_a 值达到最小值 1.0,表明在 x_i/L 值为 0.1~0.8 的范围内,V_{imax}/V_a 值从 1.55 递减至 1.0,衰减率超过 35%,可见主流区水流流速衰减效果明显，常规水池内水流的流速衰减效果良好。

2.5.3　回流区的水力特性

在二维数值模拟结果中，可通过等流函数线显示出回流区的范围。将数值模拟结果导入 Tecplot 图形处理软件中，显示出回流区范围，测量左、右回流区的横向长度 L_c 与纵向长度 B_c，并将其转化为量纲为一量 L_c/L 与 B_c/B，通过流速矢量的显示可得到回流区内最大流速 V_{cmax}，并将其转化为量纲为一量 V_{cmax}/V_a，得到的结果见表 2.8。

表 2.8　回流区参数列表

竖缝断面平均流速/(m/s)	主流区左侧或右侧	V_{cmax}/V_a	L_c/L	B_c/B	$(L_c/L)\times(B_c/B)$
0.8	左	0.52	0.87	0.38	0.33
	右	0.55	0.88	0.44	0.38
1.0	左	0.54	0.86	0.40	0.34
	右	0.58	0.88	0.43	0.38
1.2	左	0.54	0.87	0.42	0.37
	右	0.58	0.85	0.45	0.38
1.5	左	0.55	0.88	0.41	0.36
	右	0.58	0.83	0.43	0.36
1.8	左	0.56	0.85	0.43	0.37
	右	0.58	0.86	0.46	0.40
2.0	左	0.55	0.87	0.42	0.37
	右	0.58	0.83	0.44	0.37

由表 2.8 可知，在竖缝断面平均流速为 0.8～2.0 m/s 的范围内，左、右回流区横向相对长度 L_c/L 值均处于 0.83～0.88，纵向相对长度 B_c/B 值均为 0.38～0.46，影响域 $(L_c/L)\times(B_c/B)$ 值均为 0.33～0.40；回流区内最大流速量值 V_{cmax}/V_a 值均在 0.52～0.58。通过不同工况下回流区最大流速、尺度及影响域的对比研究表明，竖缝断面平均流速为 0.8～2.0 m/s 的范围内，回流区内的水流流态及流速分布表现出相同的水力特性，与竖缝断面平均流速大小的关系不甚明显。

通过对竖缝断面平均流速为 0.8 m/s、1.0 m/s、1.2 m/s、1.5 m/s、1.8 m/s、2.0 m/s 的二维数值模拟结果研究表明，在竖缝断面平均流速为 0.8～2.0 m/s 的范围内，其值大小对常规水池竖缝中心断面流速分布、主流区最大流速位置及沿程分布、回流区尺度及内部最大流速无明显影响，说明常规水池的水力特性具有良好的稳定性；在竖缝断面左侧 20%与右侧 3%范围，流速均大于竖缝断面平均流速，而在中间 77%范围内，流速大于竖缝断面平均流速，说明竖缝断面流速的水力信息较为丰富，可适于有多种游泳能力的洄游鱼类通过；在常规水池距上游隔板背水面 0.25～2.00 m，主流区水流流速逐渐衰减，其衰减率超过 35%，可见常规水池的消能效果较为明显。

2.6　水流结构分类

2.6.1　数学模型

采用三维数值模拟的方法系统研究竖缝式鱼道的水流结构，数值模拟采用 Fluent 计算软件进行建模和计算，数学模型控制方程为连续性方程、动量方程和标准 $k\text{-}\varepsilon$ 模型方程，并结合 VOF（volume of fluid）的方法进行求解，具体方程与参数见 2.2.2 小节。

鱼道池室内部结构布置如图 2.28、表 2.9 所示，内部结构尺寸保证长宽分别为 $L=$ 3.0 m，$B=2.4$ m，导板与隔板厚度 0.3 m，竖缝宽度 0.3 m，导向角度为 45°，坡度 $J=2\%$，墩头采用无钩状结构并进行钝化处理，导/隔板墩头迎水面坡度取 1∶1，导/隔板墩头背水面坡度取 1∶3。本次数值模拟计算了 9 级鱼道水池，选取第 5 级水池为研究的对象，计算域模型如图 2.29 所示。

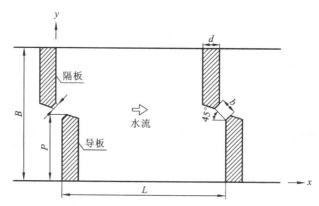

图 2.28　鱼道池室内部结构布置

P 为导板长度；b 为竖缝宽度；d 为导板厚度

表 2.9　鱼道池室内部结构布置参数表

水池相对长度 L/b	水池相对宽度 B/b	竖缝相对宽度 b/b	竖缝相对长度 l/b	导板相对长度 P/B	坡度 $J/\%$	池室中央水深 H_0/m
10	8	1	0.4	0.1～0.6	2	1.2

计算研究了导板相对长度 $P/B=0.1$，0.2，0.25，0.3，0.34，0.36，0.4，0.5，0.6 条件下 9 种流场。水流进口为压力进口，出口控制为压力出口，空气为压力进口，控制水池中央水深为 H_0。

鱼道模型网格采用结构性六面体网格，网格边长为 0.05 m；为了防止迭代过程数值的发散和不稳定，对动量方程、标量输运方程采用欠松弛技术，压力和速度耦合采用

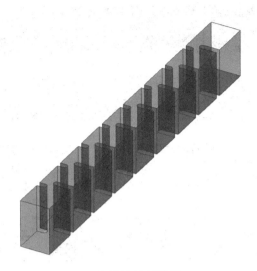

图 2.29　鱼道计算域模型

SIMPLE；时间步长取为 0.01 s，迭代精度为 10^{-4}。三维鱼道模型上游边界为压力进口，设置水深为 2 m；顶部边界为压力进口，相对压强设置为 0，保证空气的自由进入；下游边界设置为压力出口，设置水深为 2 m。

2.6.2　水流结构类型划分

图 2.30 给出了 9 种不同导板相对长度 $P/B=0.1$，0.2，0.25，0.3，0.34，0.36，0.4，0.5，0.6 条件下鱼道水流流场（1/2 水深处）的计算结果。计算结果表明，采用不同的导板长度，对鱼道水池内主流区分布有比较显著的影响。

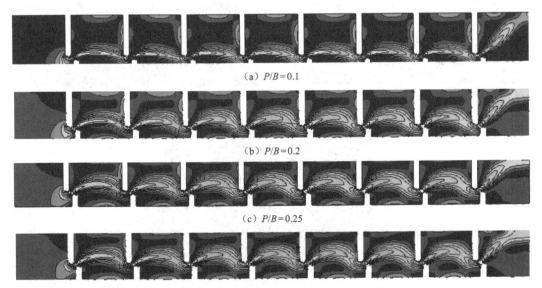

（a）$P/B=0.1$

（b）$P/B=0.2$

（c）$P/B=0.25$

（d）$P/B=0.3$

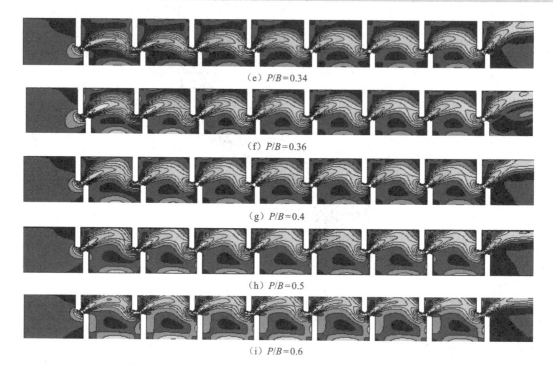

（e）P/B=0.34

（f）P/B=0.36

（g）P/B=0.4

（h）P/B=0.5

（i）P/B=0.6

图 2.30 不同导板相对长度条件下鱼道池室的水流流场结构

如图 2.31 所示，沿不同相对水深 z 提取流场分布，并进行量纲为一值处理，其中鱼道竖缝处最大流速 $V_0 \approx \sqrt{2gJL}$，可见不同水深处的水流流场分布具有相似性，具有典型的二元特性。

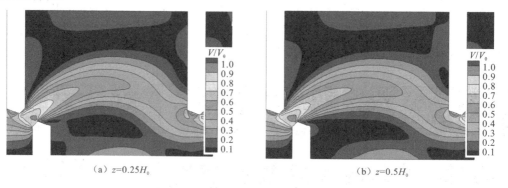

（a）z=0.25H_0

（b）z=0.5H_0

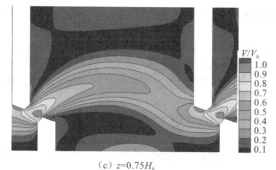

（c）z=0.75H_0

图 2.31 不同水深 z 处 P/B=0.25 的鱼道流场分布

　　不失代表性地提取水深 $z=H_0/2$ 处不同导板相对长度 P/B 条件下的水流流场分布及其主流区、回流区的分布。

　　由图 2.30 可知，在鱼道水池内，均能形成明显的回流区和主流区。随着导板相对长度 P/B 的改变，鱼道水池内主流区与回流区形态也随之发生改变，呈现出如下三种不同的水流结构。

　　（1）当 $P/B<0.2$ 时，鱼道内呈现出 I 型水流结构。在 I 型水流结构中，由于导板相对长度 P/B 有限，导向作用微弱，主流在水池内蜿蜒程度相对较小，主流距离右侧边墙较近，以致主流左、右两侧回流区极其不对称，左侧回流区明显大于右侧回流区，其典型流场结构如图 2.32（a）、（b）所示。

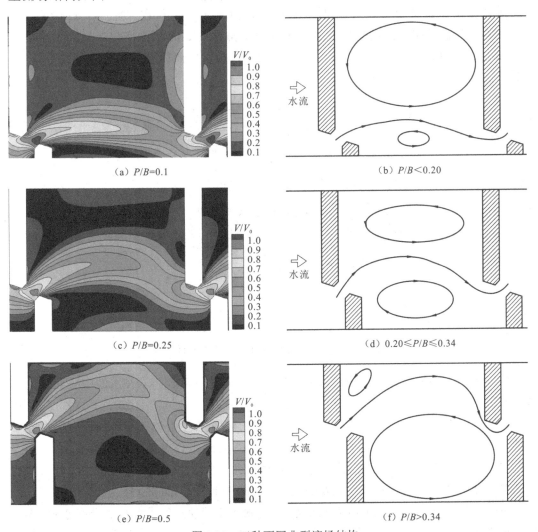

(a) $P/B=0.1$　　　　　　　　　　　(b) $P/B<0.20$

(c) $P/B=0.25$　　　　　　　　　　(d) $0.20\leqslant P/B\leqslant0.34$

(e) $P/B=0.5$　　　　　　　　　　　(f) $P/B>0.34$

图 2.32　三种不同典型流场结构

　　（2）当 $0.2\leqslant P/B\leqslant0.34$ 时，鱼道内呈现出 II 型水流结构。在 II 型水流结构中，蜿蜒程度较 I 型水流结构增加，主流基本位于水池中央，两侧回流区尺度量级相当，其典型流场结构如图 2.32（c）、（d）。

（3）当 $P/B > 0.34$ 时，鱼道内呈现出 II III 型水流结构。在 II III 型水流结构中，由于导板相对长度 P/B 较大，导向作用显著增强，主流从竖缝射出后，直接顶冲左侧边墙，之后贴壁流动一段距离，至接近下一隔板时，才偏向竖缝，流向下一级水池。主流左、右两侧回流区极其的不对称，右侧回流区尺度相对较大，左侧回流区受到主流挤压而局限在隔板角隅处，尺度甚小，其典型流场结构如图 2.32（e）、（f）所示。

2.6.3　主流区流速分布

最大主流轨迹线 $F(x_i/L, y_i/B)$ 是主流沿程流速最大值 U 所在位置点$(x_i/L, y_i/B)$的连线，能够定量反映出水流的偏转程度。随着导板相对长度 P/B 的变化，最大主流轨迹线也随之发生明显的变化，水深 $z = H_0/2$ 处水池内最大主流轨迹线如图 2.33 所示。具体如下。

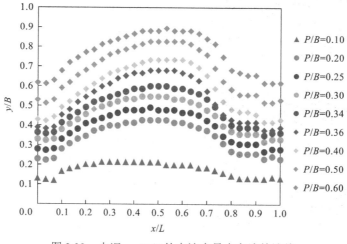

图 2.33　水深 $z = H_0/2$ 处水池内最大主流轨迹线

（1）对于 I 型鱼道水流结构，最大主流轨迹线弯曲程度较小，在水池中央几乎呈一条直线趋势。

（2）对于 II 型鱼道水流结构，随着 P/B 的增加，最大主流轨迹线弯曲程度也将进一步的增加，主流基本位于鱼道水池中间部分，$(y/B)_{max}$ 基本分布在 0.4～0.6。

（3）对于 II III 型鱼道水流结构，随着 P/B 的进一步增加，最大主流轨迹线弯曲发生显著的弯曲，随着导板相对长度 P/B 的增大，呈现出顶冲边墙的趋势。

最大主流流速沿程变化曲线 $F(x_i/L, U/V_0)$ 是最大主流轨迹线上各点的沿程连线，该曲线能够在一定程度上反映不同的水流结构的消能效果。图 2.34 给出了水深 $z = H_0/2$ 处水池内最大主流流速沿程变化曲线，在不同水流结构中，池室内最大流速沿程变化曲线呈相同的分布规律，即轨迹线上流速均能上升至一个最大值，在后半池又下降至最小值，而后流速增大。从主流区水流流速衰减情况（表 2.10）看，在三类流场结构中，最大主流的最大衰减率分布在 50%～58%，可见导板长度的改变对主流的最大衰减率的影响较小。

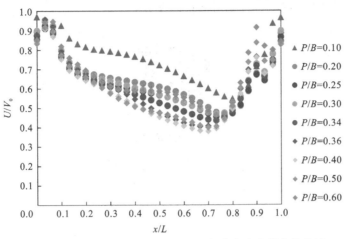

图 2.34　水深 $z=H_0/2$ 处水池内最大主流流速沿程变化曲线

表 2.10　主流区水流流速衰减率

P/B	0.1	0.2	0.25	0.3	0.34	0.36	0.4	0.5	0.6
$1-U_{max}/U_{min}$	0.50	0.51	0.51	0.51	0.52	0.58	0.58	0.56	0.51

2.6.4　竖缝断面流速分布

在竖缝式鱼道中最大流速出现在竖缝处区域，同时竖缝是鱼类通过鱼道上溯的必经之路，因而，竖缝断面处的流速大小及分布情况是较为关键的水力学指标。图 2.35 给出了水深 $z=H_0/2$ 处竖缝中心断面的流速分布图（图 2.35 中 b_i 为竖缝断面各点距离隔板背水面沿宽度方向上的距离，b 为竖缝宽度）。

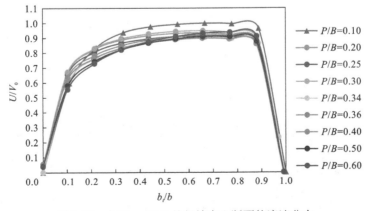

图 2.35　水深 $z=H_0/2$ 处竖缝中心断面的流速分布

　　由图 2.35 可知，三种不同水流结构下的鱼道，竖缝断面流速分布具有相似性，均呈现出梯形分布。在 I 型水流结构中的竖缝流速稍高于另外两种水流结构的竖缝处的流速，II 型水流结构和 II III 型水流结构无显著性的差异。

（扫一扫，见本章彩图）

第3章 不同水流结构竖缝式鱼道对比过鱼试验

3.1 引 言

传统的竖缝式鱼道设计主要依据水工水力学，按照一定的流速、水深等水力学指标对鱼道结构和池室结构进行设计，对过鱼对象自身的游泳特性考虑较少，这使得鱼道内水流条件往往与过鱼对象不适宜。第 1 章和第 2 章研究不同水流结构下的竖缝式鱼道的水力特性，本章在此基础上进行对比过鱼试验研究，试验研究采用大样本单鱼试验，通过统计上溯成功率和上溯时间长度，对不同水流结构的鱼道池室对于过鱼对象的喜好度进行量化评价，并通过进一步分析过鱼对象在池室内的上溯轨迹线，对鱼类游泳特性与不同水流结构的水力因子进行耦合分析，将进一步评价不同水流结构的优劣，为池室结构的水力设计与优化改进提供依据。

3.2 试验用鱼选择

过鱼对象的选择既要考虑其代表性，也要考虑其易获性。草鱼属于鲤形目鲤科雅罗鱼亚科草鱼属。其体型较长，略呈圆筒形，腹部无鳞。头部扁平，尾部侧扁。草鱼一般栖居于江河、湖泊等水域的中下层和近岸多水草区域，具有河海栖息洄游的习性，性成熟个体在江河流水中产卵，生殖期为 4～7 月，主要集中在 5 月间。一般江水上涨来得早且猛，水温又能稳定在 18℃时，草鱼即大规模产卵。

草鱼是四大家鱼（青鱼、草鱼、鲢、鳙）中的一种主要类型，在我国有着广泛分布，在市面上与养殖场能容易获取，且养殖与暂养相对简单，十分适合作为室内试验用鱼。

本次试验草鱼幼鱼为北京市某渔场提供，如图 3.1 所示，体长（10±2）cm。将试验用鱼放置于 1 m×1 m×1 m 的矩形水池中暂养两周。暂养水循环深井水，水温维持在 17℃左右，暂养池中采用曝气处理，溶解氧浓度维持在 7 mg/L 以上，光照为室内自然光，试验前 2 d 停止喂食。

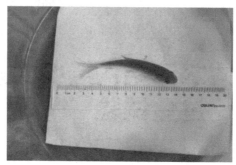

图 3.1   试验用鱼（草鱼）

3.3   试验布置与设计

3.3.1   试验布置及数据处理

过鱼试验的物理模型布置如图 3.2、图 3.3 所示，试验工况参数见表 3.1。本次过鱼试验选择第 6 级水池为观察对象，将两台摄像头分别架设至第 6 级常规水池顶部中心处，进行全程摄像。监测系统采用海康威视摄像头（型号 DS-2CD3T20D-I5 4 mm），分辨率为 1 920×1 080，输出视频帧数 25 fps。

图 3.2   不同水流结构的单侧竖缝式鱼道物理模型

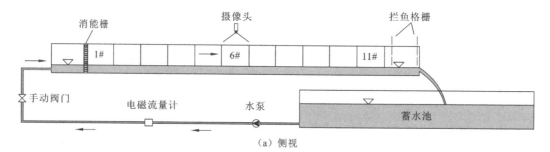

（a）侧视

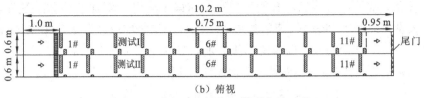

（b）俯视

图 3.3　过鱼试验的物理模型安装示意

表 3.1　试验工况参数

试验组次	体型	水池长度 L/m	水池宽度 B/m	竖缝宽度 b/m	竖缝长度 l/m	导板长度 P/m	坡度 J/%	池室中央水深 H_0/m
1	I	0.75	0.6	0.075	0.03	0.06	1	0.3
	II	0.75	0.6	0.075	0.03	0.15	1	0.3
2	II	0.75	0.6	0.075	0.03	0.15	1	0.3
	II III	0.75	0.6	0.075	0.03	0.30	1	0.3

过鱼视频采用 Zootracer 软件进行轨迹提取，Zootracer 软件具有操作简单、效率高、性能良好等优势，能够为批量研究鱼类二维轨迹提供较为方便的途径，Zootracer 软件操作界面如图 3.4 所示。

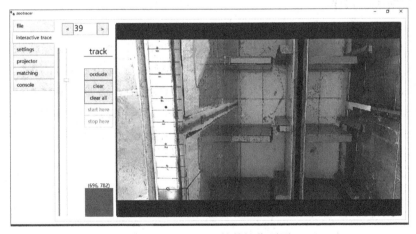

图 3.4　Zootracer 软件操作页面

Zootracer 软件根据视频像素点建立坐标系(x', y')原点为视频左上角，水平向右为 x 轴正向，竖直向下为 y 轴正向。本次录制视频分辨率为 1 920×1 080，因而 x 坐标最大值 1 920，y 坐标最大值为 1 080。提取的像素点坐标(x', y')，经过旋转、缩放得到 CAD（computer aided design）中的鱼道坐标(x, y)。

3.3.2　试验设计与方法

当进行过鱼试验时，在暂养池中随机选择两组各一条幼鱼，同步放入测试段 I 与测试段 II 下游的放鱼池内，等待 15 min，使鱼类能够适应试验鱼道中水温和水流环境，之后打开测试段上游的拦鱼格栅，并同步启动测试段 I 与测试段 II 的摄像系统开始同步记录两个测试段鱼类的上溯信息。若单条鱼成功游到鱼道 1# 水池，即设定单条鱼成功上溯，单条鱼的运动轨迹试验完成。试验的结果表明，当观察时间超过 30 min 后，过鱼对象的上溯行为结果不会因观察时间的进一步增加而改变，因此本研究取 30 min 为试验观察时段。以 30 min 为一个放鱼试验时间段，若 30 min 后鱼仍未游至鱼道 1# 水池，则认为此次试验中鱼未成功上溯。

统计在不同水流结构内鱼道内的上溯成功率 R_r，上溯时间 t，采用 Zootracer 软件提取鱼类运动轨迹。

3.4　池室结构 I（P/B=0.1）与池室结构 II（P/B=0.25）对比试验

池室结构 I 与池室结构 II 过鱼对比试验在 2017 年 9 月进行，试验水槽内水温 21℃左右，溶解氧 7.3 mg/L。

3.4.1　上溯成功率

池室结构 I、池室结构 II 水流结构上溯成功率如图 3.5 所示。在池室结构 I 水流结构的 P/B=0.1 中，试验用鱼样本数为 85 条，其中有 45 条鱼成功上溯 11 级水池，上溯成功率 R_{rI} 为 53%；在池室结构 II 水流结构的 P/B=0.25 中，试验用鱼样本数为 92 条，其中有 64 条鱼成功上溯 11 级水池，上溯成功率 R_{rII} 为 70%。就上溯成功率 R_r 而言，$R_{rII} > R_{rI}$ 意味着鱼类在上溯过程中更乐于选择池室结构 II 的水流结构。

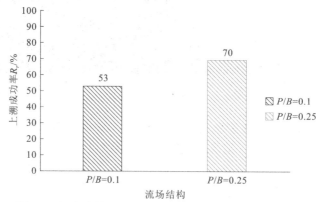

图 3.5　池室结构 I、池室结构 II 水流结构上溯成功率 R_r

3.4.2　上溯时间

图 3.6 与图 3.7 分别给出了两种池室结构条件下顺利完成上溯鱼类的上溯时间分布

情况，结果表明，上溯时间分布总体上符合伽马分布，而非传统的正态分布。其原因在于鱼类通常都会有比较强烈的趋流性，在鱼道中自然会选择逆流而上并快速完成上溯。图 3.8 与图 3.9 进一步给出了上溯时间的中位数与平均值，结果显示，无论是池室结构 I 还是池室结构 II，上溯时间中位数的量值均明显低于平均值，从而佐证了上述分析。

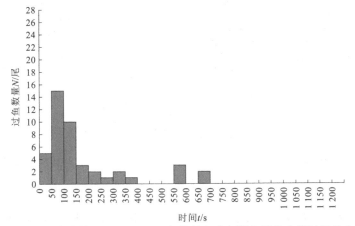

图 3.6　池室结构 I（$P/B=0.1$）中顺利完成上溯鱼类的上溯时间分布

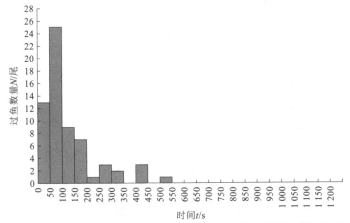

图 3.7　池室结构 II（$P/B=0.25$）中顺利完成上溯鱼类的上溯时间分布

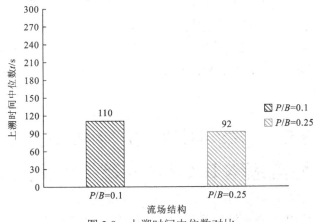

图 3.8　上溯时间中位数对比

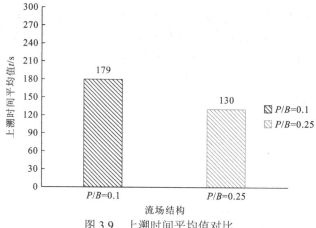

图 3.9 上溯时间平均值对比

将上溯时间从小到大排序，即 t_1、t_2、t_3、$\cdots$、t_i、$\cdots$、t_n，根据经验频率公式

$$P_0(t \leqslant t_i) = \frac{i}{n+1} \tag{3.1}$$

以时间变量 t 为横坐标，以其对应的经验频率 P_0 为纵坐标，点绘出经验频率点，依据点群趋势绘出上溯时间的概率分布，如图 3.10 所示。

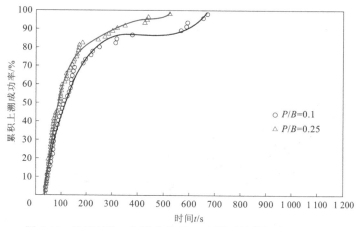

图 3.10 池室结构 I 与池室结构 II 上溯时间的概率分布对比

图 3.10 表明：在池室结构 I 水流结构的 $P/B=0.1$ 中，有 $P_0=50\%$ 的鱼能够保证在 108 s 以内成功上溯 11 级水池；在池室结构 II 水流结构的 $P/B=0.25$ 中，有 $P_0=50\%$ 的鱼能够保证在 92 s 以内成功上溯 11 级水池。就成功上溯所消耗时间而言，意味着鱼类喜好池室结构 II 水流结构。

3.5 池室结构 II III（$P/B=0.5$）与池室结构 II（$P/B=0.25$）对比试验

鱼道池室结构 II III 与池室结构 II 过鱼对比试验，试验在 2017 年 10 月进行，试验水槽内水温 20 ℃左右，溶解氧 8 mg/L，按照 3.3 节试验设计与方法进行放鱼试验。

3.5.1　上溯成功率

池室结构 II、池室结构 II III 水流结构上溯成功率如图 3.11 所示。在池室结构 II III 水流结构的 $P/B=0.5$ 中，试验用鱼样本为 83 条，其中有 55 条草鱼成功上溯 11 级水池，上溯成功率 $R_{rII III}$ 为 66%；在池室结构 II 水流结构的 $P/B=0.25$ 中，试验用鱼样本为 82 条，其中有 62 条鱼成功上溯 11 级水池，上溯成功率 R_{rII} 为 76%。就上溯成功率 R_r 而言，$R_{rII} > R_{rII III}$ 意味着鱼类偏好池室结构 II 水流结构。

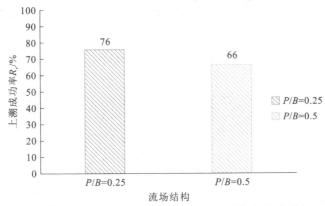

图 3.11　池室结构 II、池室结构 II III 水流结构上溯成功率 R_r

3.5.2　上溯时间

池室结构 II、池室结构 II III 上溯时间分布、中位数、平均值对比分别如图 3.12～图 3.15 所示。与前一组试验结果相类似，上溯时间总体上仍符合伽马分布。

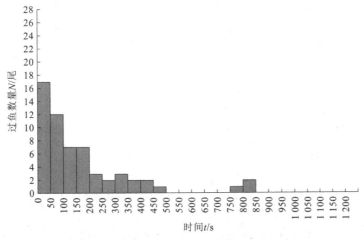

图 3.12　池室结构 II（$P/B=0.25$）中顺利完成上溯鱼类的上溯时间分布

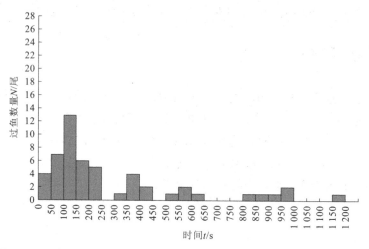

图 3.13　池室结构 II III（$P/B=0.5$）中顺利完成上溯鱼类的上溯时间分布

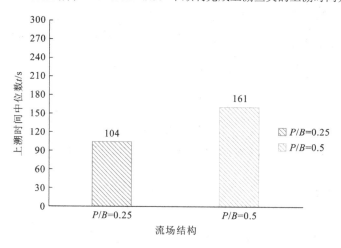

图 3.14　池室结构 II 与 II III 上溯时间中位数对比

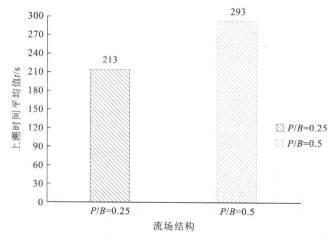

图 3.15　池室结构 II 与 II III 上溯时间平均值对比

图 3.16 给出了不同上溯时间的概率分布对比。结果表明,在池室结构 II 水流结构的 $P/B=0.25$ 中,有 $P=50\%$ 的鱼能够保证在 102 s 以内成功上溯 11 级水池;在池室结构 II III 水流结构的 $P/B=0.5$ 中,有 $P=50\%$ 的鱼能够保证在 159 s 以内成功上溯 11 级水池。就成功上溯所消耗时间而言,意味着鱼类喜好池室结构 II 水流结构。

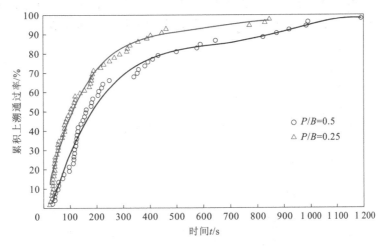

图 3.16　池室结构 II 与池室结构 II III 上溯时间的概率分布对比

3.6　上溯成功率与上溯时间综合分析

在 2017 年 9 月与 10 月两次试验中,由于实验室水温有所不同,两次试验结果也有一定差异。为方便进行三个方案之间的定量对比分析,本节中取两次试验的平均值作为池室结构 II 的试验结果,而池室结构 I 与池室结构 II III 的结果也相应按比例调整,如此可得到三个不同体型条件下的上溯成功率,如图 3.17 所示。

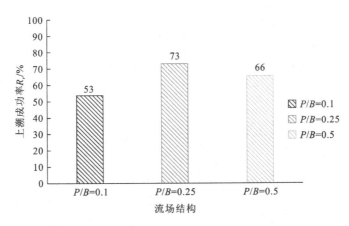

图 3.17　池室结构 I、II、II III 上溯成功率对比

图 3.17 显示，池室结构 I、II、II III 竖缝式鱼道中鱼类顺利完成上溯的上溯成功率依次为 53%、73%、66%。由此表明，池室结构 II 上溯成功率明显高于池室结构 I 与池室结构 II III。

同样可以得到三种池室结构条件下鱼类上溯时间的中位数与平均值对比结果，如图 3.18、图 3.19 所示。结果表明，在池室结构 II 中鱼类完成上溯的时间明显比池室结构 I 与池室结构 II III 短，即池室结构 II 更容易使过鱼对象更快速地完成上溯过程。

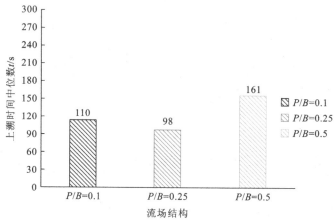

图 3.18　池室结构 I、II、II III 上溯时间中位数对比

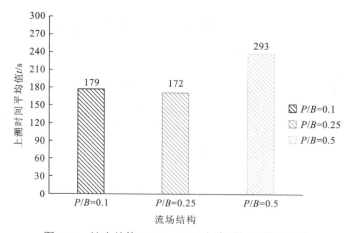

图 3.19　池室结构 I、II、II III 上溯时间平均值对比

第4章

竖缝式鱼道水流结构对草鱼上溯行为的影响

4.1 引　言

在第 3 章的研究中，通过在不同水流结构的竖缝式鱼道中进行对比过鱼试验，让草鱼幼鱼作为裁判方选择适宜上溯的水流结构，从上溯成功率 R_r 及上溯时间 t 两项统计指标看，池室结构 II 水流结构明显优于池室结构 I、池室结构 II III 水流结构。

本章采用 Zootracer 软件准确提取草鱼幼鱼上溯轨迹并进行统计优化，进一步研究上溯轨迹线与流速、紊动能等水力指标之间的关联性，并进行上溯耗能比较，分析三种不同水流结构下鱼类上溯行为出现差异的原因。

4.2 上溯轨迹提取及统计

4.2.1 上溯轨迹的提取

过鱼视频采用 Zootracer 软件进行轨迹提取，Zootracer 软件采用动态规划（dynamic programming）算法和 k-d 树算法，调用 Opencv 数据库，能够准确、高效、自动地生成并输出目标对象的二维坐标。Zootracer 软件操作简单，能够快速、批量地提取目标对象的运动轨迹，其操作界面如图 4.1 所示。

图 4.1　Zootracer 软件操作页面

Zootracer 软件依据所拍摄视频的分辨率建立坐标系 xOy，其中视频左上角取为原点 O，水平向右为 x 轴正向，竖直向下为 y 轴正向，本次采用海康威视摄像头的分辨率为 1 920×1 080，因而分辨率坐标最大点(x_{max}, y_{max})对应为(1920, 1080)。将目标对象分辨率坐标(x, y)经过旋转、缩放、校正生成为计算机辅助设计（computer aided design，CAD）中的鱼道坐标(x, y)。

4.2.2　上溯轨迹的特征化处理

当所有草鱼轨迹集中点绘在鱼道水池时，轨迹呈现出十分散乱的状态，因此本节基于鱼类所有轨迹点坐标为基础数据，按照如下方法，统计提取并绘制出特征轨迹线来描述整体轨迹分布趋势。

（1）如图 4.2 所示，首先将鱼道区域进行网格化处理，其中$\Delta x = \Delta y = h$（本章取值 2 cm），若鱼类轨迹点 $T(x, y)$位于平面区域 $D_{i,j} = \left\{(x, y) \mid x_i - \dfrac{h}{2} < x \leqslant x_i + \dfrac{h}{2}, y_j - \dfrac{h}{2} < y \leqslant y_j + \dfrac{h}{2}\right\}$内，则将鱼类轨迹点 $T(x, y)$归一至区域 $D_{i,j}$ 的网格节点 $M(x_i, y_j)$上。如图 4.3 所示，单条草鱼上溯轨迹点处理前后的分布十分吻合，表明该处理方法是可行的。按照此方法将所有草鱼的上溯轨迹点 $T(x, y)$优化至节点 $M(x_i, y_j)$。

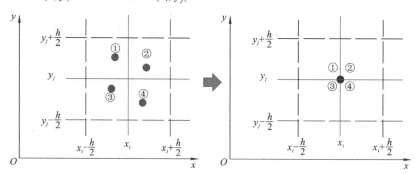

图 4.2　鱼类轨迹点优化处理

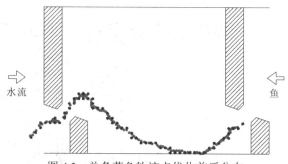

图 4.3　单条草鱼轨迹点优化前后分布

（2）针对同一 x_i 值，记录所有轨迹 $M(x_i, y_j)$横向位置 y_j，并对所有的 y_j 值从小到大进行排序。

（3）针对同一 x_i 值，查找排序占位为 25%、50%、75% 的位置点所对应的 y_j 值。

（4）将各 x_i 值对应的同频率 y_j 点绘出即为发生频率为 25%、50%、75% 的轨迹分布，简记为轨迹 T25、T50、T75，并采用正弦函数多项式 $y=f(\sin x)$ 进行函数拟合，这三条典型的轨迹线能够大致描述草鱼上溯轨迹分布特点。

按照上述的方法，对三种不同水流结构中的轨迹进行统计处理。由于录像拍摄视角局限性，并不能同时拍摄到上下游竖缝两侧附近轨迹信息，仅拍摄到上游竖缝附近草鱼轨迹分布。鉴于过鱼样本数统计较多，不失代表性地，将上游竖缝附近轨迹点向下游平移长度 $L=0.075\,\mathrm{m}$ 以形成完整的轨迹分布。两次试验前后，所有鱼类的上溯轨迹点分布及特征轨迹线分布如图 4.4～图 4.7 所示。

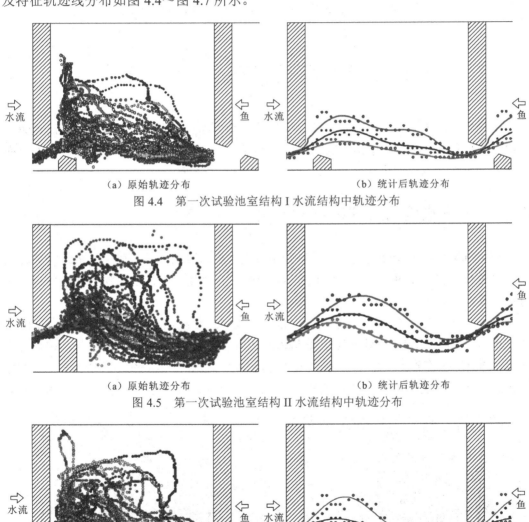

（a）原始轨迹分布　　　　　　　　（b）统计后轨迹分布

图 4.4　第一次试验池室结构 I 水流结构中轨迹分布

（a）原始轨迹分布　　　　　　　　（b）统计后轨迹分布

图 4.5　第一次试验池室结构 II 水流结构中轨迹分布

（a）原始轨迹分布　　　　　　　　（b）统计后轨迹分布

图 4.6　第二次试验池室结构 II 水流结构中轨迹分布

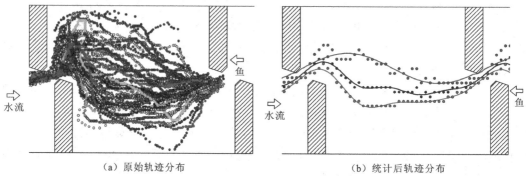

（a）原始轨迹分布　　　　　　　　　　（b）统计后轨迹分布

图 4.7　第二次试验池室结构 II III 水流结构中轨迹分布

4.3　上溯轨迹与水力因子响应分析

竖缝式鱼道水流结构具有典型的二元特性，水力因子沿垂向变化较小，同时过鱼试验时发现草鱼幼鱼偏好于水池中底层运动，因而不失代表性的，选择水深 $z=0.5H_0$ 平面上水力因子与草鱼运动轨迹叠加分析。

4.3.1　上溯轨迹与流速场响应分析

根据试验视频录像分别提取两次试验中鱼类上溯轨迹点，并按照 4.1 节的统计方法对轨迹进行处理，如图 4.8～图 4.11 所示。试验结果表明，不同的水流结构中草鱼上溯选择的路径分布不尽相同。路径分布具体如下。

在池室结构 I 水流结构中大部分草鱼运动路径倾向沿着主流区运动；而在池室结构 II 水流结构中大部分草鱼冲游至穿过竖缝进入水池内右侧回流区，而后在上游竖缝附近寻找主流，通过竖缝游至上一级水池；鱼类在池室结构 II III 水流结构上溯过程中，其轨迹线分布也是主要集中在主流区右侧及其毗邻区域，但与池室结构 I、池室结构 II 水流结构相比，

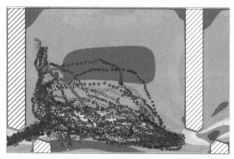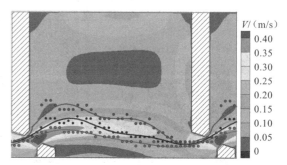

（a）原始轨迹分布　　　　　　　　　　（b）统计后轨迹分布

图 4.8　第一次试验 I 型水流结构中轨迹分布

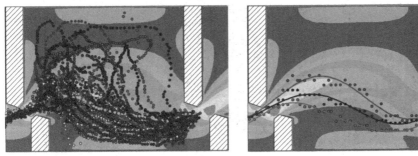

（a）原始轨迹分布　　　　　　　　（b）统计后轨迹分布

图 4.9　第一次试验池室结构 II 水流结构中轨迹分布

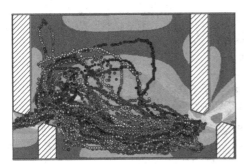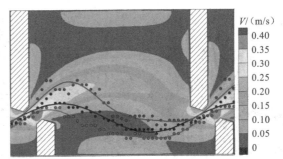

（a）原始轨迹分布　　　　　　　　（b）统计后轨迹分布

图 4.10　第二次试验池室结构 II 水流结构中轨迹分布

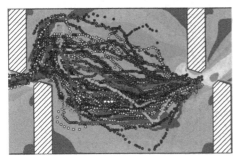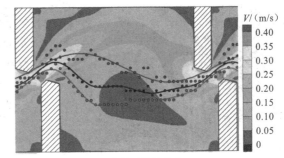

（a）原始轨迹分布　　　　　　　　（b）统计后轨迹分布

图 4.11　第二次试验池室结构 II III 水流结构中轨迹分布

其轨迹线分布更为散乱，分布范围也明显更大，表明鱼类在池室结构 II III 水流结构上溯过程中，上溯路线的选择更多，这也意味着鱼类有可能需要走更多的"冤枉路"。此外，试验发现在三种水流结构中草鱼幼鱼偏好从流速相对较低的隔板一侧加速冲刺通过竖缝。

4.3.2　上溯轨迹与紊动能响应分析

草鱼上溯轨迹与水池内紊动能分布叠加图如图 4.12～图 4.15 所示，三种水流结构中鱼道水池内紊动能分布在 $0.01\ \mathrm{m^2/s^2}$ 以下，竖缝附近分布在 $0.01 \sim 0.025\ \mathrm{m^2/s^2}$，最大值 $\mathrm{TKE_{max}}$ 约为 $0.025\ \mathrm{m^2/s^2}$（$<0.05\ \mathrm{m^2/s^2}$），试验鱼道水池属于低紊流区。

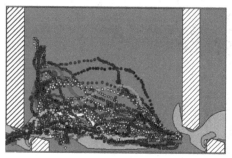 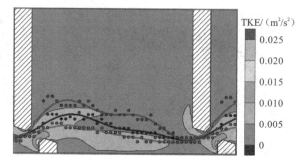

（a）原始轨迹分布　　　　　　　　　　　（b）统计后轨迹分布

图 4.12　第一次试验池室结构 I 水流结构中轨迹分布

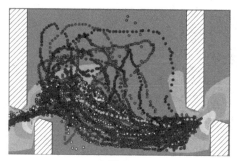 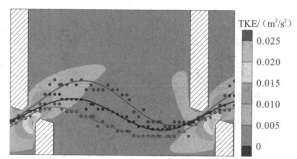

（a）原始轨迹分布　　　　　　　　　　　（b）统计后轨迹分布

图 4.13　第一次试验池室结构 II 水流结构中轨迹分布

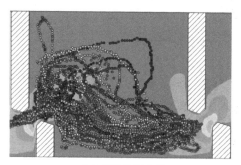 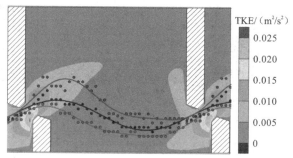

（a）原始轨迹分布　　　　　　　　　　　（b）统计后轨迹分布

图 4.14　第二次试验池室结构 II 水流结构中轨迹分布

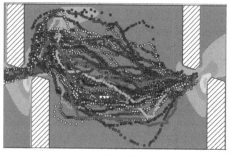 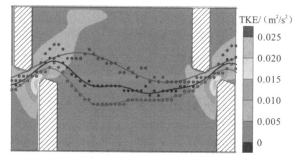

（a）原始轨迹分布　　　　　　　　　　　（b）统计后轨迹分布

图 4.15　第二次试验池室结构 II III 水流结构中轨迹分布

试验水池内，三种水流结构中轨迹分布和紊动能分布没有明显的关系，初步分析，在试验鱼道中紊动能量值太小，以致紊动能不是三种水流结构中草鱼上溯存在差异的主要原因。

4.4　上溯耗能定性比较

鱼类上溯过程以不同的姿势摆动尾鳍而顶流向前，从而使得鱼类消耗大量的能量，因此上溯过程中耗能的评估对鱼道流场结构的选择有着重要的意义。

假设鱼类所消耗的能量 E 与水流的速度 U、鱼类游泳的距离 L 成正比：

$$E = KU_1^2 L_1 + KU_2^2 L_2 + LKU_n^2 L_n \tag{4.1}$$

$$L_i = \sqrt{(x_{i+1} - x_i)^2 + (y_{i+1} - y_i)^2} \quad (i = 1,2,3,\cdots,n) \tag{4.2}$$

式中：(x_i, y_i) 为鱼类在第 i 帧视频中的位置坐标点；U_i 为相邻轨迹点之间的平均流速，当 U_i 的水平速度分量 $U_x < 0$ 时，鱼类顺流而下，取 $U_i = 0$，假定鱼类不耗费体力；L_i 为相邻轨迹点之间的长度；K 为常数，为定性比较三种水流结构上溯耗能，假定 K 量值取 1。耗能 E 值的大小能够定性地表征出鱼类上溯过程中克服水流而消耗的能量。

鱼道在不同位置点水流流速变化各不相同，因而鱼类沿不同路径上溯，沿途克服水流而消耗的能量也是不同的。本节以鱼类上溯的特征轨迹线 T25、T50、T75 为代表进行分析，提取完整的水池长度 $l = 0.75$ m 间草鱼上溯过程中水流流速分布，如图 4.16 所示。

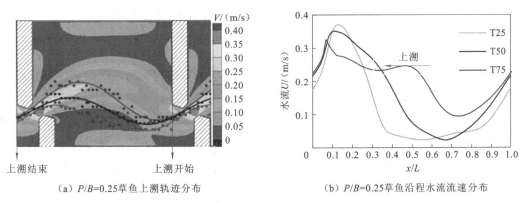

　（a）P/B=0.25草鱼上溯轨迹分布　　　　　　（b）P/B=0.25草鱼沿程水流流速分布

图 4.16　草鱼上溯轨迹及其沿程水流流速分布

分别计算两次试验三种水流结构的耗能 E（表 4.1），可见鱼类在池室结构 I 水流结构上溯过程中耗能明显大于池室结构 II、池室结构 II III 水流结构，而在池室结构 II、池室结构 II III 水流结构中耗能没有明显的差异。以特征轨迹线 T50 为例，如图 4.17 所示，在第一次试验 P/B=0.1、P/B=0.25 沿程克服水流耗能量值分别为 0.063、0.032，在第二次试验中 P/B=0.25、P/B=0.5 沿程克服水流耗能量值分别为 0.027、0.026。

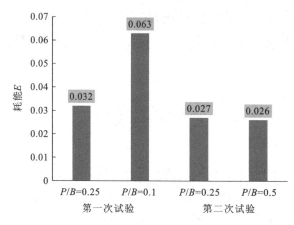

图 4.17　草鱼上溯轨迹 T50 上耗能比较

表 4.1　草鱼上溯耗能统计

试验组次	体型	轨迹线		
		T25	T50	T75
第一次试验	$P/B=0.25$	0.023	0.032	0.038
	$P/B=0.1$	0.058	0.063	0.038
第二次试验	$P/B=0.25$	0.021	0.027	0.03
	$P/B=0.5$	0.022	0.026	0.029

4.5　上溯游泳行为分析

过鱼试验中发现大部分草鱼幼鱼在水池内趋流行为具体表现为顶流向前，草鱼通过调整身体运动姿态以某种特定的运动节奏摆动尾鳍向前推进。

在池室结构 I 水流结构中，主流区域基本位于上下游竖缝之间，蜿蜒程度较小，同时主流右侧回流区局限于竖缝下游的导板角隅处，以致竖缝附近流速梯度较小，缺少草鱼上溯的缓冲区。这种水流结构使草鱼在上溯过程中不停地摆尾顶流向前，极易造成部分鱼类疲劳而滞留在主流区，甚至在水流的作用下被迫冲向下游，导致上溯失败，如图 4.18（a）所示。在池室结构 II III 水流结构中，由于水池主流顶冲边墙流动，水池右侧形成较大的回流区，部分草鱼在上溯过程中，极易滞留在右侧回流区内，甚至迷失方向而随着水流旋转，在水流的作用下被迫冲向下游以致上溯失败，如图 4.18（b）所示。在池室结构 II 水流结构中，主流基本居中，主流两侧回流区基本对称，草鱼从竖缝进入水池，在惯性的作用下，以滑翔的姿态进入主流右侧回流区，以此作为缓冲区，游至下一级竖缝附近，而后很快找到主流区，游入下一级水池，如图 4.18（c）所示。

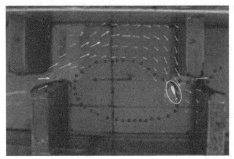

（a）P/B=0.1中草鱼上溯轨迹

（b）P/B=0.5中草鱼上溯轨迹

（c）P/B=0.25中草鱼上溯轨迹

图 4.18　草鱼上溯轨迹分布

4.6　综合分析

　　本章采用 Zootracer 软件提取草鱼幼鱼上溯路径，并按照统计分析方法将众多散乱的上溯路径轨迹线概化成三条特征轨迹线（分别对应于 T25、T50、T75），对草鱼在三种不同水流结构中的路径选择、沿程耗能、上溯行为进行比较分析，主要成果如下。

　　（1）在池室结构 I 水流结构中，大部分草鱼运动路径倾向沿着主流区运动；而在池室结构 II 水流结构中大部分草鱼冲游至穿过竖缝进入水池内右侧回流区，而后在上游竖缝附近寻找主流，通过竖缝游至上一级水池；鱼类在池室结构 II III 水流结构的上溯过程中，其轨迹线分布也是主要集中在主流区右侧及其毗邻区域，但与池室结构 I、池室结构 II 水流结构相比，其轨迹线分布更为散乱，分布范围也明显更大，表明鱼类在池室结构 II III 水流结构上溯过程中，上溯路线的选择更多，这也意味着鱼类有可能需要走更多的"冤枉路"。

　　（2）在池室结构 I 水流结构中，草鱼沿程耗能明显高于另外两种水流结构，而在池室结构 II、池室结构 II III 型水流结构中沿程耗能没有明显的差异，草鱼幼鱼上溯过程所消耗的能量量化分析有待进一步进行生理性的试验。

（3）在三种不同水流结构中，大部分草鱼趋流行为的具体表现是顶流向前，并且偏好从流速相对较小的隔板一侧通过竖缝。与池室结构 II 水流结构相比，池室结构 I、池室结构 II III 水流结构中主流区与回流区不合理分布在一定程度上阻碍草鱼上溯。

（扫一扫，见本章彩图）

第5章 齐口裂腹鱼过鱼试验

5.1 引　　言

第 3 章、第 4 章叙述草鱼在不同水流结构下的竖缝式鱼道对比过鱼试验，本章进一步开展了齐口裂腹鱼的对比过鱼试验研究，统计裂腹鱼在三条鱼道中的上溯成功率与通过时间，发现对齐口裂腹鱼而言池室结构 I 和池室结构 II 明显优于池室结构 II III。研究还发现，试验用鱼皆偏好通过竖缝后，快速地寻找池室的边墙，然后沿着边墙上溯。在竖缝处也是如此，即齐口裂腹鱼更倾向于从低流速、低紊动能的一侧通过，即使竖缝处的流速小于齐口裂腹鱼的突进游泳速度，试验用鱼依然会选择较省力的路线通过。

5.2　齐口裂腹鱼

本章研究试验用鱼选择齐口裂腹鱼，其属裂腹鱼亚科。裂腹鱼亚科鱼类主要分布于青藏高原及其周边地区，大多数种类为地方特有鱼类。由于高原地区冬季冰冻时间长，即使夏季，其水温也很低，裂腹鱼类多蛰居杂食，以致体鳞逐步退化，下咽齿行数趋于减少，口须也因丧失作用而消失。一些无须，下咽齿 1～2 行，身体裸露的种类分布于高原中心的湖泊和江河缓流中；另一些巨须和细鳞、下咽齿 3 行的种类则生活于高原周围的江河急流中。在这种严峻环境中生活的裂腹鱼生长缓慢，性成熟较迟，繁殖力低。个体较大的种类，须经 6～9 年体重才能达到 0.5 kg，一般要 3～4 龄才能性成熟，而雌鱼怀卵量仅 3 000 粒左右。

我国目前在建的大部分水电工程大多处于高海拔地区，裂腹鱼是这些工程的主要保护对象，选择裂腹鱼作为试验用鱼具有一定的代表性。

齐口裂腹鱼是长江中下游重要经济鱼类，南方各大渔场均可提供鱼苗，并且我国已在瀑布沟、鲁地拉、ZM 等大型水电站中建设有鱼类增殖放流站，均已正常运行多年，这些增殖放流站有大量的裂腹鱼鱼苗可供试验选用。综上，齐口裂腹鱼较易获取。本次试验齐口裂腹鱼幼鱼为某渔场提供，如图 5.1 所示，体长（10±2）cm。将试验用鱼放置于 1 m×1 m×1 m 的矩形水池中暂养两周。暂养水为循环深井水，水温维持在 17 ℃左右，暂养池中采用曝气处理，溶解氧浓度维持在 7 mg/L 以上，光照为室内自然光，试验前 2 d 停止喂食。

图 5.1　试验用鱼（齐口裂腹鱼）

5.3　试验布置与设计

5.3.1　试验布置

过鱼试验的物理模型布置如图 5.2、图 5.3 所示，试验工况如表 5.1 所示。试验分为两个测试段，按导板长度 P 与水池宽度 B 的比值不同分为测试段一、测试段二，测试段一 $P/B=0.5$，测试段二 $P/B=0.25$。本次过鱼试验选择第 6 级与第 7 级水池为主要观察对象，将两台摄像头分别架设至两种体型鱼道的第 5 级与第 6 级间的隔板上方，进行全程摄像。

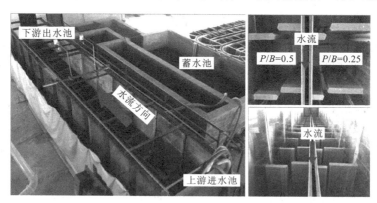

图 5.2　不同水流结构的单侧竖缝式鱼道物理模型

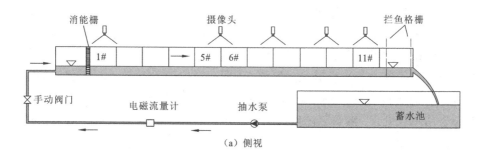

（a）侧视

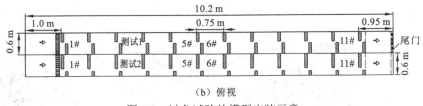

（b）俯视

图 5.3　过鱼试验的模型安装示意

表 5.1　试验工况表

池室结构	水池长度 L/m	水池宽度 B/m	竖缝宽度 b/m	竖缝长度 l/m	导板长度 P/m	坡度 J/%	池室中央水深 H_0/m
I	0.75	0.6	0.075	0.03	0.15	1	0.3
II	0.75	0.6	0.075	0.03	0.30	1	0.3

5.3.2　试验方法

当进行过鱼试验时，在暂养池中随机选择两组各一条幼鱼，同步放入测试段一与测试段二下游的放鱼池内，等待 10 min，使鱼类能够适应试验鱼道中水温和水流环境，之后打开测试段上游的拦鱼格栅，并同步启动测试段一与测试段二的摄像系统开始同步记录两个测试段鱼类的通过信息。若单条鱼成功游到鱼道 1# 水池，即认为单条鱼成功通过，单条鱼的运动轨迹试验完成。预备试验的结果表明，当观察时间超过 20 min 后，过鱼对象的上溯行为结果不会因观察时间的进一步增加而改变，因此本研究取 20 min 为裂腹鱼过鱼试验观察时段。以 20 min 为一个放鱼试验时间段，若 20 min 后鱼仍未游至鱼道 1# 水池，则认为此次试验中鱼未成功通过。

统计在不同水流结构的鱼道内试验鱼类的上溯成功率 R_r，上溯时间 t，采用 Logger Pro 软件提取鱼类运动轨迹。

5.3.3　数据处理

过鱼视频采用 Logger Pro 软件进行轨迹提取，该软件具有操作简单、效率高、修改方便等优势，为批量研究鱼类二维轨迹提供了较为方便的途径，Logger Pro 软件操作界面如图 5.4 所示。

由于存在视觉误差，须对坐标进行缩放处理。以图 5.5 为例说明，由于水深较浅，忽略水的折射，图中摄像机位于竖缝上方，以 D 点作为坐标原点，当摄像机拍摄某一点 B 时，其距原点的实际距离应为 BC，长度为 L_1，但由于视觉的误差，视点落在 C 点，视频中观察到的距离为 CD，长度为 L_2，观察距离 $L_2 > L_1$，须对观察距离进行缩放处理。由三角形的相似原理可知 $\tan a = \tan b$，即：

$$\frac{H}{L_2} = \frac{H-h}{L_1} \qquad (5.1)$$

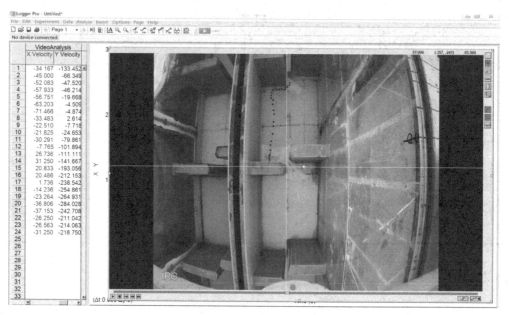

图 5.4　Logger Pro 软件操作页面

式中：H 为摄像头镜头到镜头原点的距离；h 为池室水深。经简化即得到 L_2 与 L_1 的转换关系：

$$L_1 = \frac{H-h}{H} L_2 \tag{5.2}$$

摄像头镜头到底板距离 H 约为 2 m，池室水深 h 为 0.3 m，代入式（5.2）得到转换关系 $L_1 = 0.85L_2$。

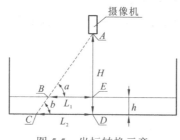

图 5.5　坐标转换示意

5.4　齐口裂腹鱼过鱼试验结果与分析

对比试验在 2018 年 9～11 月进行，试验水槽内平均水温 16℃，平均溶解氧含量 6.8 mg/L。池室结构 I（$P/B=0.1$）、池室结构 II（$P/B=0.25$）和池室结构 II III（$P/B=0.5$）的主要参数：水池长度 $L=0.75$ m、水池宽度 $B=0.6$ m、竖缝宽度 $b=0.075$ m、竖缝长度 $l=0.03$ m、导板长度 P 分别为 0.06 m（$P/B=0.1$）、0.15 m（$P/B=0.25$）和 0.3 m（$P/B=$

0.5)、底坡 $J=1\%$、导板及隔板厚度 $d=0.075$ m、导角 $\theta=45°$、池室中央水深 $H_0=0.3$ m。

　　鱼道对比体型分为两组，池室结构 I 和池室结构 II 为试验组 1，池室结构 II 和池室结构 II III 为试验组 2，见表 5.2。

表 5.2　鱼道池室结构及对比试验分组

组次	池室结构	水池长度 L/m	水池宽度 B/m	竖缝宽度 b/m	竖缝长度 l/m	导板长度 P/m	导角 θ/(°)	坡度 J/%	池室水深 H_0/m
1	I	0.75	0.6	0.075	0.03	0.06	45	1	0.3
	II	0.75	0.6	0.075	0.03	0.15	45	1	0.3
2	II	0.75	0.6	0.075	0.03	0.15	45	1	0.3
	II III	0.75	0.6	0.075	0.03	0.30	45	1	0.3

5.4.1　通过率与通过时间

　　池室结构 I（$P/B=0.1$）和池室结构 II（$P/B=0.25$）中齐口裂腹鱼的上溯成功率和通过上溯时间如图 5.6 所示。池室结构 I 试验用鱼样本数为 212 条，其中成功通过 123 条，上溯成功率为 58.0%。池室结构 II 试验用鱼样本数为 212 条，其中成功通过 113 条，上溯成功率为 53.3%。

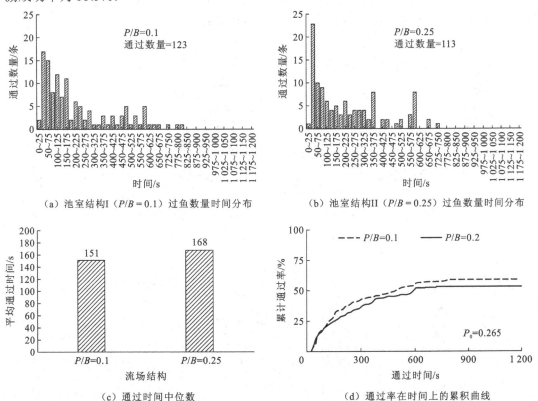

（a）池室结构I（$P/B=0.1$）过鱼数量时间分布　　　（b）池室结构II（$P/B=0.25$）过鱼数量时间分布

（c）通过时间中位数　　　　　　　　　（d）通过率在时间上的累积曲线

图 5.6　对比试验组 1 结果

图 5.6（a）、（b）给出了池室结构 I 和池室结构 II 中试验用鱼的通过数量在时间上的分布情况。可以看出两种池室结构中试验用鱼的通过时间均呈偏态分布，其原因为鱼类具有趋流性，其倾向于尽快的逆流而上，在较短时间内通过鱼道水池。图 5.6（c）给出了池室结构 I 和池室结构 II 通过时间的中位数，池室结构 I 通过时间中位数为 151 s，池室结构 II 通过时间中位数为 168 s，两相差 17 s。图 5.6（d）给出了池室结构 I 和池室结构 II 上溯成功率在时间上的累积曲线，其表示试验用鱼的累积上溯成功率，通过 log-rank test 表明两种池室结构的累积上溯成功率无显著差异（$P_0 = 0.265 > 0.05$），说明池室结构 I 和池室结构 II 对齐口裂腹鱼而言，均较合适。

池室结构 II（$P/B = 0.25$）和池室结构 II III（$P/B = 0.5$）中齐口裂腹鱼的上溯成功率和通过时间如图 5.7 所示。池室结构 II 试验用鱼样本数为 201 条，其中成功通过 146 条，上溯成功率为 72.64%。池室结构 II III 试验用鱼样本数为 201 条，其中成功通过 131 条，上溯成功率为 65.2%。

图 5.7（a）、（b）给出了池室结构 II 和池室结构 II III 中试验用鱼的通过数量在时间上的分布情况。可以看出两种池室结构中试验用鱼的通过时间均呈偏态分布，与池室结构 I 和池室结构 II 的对比试验结果相近。图 5.7（c）给出了池室结构 II 和池室结构 II III 通过时间的中位数，池室结构 II 通过时间的中位数为 95 s，池室结构 II III 通过时间中位数为 123 s，可以看出池室结构 II 的通过速度明显优于池室结构 II III。图 5.7（d）给出了池室结构 II 及池室结构 II III 通过率的生存曲线，log-rank test 结果表明两种池室结构的累计通过率有显著差异（$P_0 = 0.023 < 0.05$）。从通过率和通过时间来判断，对齐口裂腹鱼而言池室结构 I 和池室结构 II 明显优于池室结构 II III。

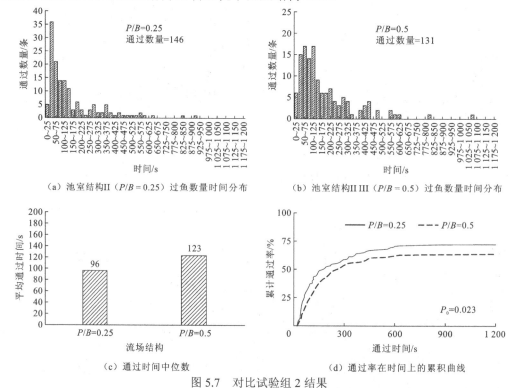

（a）池室结构 II（$P/B = 0.25$）过鱼数量时间分布　　　　（b）池室结构 II III（$P/B = 0.5$）过鱼数量时间分布

（c）通过时间中位数　　　　　　　　　　（d）通过率在时间上的累积曲线

图 5.7　对比试验组 2 结果

5.4.2　池室通过路径

图 5.8（a）、（b）分别为池室结构 II（$P/B=0.25$）和池室结构 II III（$P/B=0.5$）对比试验中的部分试验用鱼上溯轨迹与流速云图的叠加，图 5.8（c）、（d）为部分试验用鱼上溯轨迹与紊动能云图的叠加。图 5.8（a）、（c）中各有 26 条轨迹，图 5.8（b）、（d）中各有 35 条轨迹。图 5.8（e）、（f）分别为根据池室结构 II 和池室结构 II III 的所有试验结果所绘制鱼类出现次数的热度图，图中网格尺寸为 2.5 cm×2.5 cm。

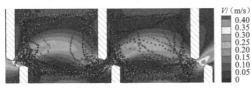

（a）池室结构II（$P/B=0.25$）中部分试验用鱼上溯
轨迹与流速云图叠加

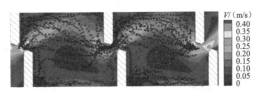

（b）池室结构II III（$P/B=0.5$）部分试验用鱼上
溯轨迹与流速云图叠加

（c）池室结构II（$P/B=0.25$）部分试验用鱼上溯
轨迹与TKE云图叠加

（d）池室结构II III（$P/B=0.5$）部分试验用鱼上溯
轨迹与TKE云图叠加

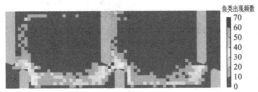

（e）池室结构II（$P/B=0.25$）鱼类出现频数分布

（f）池室结构II III（$P/B=0.5$）鱼类出现频数分布

图 5.8　对比试验组 2 齐口裂腹鱼上溯结果

在池室结构 II 中，大部分齐口裂腹鱼沿着右侧边墙上溯，在到达上一级竖缝时，试验用鱼通常会在竖缝下游处横向寻找低流速区，大部分试验用鱼穿过主流，从靠近隔板侧的低流速处通过竖缝。在池室结构 II III 中，试验用鱼依然沿边墙上溯，但是左、右两侧边墙试验用鱼出现的频数基本相当，没有表现明显的偏好。但是在通过竖缝时，表现出与池室结构 II 中相似的规律，通常从靠近隔板处的低流速区通过。

比较齐口裂腹鱼在池室结构 II 与池室结构 II III 中的通过轨迹发现：两种形式鱼道，试验用鱼皆偏好通过竖缝后，快速地寻找池室的边墙，然后沿着边墙上溯。

池室结构 II 与池室结构 II III 池室中鱼类轨迹与紊动能分布无明显关系，分析原因，可能是由于两种鱼道池室内整体紊动强度较低，不足以影响试验用鱼的通过行为。池室结构 II 中试验鱼能够快速找到右侧边墙，从而上溯；而池室结构 II III 中试验用鱼对左、右两侧边墙并无偏好。初步分析认为，出现这种现象的原因与齐口裂腹鱼喜好贴在河中石头边壁觅食的生物习性有关。池室结构 II 竖缝较靠近右侧边壁，鱼类通过后易于寻找到右侧边壁；池室结构 II III 中竖缝居于池室中央，鱼类通过后找到左、右两侧边壁的可能性几乎相当。

综上所述，可得到初步结论，池室结构 II 更适于齐口裂腹鱼上溯。

5.4.3 竖缝通过路径

进一步对竖缝处齐口裂腹鱼通过路径与流速、紊动能的关系进行分析。利用斯皮尔曼秩相关检验（Spearman rank test），发现竖缝内各部分的过鱼次数和竖缝内的流速分布、紊动能分布存在显著的负相关关系（$r=-0.967\ 8$，$P_0<0.000\ 1$）。由此可知，竖缝处齐口裂腹鱼更倾向于从低流速、低紊动能的一侧通过（见图 5.9），即使竖缝处的流速小于齐口裂腹鱼的突进泳速，试验用鱼依然会选择较省力的路线通过。

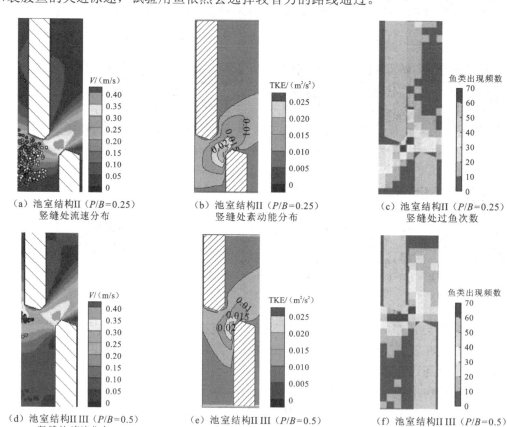

图 5.9 竖缝处水力特性与过鱼次数

（扫一扫，见本章彩图）

第 6 章　水流结构对齐口裂腹鱼上溯行为的影响

6.1　引　言

本章使用 Logger Pro 软件提取过鱼视频中齐口裂腹鱼的上溯轨迹，对轨迹进行统计分类，发现三种试验用鱼上溯的典型轨迹。并结合典型轨迹与水力因子对试验用鱼的上溯行为与水流结构的关系进行分析，研究发现齐口裂腹鱼在上溯过程中，试验用鱼倾向于避开流速较高区域，通过流速相对较低的区域上溯。另外，定量分析竖缝处齐口裂腹鱼上溯行为与流速、紊动能和总水力应变的关系。阐述试验用鱼在上溯过程中对流场变化的响应。

6.2　上溯轨迹提取

过鱼视频采用浙江大华技术股份有限公司生产的高清网络摄像机录制，型号 DH-IPC-HFW4631F-ZSA，输出视频帧数 25 fps，分辨率 1 960×1 080。摄像机架设在 5#与 6#池室间竖缝正上方距鱼道底板 2 m 处，池室底部铺有白色定位板以提高视频中试验用鱼的辨识度，试验用鱼清晰可见，满足后续处理要求。

采用轨迹处理 Logger Pro 软件对视频进行处理。该软件具有操作简单、可操作性强，对坐标的后续处理简便等优点。使用该软件可对视频中任意帧画面中的任意点打点标记，并且标记点可以按坐标形式顺序输出成*.txt 格式文件。Logger Pro 软件操作界面如图 6.1 所示。

图 6.1　Logger Pro 软件操作界面

利用视频提取轨迹时需先载入视频并选定坐标系原点。本研究中坐标系为右手坐标系，坐标原点定于隔板尖端，如图 6.1 所示。选定坐标原点后对其进行旋转矫正，保证坐标系横轴与隔板、导板平行。在提取坐标点时，以试验用鱼头部为基准点，从试验用鱼通过视频中最上侧竖缝开始，平均每隔两帧点击试验用鱼头部，直至试验用鱼通过视频中最下侧竖缝，即可得到一条试验用鱼的上溯轨迹点坐标。

视频录制完成后，在提取鱼类轨迹线之前，须对图像进行矫正处理，以避免光学误差，矫正方法见第五章 5.3.3 小节。

以某一条轨迹为例，参照鱼道尺寸于 CAD 中绘制两级常规池室，依照上述方法对轨迹 x、y 坐标进行校正，将轨迹点坐标导入 CAD 后，即可得到图 6.2（a）所示轨迹线，与图 6.2（b）中从原始视频中提取的轨迹相比，矫正后轨迹与边壁的贴合程度、通过竖缝处的位置与矫正前轨迹吻合良好。

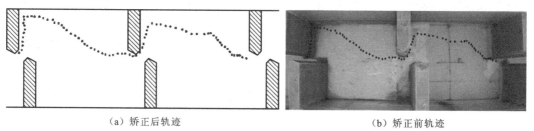

　　（a）矫正后轨迹　　　　　　　　　　　　　　（b）矫正前轨迹

图 6.2　矫正前后轨迹线对比

6.3　上溯行为分析

6.3.1　上溯轨迹统计处理

各池室结构鱼道轨迹汇总如图 6.3 和图 6.4 所示，由于轨迹条数较多，叠加分布后难以观察上溯规律，有必要对试验用鱼上溯轨迹进行进一步处理。

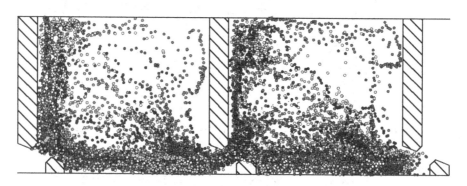

（a）$P/B = 0.1$

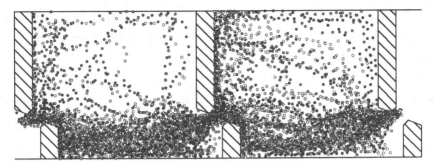

（b）$P/B = 0.25$

图 6.3　试验组 1 过鱼轨迹汇总

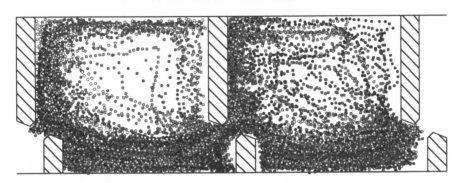

（a）$P/B = 0.25$

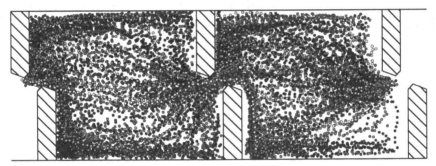

（b）$P/B = 0.5$

图 6.4　试验组 2 过鱼轨迹汇总

使用软件 MATLAB 编写脚本进一步处理所有试验用鱼上溯轨迹，处理方法如下。

（1）确定统计区域。本小节中视频采集区域为 5#池室及 6#池室，可以清晰地观察到鱼类运动的区域为 5#池室上游侧隔板至 6#池室下游侧导板间的区域，故选此区域为统计区域，该区域 x 方向长度 157.5 cm，y 方向长度 60.0 cm。

（2）对统计区域进行网格划分。在统计轨迹点数时，应保证鱼类上溯经过的网格区域至少有一个轨迹点，方能较全面地体现出试验用鱼的上溯规律，竖缝处较为狭窄，流速较高，为网格尺寸选择的控制区域，故需以竖缝处为基准确定统计网格尺寸。本小节选取试验用鱼的临界游泳速度为 0.59～0.83 m/s，取均值 0.71 m/s，减去竖缝最大流速 0.39 m/s，即可得到竖缝处试验用鱼的相对游泳速度 U_r 为 0.32 m/s，视频采集帧数为

25 fps，轨迹提取时每隔两帧提取轨迹点，试验用鱼在竖缝处两帧前进的距离 $L_s = U_r/25×2 = 0.0256$ m，约为 2.6 cm，为保证网格数量为整数，取网格尺寸为 2.5 cm×2.5 cm。在统计区域内，x 方向网格个数 63，y 方向网格个数 24。

（3）编写脚本统计各网格内轨迹点个数。脚本统计原理：生成一个 24×63 阶的零矩阵，矩阵与网格行列数一致；按坐标逐条逐点对轨迹进行统计，判断每个轨迹点所在网格的位置，并在矩阵对应的网格位置矩阵数值计数加一；对所有轨迹统计完成后，输出统计矩阵，即可得到统计区域内轨迹点的数量分布。部分脚本代码如图 6.5 所示。

```
x=88.182;
y=87.1213;%遍历网格的起始点坐标%
c=1;
d=1;
for t=1:145%遍历轨迹文件，使用时需根据轨迹文件数手动调整参数%
    f=xlsread(sprintf('trace (%d)',t),'sheet1','J2:K1000');%读取所有轨迹文件%
    [m,n]=size(f);%m为载入轨迹的轨迹点个数%
    for i=1:m;
        for e=1:24;%对点依次在x方向上进行定位,24为x方向网格个数%
            j=1;%j=1代表x方向%
            if f(i,j)>x&&f(i,j)<x+2.5;
                x=88.182;
                j=2;%j=2代表y方向%
                for g=1:68;%对点依次在y方向上进行定位,68位y方向网格个数%
                    if f(i,j)>y-2.5&&f(i,j)<y;
                        y=87.1213;
                        break;%找到y方向位置跳出循环%
                    else
                        y=y-2.5;
                        d=d+1;
                    end
                end
                F(c,d)=F(c,d)+1;%矩阵中轨迹点所在网格计数%
                c=1;%初始化变量准备下次循环%
                d=1;%初始化变量准备下次循环%
                break%找到x方向定位点跳出循环%
            else
                x=x+2.5;
                c=c+1;
            end
        end
    end
end
```

图 6.5　脚本代码

6.3.2　上溯行为初步分析

热点图可以通过不同的颜色反映齐口裂腹鱼上溯轨迹点的分布、聚集情况，表达方式更为直观，易于观察试验用鱼的上溯规律。根据 6.3.1 节的轨迹统计处理结果绘制热点图，如图 6.6 和图 6.7 所示。

试验组 1 中，池室结构 I 与池室结构 II 中齐口裂腹鱼的上溯区域选择相似：在池室中，轨迹点主要分布于池室右侧边壁及隔板下游侧，试验用鱼偏好靠近边壁上溯；在竖缝内，隔板侧轨迹点较为密集，试验用鱼倾向沿隔板侧通过竖缝。

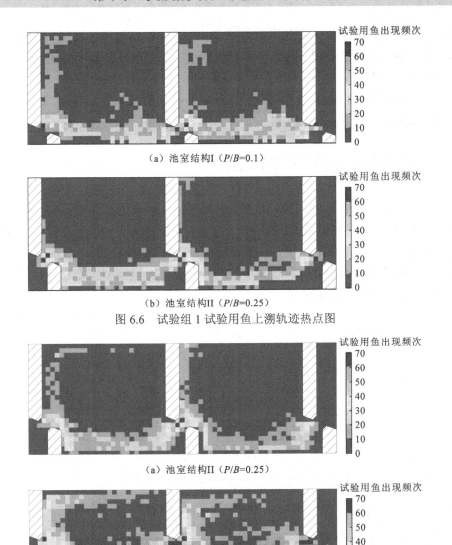

（a）池室结构Ⅰ（P/B=0.1）

（b）池室结构Ⅱ（P/B=0.25）

图 6.6　试验组 1 试验用鱼上溯轨迹热点图

（a）池室结构Ⅱ（P/B=0.25）

（b）池室结构Ⅲ（P/B=0.5）

图 6.7　试验组 2 试验鱼上溯轨迹热点图

　　试验组 2 池室结构Ⅱ与试验组 1 池室结构Ⅱ上溯区域分布规律基本相同。试验组 2 池室结构Ⅲ试验用鱼在池室中上溯行为与池室结构Ⅰ、池室结构Ⅱ略有不同，沿两侧边壁上溯的试验用鱼数量相当。但在竖缝内，池室结构Ⅲ试验用鱼上溯规律与池室结构Ⅰ、池室结构Ⅱ一致，轨迹点集中于隔板侧，多数试验用鱼倾向通过隔板侧区域上溯。

　　比较试验组 1 与试验组 2 中试验用鱼的上溯区域，可发现在三种鱼道池室结构中，虽然试验用鱼上溯区域略有不同，但其区域大多分布在池室固体边界附近，分析认为与齐口裂腹鱼的觅食行为有关。齐口裂腹鱼主要以刮食藻类为生，试验前试验用鱼已经过饥饿处理，试验用鱼在逆流上溯的同时贴壁寻找藻类充饥。此外还发现，在三种鱼道池室结构的竖缝处，多数试验用鱼倾向从隔板侧通过，其原因目前尚不明确，6.4.5 小节将结合水力因子进行分析。

　　综上，可以得到齐口裂腹鱼在研究鱼道池室结构中的两条上溯规律：①在池室中，齐口裂腹鱼偏好贴壁上溯；②在竖缝内，齐口裂腹鱼偏好沿隔板侧通过。

6.3.3　上溯轨迹分类与典型轨迹提取

　　根据热点图所反映的轨迹点的分布情况，可将池室区域划分为 I 区、II 区、III 区。I 区为池室右半侧区域及竖缝附近区域，是试验用鱼上溯时的必经区域；II 区为池室左半侧区域，不包括隔板下游附近区域，少数试验用鱼上溯时会经过此区域；III 区为隔板下游附近区域，部分通过 II 区或 I 区上溯的试验用鱼会在此区短暂逗留后通过竖缝进入下一级池室。区域划分如图 6.8 所示。

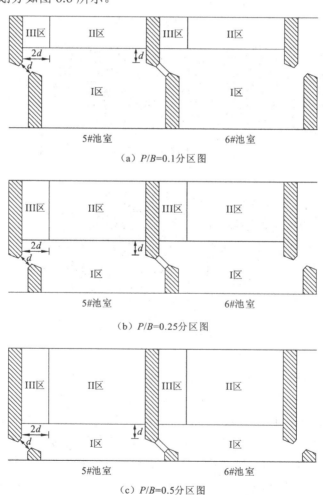

（a）P/B=0.1分区图

（b）P/B=0.25分区图

（c）P/B=0.5分区图

图 6.8　各鱼道池室结构区域划分

观察过鱼轨迹发现，根据通过各区域的顺序不同，各池室结构中大多数试验鱼轨迹可归为如下三类：

Ⅰ型轨迹，试验用鱼穿过Ⅰ区直接通过池室；

Ⅱ型轨迹，试验用鱼依次经过Ⅰ区、Ⅱ区、Ⅲ区通过池室；

Ⅲ型轨迹，试验用鱼由Ⅰ区进入Ⅲ区后，再返回Ⅰ区通过池室。

除上述三种轨迹外，还有小部分试验鱼上溯轨迹无法归为以上三类，统一归为其他轨迹。三种轨迹分为 5#、6#池室对轨迹进行分类统计，结果见表 6.1。

表 6.1　各池室结构鱼道轨迹分类

试验组次	池室结构	过鱼总数	池室编号	Ⅰ型轨迹		Ⅱ型轨迹		Ⅲ型轨迹		其他轨迹	
				数量	占比/%	数量	占比/%	数量	占比/%	数量	占比/%
1	池室结构Ⅰ	125	5#	75	60.0	25	20.0	13	10.4	12	9.6
			6#	82	65.6	21	16.8	12	9.6	10	8.0
	池室结构Ⅱ	113	5#	94	83.2	8	7.1	4	3.5	7	6.2
			6#	88	77.9	13	11.5	7	6.2	5	4.4
2	池室结构Ⅱ	147	5#	99	67.3	20	13.6	17	11.6	11	7.5
			6#	95	64.6	25	17.0	15	10.2	12	8.2
	池室结构Ⅲ	131	5#	59	45.0	51	38.9	10	7.6	11	8.4
			6#	53	40.5	58	44.3	13	9.9	7	5.3

轨迹分类统计结果表明，池室结构Ⅰ与池室结构Ⅱ中大多数试验用鱼的通过轨迹属于Ⅰ型轨迹，占比 60%以上；池室结构Ⅲ中Ⅰ型轨迹与Ⅱ型轨迹数量相当，占比均为 40%左右。综合三种池室结构的统计结果发现，多数试验用鱼选择直接通过Ⅰ区上溯。

典型轨迹是能反映某类型上溯轨迹（Ⅰ型轨迹、Ⅱ型轨迹、Ⅲ型轨迹）特点的某一条试验用鱼的上溯路径。分试验组从各鱼道池室结构内选出三种类型典型轨迹，与池室分区及热点图叠加如图 6.9 和图 6.10 所示。

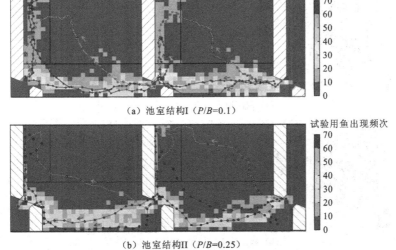

（a）池室结构Ⅰ（P/B=0.1）

（b）池室结构Ⅱ（P/B=0.25）

图 6.9　试验组 1 典型轨迹与热点图叠加

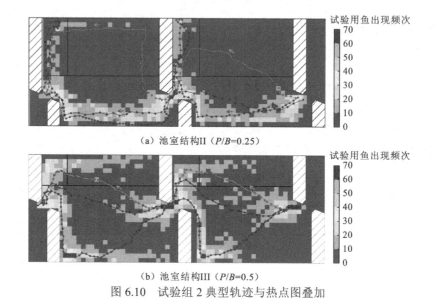

（a）池室结构II（P/B=0.25）

（b）池室结构III（P/B=0.5）

图 6.10　试验组 2 典型轨迹与热点图叠加

6.4　上溯行为与水流结构关系分析

6.4.1　回流区与齐口裂腹鱼上溯行为的关系

　　各池室结构回流区、热点图与典型轨迹叠加图如图 6.11 和图 6.12 所示。池室结构 I 中多数试验鱼穿过右侧回流区上溯（I 型轨迹与 II 型轨迹），少数试验用鱼穿过左侧回流区上溯（III 型轨迹），虽然右侧回流区尺度明显大于左侧，但通过右侧回流区的试验用鱼明显多于左侧。

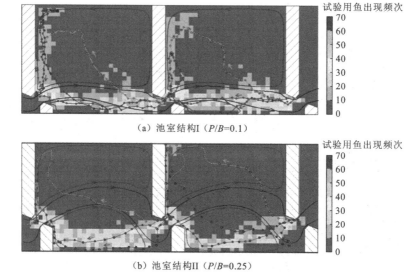

（a）池室结构I（P/B=0.1）

（b）池室结构II（P/B=0.25）

图 6.11　试验组 1 流场分区、热点图与典型轨迹叠加

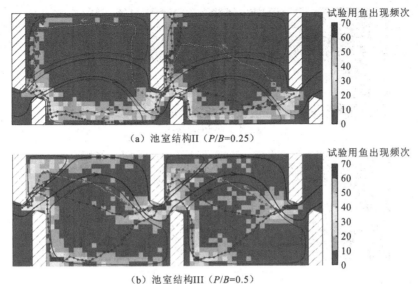

（a）池室结构Ⅱ（P/B=0.25）

（b）池室结构Ⅲ（P/B=0.5）

图 6.12　试验组 2 回流区、热点图与典型轨迹叠加

在池室结构Ⅱ中，两侧回流区大小相近，试验用鱼上溯时对回流区的选择与池室结构Ⅰ一致，多数试验用鱼通过右侧回流区上溯（Ⅰ型轨迹与Ⅱ型轨迹）。

在池室结构Ⅲ中，右侧回流区明显大于左侧，试验用鱼上溯过程中对回流区的选择与池室结构Ⅰ和池室结构Ⅱ类似，多数试验用鱼经右侧回流区上溯（Ⅰ型轨迹与Ⅱ型轨迹）。

上述结果表明，多数试验用鱼通过右侧回流区上溯，分析认为与竖缝的导向角度和齐口裂腹鱼贴壁上溯的习性有关：

在池室结构Ⅰ与池室结构Ⅱ中，齐口裂腹鱼在通过竖缝后，受竖缝导向，游动方向指向右侧回流区。竖缝处流速较高，试验用鱼在通过竖缝时须加快摆尾频率，冲刺通过竖缝，但在通过竖缝后，由于惯性试验用鱼难以立刻调整方向，沿游动方向进入右侧回流区。此时，试验用鱼距右侧边壁较近，试验用鱼易受贴壁上溯行为的影响，贴近右侧边壁上溯，故池室结构Ⅰ与池室结构Ⅱ中多数试验用鱼通过右侧回流区上溯。

在池室结构Ⅲ中，试验用鱼虽在竖缝导向下冲入右侧回流区，但由于竖缝位置接近池室中部，试验用鱼冲过竖缝后位置距两侧边壁较远，受贴壁上溯行为影响较小。试验用鱼随机选择方向上溯，由于右侧回流区尺度较大，在随机选择过程中，试验用鱼选择通过右侧回流区上溯概率较大，故池室结构Ⅲ中多数试验用鱼通过右侧回流区上溯。

6.4.2　流速与齐口裂腹鱼上溯行为的关系

各鱼道池室结构流速云图与典型轨迹叠加如图 6.13 和图 6.14 所示。

在池室结构Ⅰ中，竖缝贴近右侧边壁，右侧低流速区较小，试验用鱼在从竖缝通过后无法快速找到低流速区，只能沿流速较高的主流区域前进。接近池室中间位置后，多数试验用鱼选择进入右侧低流速度区上溯（Ⅰ型轨迹与Ⅱ型轨迹），少数试验用鱼进入左侧低流速上溯（Ⅲ型轨迹）。

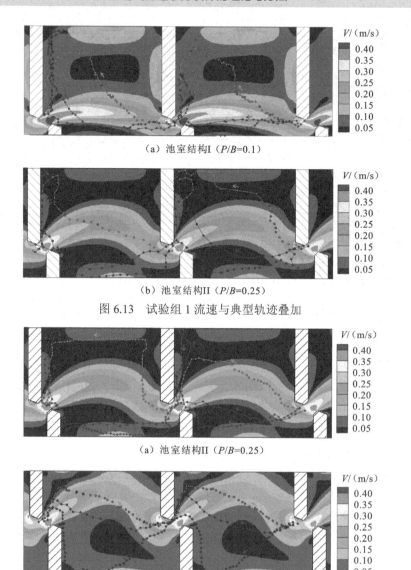

（a）池室结构I（P/B=0.1）

（b）池室结构II（P/B=0.25）

图 6.13　试验组 1 流速与典型轨迹叠加

（a）池室结构II（P/B=0.25）

（b）池室结构II（P/B=0.5）

图 6.14　试验组 2 流速与典型轨迹叠加

在池室结构 II 中，两侧低流速区尺度相当，多数试验用鱼通过竖缝后沿前进方向进入右侧低流速区上溯（I 型轨迹与 II 型轨迹））；少数试验用鱼沿主流上溯一段距离后，进入左侧低流速区上溯（III 型轨迹）。

在池室结构 III 中，右侧低流速区尺度较大，多数试验用鱼在通过竖缝后通过右侧低流速区上溯（I 型轨迹与 II 型轨迹）；少数试验用鱼斜穿流速较高的主流区后，进入隔板角落处的低流速区继续上溯（III 型轨迹）。

对比三种池室结构中试验用鱼在流速场中的上溯行为可以发现，齐口裂腹鱼明显表现出对流速相对较低区域的偏好，多数试验用鱼在上溯过程中倾向于避开流速较高区域，通过流速相对较低的区域上溯。

6.4.3　紊动能与齐口裂腹鱼上溯行为的关系

各池室结构紊动能与典型轨迹叠加如图 6.15 和图 6.16 所示。在池室结构 I 中，多数试验用鱼通过紊动能相对较高区域上溯（I 型轨迹与 II 型轨迹），少数通过紊动能相对较低区域上溯（III 型轨迹）；在池室结构 II 中，多数试验用鱼通过紊动能相对较低区域上溯（I 型轨迹与 II 型轨迹），少数通过紊动能相对较高区域上溯（III 型轨迹）；在池室结构 III 中，池室内紊动能量值分布单一，试验用鱼上溯轨迹所在区域紊动能基本相同，无法判断试验用鱼对紊动能的偏好。

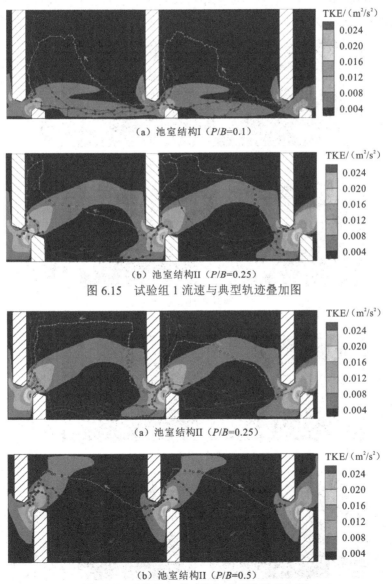

（a）池室结构I（P/B=0.1）

（b）池室结构II（P/B=0.25）

图 6.15　试验组 1 流速与典型轨迹叠加图

（a）池室结构II（P/B=0.25）

（b）池室结构II（P/B=0.5）

图 6.16　试验组 2 紊动能与典型轨迹叠加图

在各鱼道池室结构中，齐口裂腹鱼在竖缝内倾向于沿紊动能较低的隔板侧区域上溯。除竖缝区域外，试验用鱼在三种池室结构内的上溯行为不尽相同。推测认为，各鱼道池室结构流场内紊动能量值偏低且较为单一，是试验用鱼在竖缝区域外对紊动能响应不一致的原因。

6.4.4 总水力应变与齐口裂腹鱼上溯行为的关系

各鱼道池室结构总水力应变与典型轨迹叠加如图 6.17 和图 6.18 所示。在池室结构 I 中，多数试验用鱼在池室右侧总水力应变相对较高的区域上溯（I 型轨迹与 II 型轨迹），少数试验用鱼穿过总水力应变较高区域，前往左侧总水力应变较低区域上溯（III 型轨迹）。

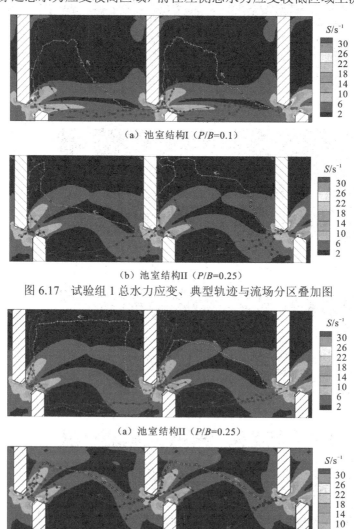

（a）池室结构I（$P/B=0.1$）

（b）池室结构II（$P/B=0.25$）

图 6.17　试验组 1 总水力应变、典型轨迹与流场分区叠加图

（a）池室结构II（$P/B=0.25$）

（b）池室结构III（$P/B=0.5$）

图 6.18　试验组 1 总水力应变与典型轨迹叠加图

池室结构 II 与池室结构 III 中多数试验用鱼倾向沿总水力梯度较低区域上溯（I 型轨迹与 II 型轨迹），少数试验用鱼沿总水力应变相对较高区域上溯（III 型轨迹）。在竖缝内，各鱼道池室结构中，多数试验用鱼从总水力应变相对较高的隔板侧通过。

在三种鱼道池室体型中，除竖缝区域外，试验用鱼对总水力应变的响应行为不一致。竖缝内总水力应变明显高于池室中其他区域，总水力应变量值较低可能是导致试验用鱼对该参数变化不敏感的原因。

6.4.5　竖缝区域细化分析

竖缝区域的水力因子是决定鱼道中鱼类能否成功通过的关键，6.3.2 小节分析发现试验用鱼明显偏好从隔板侧通过竖缝，但其具体原因还不明晰，本小节结合竖缝处流速、紊动能和流速梯度，定性、定量分析齐口裂腹鱼在竖缝处的通过行为对水力因子的响应关系。

须对竖缝的统计网格进行细化，考虑到试验用鱼在通过竖缝过程中进出竖缝时水力因子变化较为明显，故沿竖缝顺水流方向网格分为上游层、下游层，分别为对进、出竖缝的齐口裂腹鱼数量进行统计，经比选，垂直水流方向进行 7 等分后进行数量统计可以清晰、准确地体现竖缝处轨迹点分布，统计单元尺寸为 1.07 cm×1.5 cm。试验组 1 与试验组 2 的通过尾数、流速、紊动能与总水力应变分布如图 6.19～图 6.22 所示。

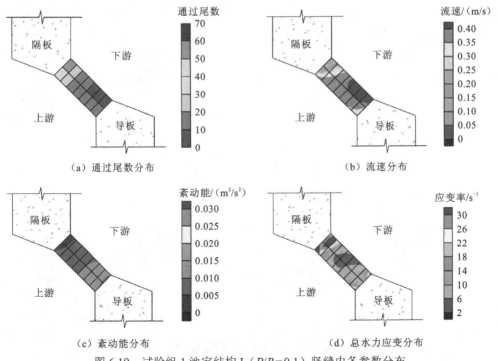

（a）通过尾数分布　　　　　　　　（b）流速分布

（c）紊动能分布　　　　　　　　（d）总水力应变分布

图 6.19　试验组 1 池室结构 I（P/B=0.1）竖缝内各参数分布

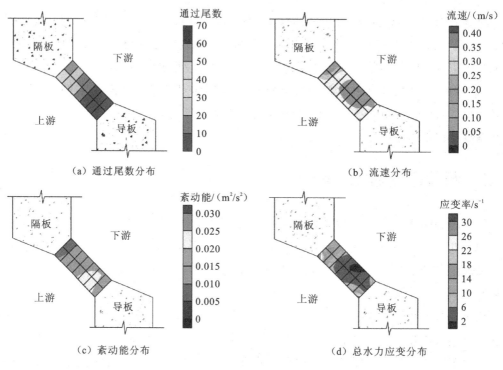

图 6.20　试验组 1 池室结构 II（$P/B = 0.25$）竖缝内参数分布

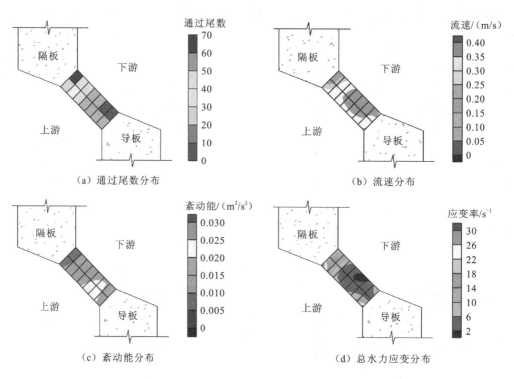

图 6.21　试验组 2 池室结构 II（$P/B = 0.25$）竖缝内参数分布

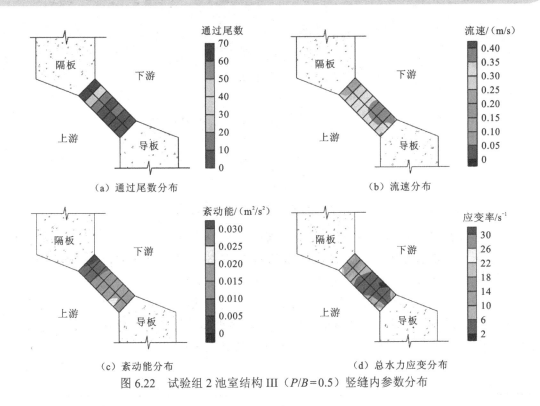

（a）通过尾数分布　　　　　　　　　（b）流速分布

（c）紊动能分布　　　　　　　　　（d）总水力应变分布

图 6.22　试验组 2 池室结构 III（$P/B=0.5$）竖缝内参数分布

　　三种池室结构进、出竖缝轨迹点分布规律相近，靠近隔板侧的试验用鱼通过尾数明显多于导板侧，表明试验用鱼喜好从隔板侧通过竖缝，竖缝细化处理后所反映规律与前文一致。

　　三种鱼道池室结构竖缝处流速、紊动能及流速梯度分布规律一致，均由导板侧向隔板侧递减。竖缝下游层的流速及梯度高于上游层，紊动能分布相近。多数齐口裂腹鱼通过竖缝处的流速范围为 0.25～0.35 m/s，紊动能范围为 0.005～0.015 m^2/s^2，总水力应变率大于 10 s^{-1}。各鱼道池室结构中试验用鱼均倾向于从流速、紊动能和相对较低，总水力应变量值相对较高的隔板侧区域通过。

　　为进一步确定竖缝处水力因子与通过行为的关系，采用 SPSS 中的斯皮尔曼秩相关分析分别对各池室结构进、出竖缝的试验用鱼数量与流速、紊动能和总水力应变的相关性进行分析。

　　流速及紊动能可直接取网格中心值，总水力应变须进行进一步处理。总水力应变为流速分量在 x、y 方向变化梯度绝对值的和，是标量值，无法反映流速的梯度方向。池室内流态较为复杂，大部分区域无法统一定义流速的递增方向，但在竖缝内，流速变化方向单一、趋势明显，流速由导板侧向隔板侧递减，故在竖缝内可对总水力应变定义正负，表示流速变化梯度。重新定义总水力应变正负须先找到极小值所在位置，以此位置为中心，向隔板侧移动流速减小，总水力应变定义为负；向导板侧移动流速增加，总水力应变定义为正，如图 6.23 所示。

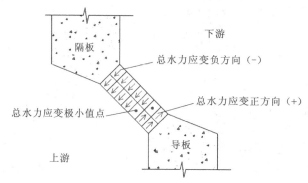

图 6.23　竖缝内总水力应变正负定义示意

斯皮尔曼秩相关分析结果以相关系数 R_S 给出，R_S 介于-1 与 1 之间，大于 0 时表示正相关，小于 0 时表示负相关，$|R_S|<0.2$ 为极弱相关，$0.2<|R_S|<0.4$ 为弱相关，$0.4<|R_S|<0.6$ 为中等相关，$0.6<|R_S|<0.8$ 为强相关，$0.8<|R_S|<1$ 为极强相关。

结果表明，各鱼道池室结构竖缝上游侧和下游侧的试验用鱼通过尾数分布与流速、紊动能分布和总水力应变均呈较强的负相关关系，表明试验用鱼在竖缝处倾向于从流速、紊动能和流速梯度相对较低的区域通过。统计结果见表 6.2。

表 6.2　竖缝内试验用鱼通过尾数与各水力参数相关分析结果

试验组次	池室结构		水力参数	样本数	斯皮尔曼秩相关系数	P 值
试验组 1	池室结构 I	下游层	流速	21	-0.982	0.007
			紊动能	21	-0.927	0.007
			总水力应变	21	-0.982	0.001
		上游层	流速	21	-0.793	0.033
			紊动能	21	-0.883	0.008
			总水力应变	21	-0.883	0.008
	池室结构 II	下游层	流速	21	-0.821	0.023
			紊动能	21	-0.929	0.003
			总水力应变	21	-0.964	0.001
		上游层	流速	21	-0.821	0.023
			紊动能	21	-0.857	0.014
			总水力应变	21	-0.857	0.014
试验组 2	池室结构 II	下游层	流速	21	-0.821	0.023
			紊动能	21	-0.929	0.003
			总水力应变	21	-0.964	0.001

试验组次	池室结构		水力参数	样本数	斯皮尔曼秩相关系数	P 值
试验组 2	池室结构 II	上游层	流速	21	-0.793	0.033
			紊动能	21	-0.793	0.033
			总水力应变	21	-0.883	0.008
	池室结构 III	下游层	流速	21	-0.847	0.016
			紊动能	21	-0.865	0.012
			总水力应变	21	-0.901	0.006
		上游层	流速	21	-0.811	0.027
			紊动能	21	-0.793	0.033
			总水力应变	21	-0.793	0.033

6.5 齐口裂腹鱼上溯过程解析

在三种池室结构中，多数试验用鱼上溯轨迹可归为 I 型轨迹，可认为 I 型轨迹为齐口裂腹鱼在竖缝式鱼道中的偏好轨迹。过鱼试验结果表明，池室结构 I 和池室结构 II 试验用鱼通过效率较高，并且考虑到大尺度回流区可能导致鱼类迷失上溯方向，相比之下池室结构 II 回流区分布更为合理，故以池室结构 II（P/B=0.25）的 I 型轨迹（见图 6.24）为例，结合过鱼视频分步解析试验用鱼在池室中的上溯过程。

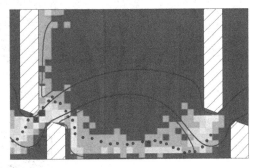

图 6.24　试验组 2 池室结构 II（P/B=0.25）中 I 型典型轨迹

（1）试验用鱼冲刺通过竖缝进入池室后，在惯性作用下穿过主流至右侧回流区，如图 6.25（a）所示。

（2）试验用鱼受贴壁习性影响，倾向于靠近边壁上行。进入右侧回流区后，试验用鱼向距离较近的右侧边壁移动，同时调整前进方向与边壁平行，沿右侧边壁上溯，如图 6.25（b）、（c）、（d）所示。

（3）在竖缝前，试验用鱼感受到竖缝出流，受趋流性影响，试验用鱼在感受到流速及流向的变化后，扭动身体，调整前进方向，使身体与来流方向平行，如图6.25（e）所示。

（4）试验用鱼尝试通过竖缝，在通过的过程中利用侧线系统感知到身体两侧的流速梯度，流速梯度促使鱼类向有利于通过的水流环境移动，一般倾向于向流速降低的区域移动。试验用鱼开始沿流速降低方向寻找利于通过的水流条件，如图6.25（f）所示。

（5）试验用鱼调整身体位置，移动至竖缝内隔板侧的低流速区，感受到适宜通过的水流环境，准备通过，如图6.25（g）所示。

（6）试验用鱼加快摆尾频率，冲刺通过竖缝，如图 6.25（h）、（i）所示。进入下一级池室，试验用鱼重复循环上述过程，逐级通过鱼道池室。

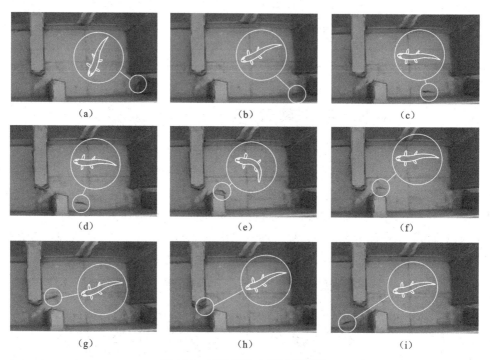

图 6.25　试验用鱼上溯过程示意

（扫一扫，见本章彩图）

第7章

墩头结构对过鱼效果影响的试验研究

7.1 引　言

在国外的竖缝式鱼道工程中，其池室隔板较多采用钩状墩头布置方式，其主要作用是有助于稳定竖缝断面附近的水流流态。与国外以鲑、鳟等游泳能力较强的鱼类为主要过鱼对象的鱼道不同，我国鱼道的过鱼对象以四大家鱼和裂腹鱼为主，其游泳能力普遍较弱，因此我国鱼道在设计中往往采用较缓的底坡坡度，池室内的水流流速相对较小，从水力学角度看，设置钩状墩头的必要性不大。另外，在实际运行中，带有钩状墩头的池室结构相对而言也更容易造成泥沙淤积与漂浮物的堵塞。

本章系统研究了隔板墩头不同结构布置对池室水流流态的影响，并进行了对比过鱼试验研究，结果表明，钩状隔板对于四大家鱼（青鱼、草鱼、鲢、鳙）与裂腹鱼的过鱼效果有不利影响，主要是增大了鱼类通过时间。

7.2 不同墩头结构对水流结构的影响

7.2.1 数学模型

采用 Gambit 软件建立鱼道三维数学模型，并采用流体计算软件 Fluent 6.3 进行数值模拟，紊流模型选用标准 k-ε 模型方程，自由液面采用 VOF 方法进行捕捉，该模型能够较准确地模拟鱼道水池内流场分布。

在竖缝式鱼道常规水池中，竖缝宽度 $b=0.3$ m，单级水池长宽比 $l:B=10b:8b$，导板长度 $P=0.3B$，底坡 $J=2\%$，竖缝导向角度 $\theta=45°$，导板和隔板厚度 $d=b=0.3$ m。对比分析不同墩头结构下流场分布，不同墩头结构分别记为结构 I、II，如图 7.1 所示。不同墩头结构具体的细部结构：结构 I，隔板上游侧增设梯形钩状结构，导板墩头迎水面与隔板墩头背水面坡度均取值 1∶1，导板墩头背水面坡度与隔板墩头迎水面坡度均值为 1∶3；结构 II，在结构 I 的基础上，去除隔板梯形钩状结构，同时导板与隔板坡度保持不变。

计算域与边界条件：图 7.2 为竖缝式鱼道数学模型平面布置及三维示意，建立的鱼道水池模型由进流段、工作段（编号 1#～7#）、出流段三部分组成。鱼道水池中保证中央水深 $H_0=2$ m。网格划分：网格划分使用 Gambit 前处理软件，网格均采用结构化六面体，水池内网格尺寸设置为 0.05 m，竖缝处网格加密尺寸设置为 0.04 m，垂向网格尺寸为 0.1 m，网格总数控制在 60 万～70 万个。

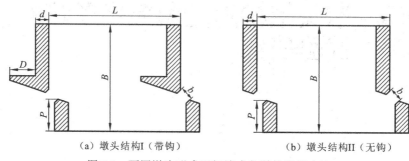

（a）墩头结构Ⅰ（带钩）　　　　　　　　（b）墩头结构Ⅱ（无钩）

图 7.1　不同墩头形式下竖缝式鱼道的常规水池

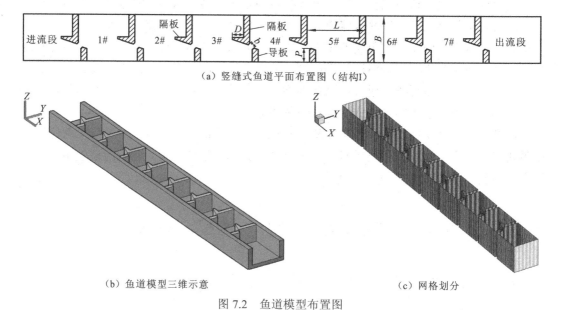

（a）竖缝式鱼道平面布置图（结构Ⅰ）

（b）鱼道模型三维示意　　　　　　　　　　（c）网格划分

图 7.2　鱼道模型布置图

7.2.2　数值模拟结果及分析

取水深 $z = H_0/2$ 处的水平剖面进行对比分析研究。鱼道水池内部的流场分布及其流线分布，如图 7.3 和图 7.4 所示，可见不同墩头形式下的鱼道水池内流场分布具有相似之处：水流以射流的形式从竖缝断面流入水池，在水池内主流蜿蜒偏转流向水池左侧，并且主流大致居于中央，两侧回流区分布尺度大小相当，其中左侧回流区表现为逆时针旋转的形态，而右侧回流区表现为顺时针旋转的形态。进一步对比分析墩头形式的变化对鱼道水池内流场影响，主要规律如下。

（1）不同墩头结构下的水流结构并无显著差异，均呈现出"主流蜿蜒居中，两侧分布的回流区大小尺度对称分布"的水流结构，只是在水池内主流横向扩散与偏转方面略有不同。

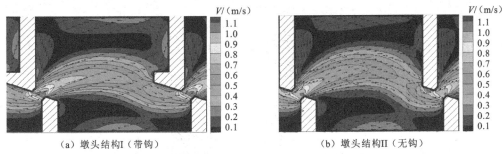

（a）墩头结构Ⅰ（带钩）　　　　　　　　　　（b）墩头结构Ⅱ（无钩）

图 7.3　不同墩头体型下常规水池内的流速云图

V 代表流速

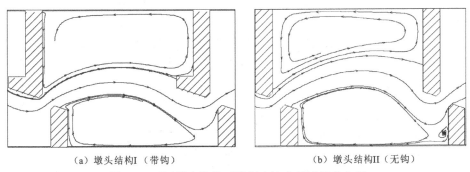

（a）墩头结构Ⅰ（带钩）　　　　　　　　　　（b）墩头结构Ⅱ（无钩）

图 7.4　不同墩头结构下常规水池内的流线分布图

（2）对于折线型墩头结构而言，当墩头无梯形钩状结构时，主流在水池内横向扩散及偏转程度比较大；梯形钩状结构的设置减缓了主流在水池内的蜿蜒偏转，并且随着梯形钩状结构长度 D 的增加，主流偏转程度进一步减缓，主流在水池内相对更加集中。

7.3　草鱼过鱼试验

鱼道池室墩头结构Ⅰ（带钩）和墩头结构Ⅱ（无钩）草鱼对比过鱼试验是在 2019 年 9～11 月进行的，试验水槽内平均水温 19℃左右，溶解氧 7.0 mg/L。

在本阶段草鱼过鱼试验研究中，基于第 3 章的研究经验积累，发现可以将观察时段由 30 min 缩短为 20 min，依然能够准确反映实际的鱼类上溯过程。

鱼道池室墩头结构Ⅰ（带钩）、墩头结构Ⅱ（无钩）中上溯成功率如图 7.5 所示。Ⅰ型水流结构的隔板带有钩状结构，试验用鱼样本数为 139 条，其中有 109 条鱼成功地上溯 11 级水池，上溯成功率为 78.4%；Ⅱ型水流结构的隔板无钩状结构，试验用鱼样本数为 139 条，其中有 101 条鱼成功上溯 11 级水池，上溯成功率为 72.7%。就上溯成功率而言，在鱼道池室墩头结构Ⅰ（带钩）略高，意味着草鱼在上述过程中更乐于选择鱼道池室墩头结构Ⅰ（带钩）的水流结构。

运用统计学的生存分析法分析两种鱼道墩头结构的累积上溯成功率曲线，并对两组数据进行对数秩（Log-rank）检验，图 7.6 的结果表明就上溯成功率而言鱼道池室结构Ⅱ（无钩）与鱼道池室结构Ⅰ（带钩）（$P_0 = 0.714 > 0.05$）并无显著区别。

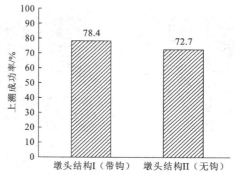

图 7.5 鱼道墩头结构Ⅰ（带钩）和墩头结构Ⅱ（无钩）上溯成功率

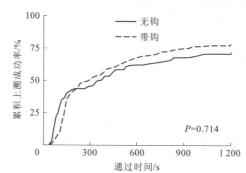

图 7.6 草鱼在钩状墩头与无钩墩头鱼道中的累积上溯成功率

　　图 7.7 与图 7.8 分别给出了两种结构条件下顺利完成上溯鱼类的上溯时间分布情况，结果表明上溯时间分布总体上符合伽马分布，而非传统的正态分布。其原因在于鱼类通常都会有比较强烈的趋流性，在鱼道中自然会选择逆流而上并快速完成上溯。图 7.9 进一步给出了上溯时间的中位数。在鱼道墩头结构Ⅰ（带钩）中，有 $P=50\%$ 的鱼能够保证在 140.5 s 以内成功上溯 11 级水池；在鱼道墩头结构Ⅱ（无钩）中，有 $P=50\%$ 的鱼能够保证在 97 s 以内成功上溯 11 级水池。就成功上溯所消耗时间而言，意味着草鱼喜好鱼道墩头结构Ⅱ（无钩）。

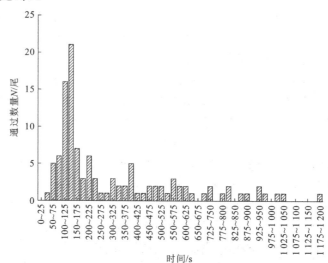

图 7.7 鱼道墩头结构Ⅰ（带钩）中顺利完成上溯鱼类的上溯时间分布

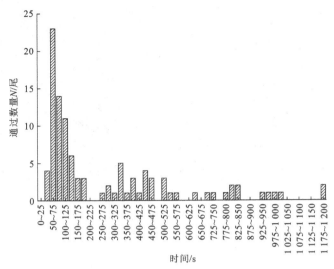

图 7.8　鱼道墩头结构 II（无钩）中顺利完成上溯鱼类的上溯时间分布

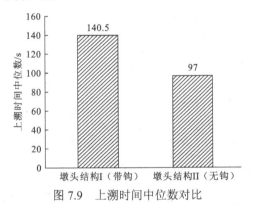

图 7.9　上溯时间中位数对比

7.4　齐口裂腹鱼对比试验

鱼道池室墩头结构 I（带钩）和墩头结构 II（无钩）齐口裂腹鱼对比过鱼试验是在 2019 年 9～11 月进行的，试验水槽内平均水温 19 ℃左右，溶解氧 7.0 mg/L。

鱼道池室墩头结构 I、墩头结构 II 中上溯成功率如图 7.10 所示。I 型水流结构的隔板带有钩状结构，试验用鱼样本数为 178 条，其中有 101 条鱼成功上溯 11 级水池，上溯成功率为 56.7%；II 型水流结构的隔板无钩状结构，试验用鱼样本数为 178 条，其中有 129 条鱼成功上溯 11 级水池，上溯成功率为 72.5%。就上溯成功率而言，鱼道池室墩头结构 II（无钩）略高，意味着齐口裂腹鱼在上述过程中更乐于选择鱼道池室墩头结构 II（无钩）的水流结构。

运用统计学的生存分析法绘制两种鱼道墩头结构的累积上溯成功率曲线，并对两组数据进行对数秩（Log-rank）检验，图 7.11 的结果表明就成功率而言 无钩墩头结构明显优于带钩墩头结构（$P = 0.0015 < 0.05$）。

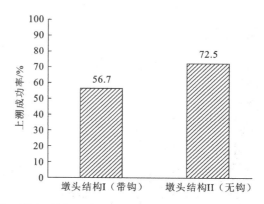

图 7.10　鱼道墩头结构 I（带钩）和墩头结构 II（无钩）上溯成功率 R_r

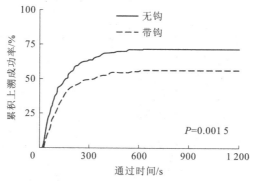

图 7.11　齐口裂腹鱼鱼道墩头结构 I（带钩）和墩头结构 II（无钩）累积上溯成功率

　　图 7.12 与图 7.13 分别给出了两种墩头结构条件下顺利完成上溯鱼道的上溯时间分布情况，结果表明，上溯时间分布总体上符合伽马分布，而非传统的正态分布。其原因在于鱼类通常都会有比较强烈的趋流性，在鱼道中自然会选择逆流而上并快速完成上溯。

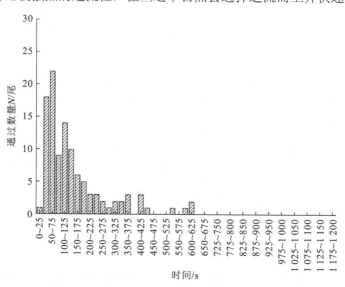

图 7.12　鱼道墩头结构 I（带钩）中顺利完成上溯鱼类的上溯时间分布

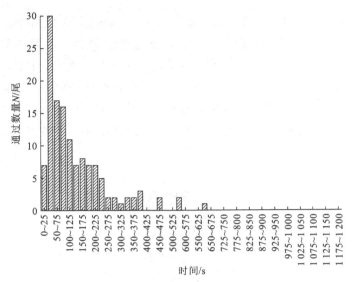

图 7.13　鱼道墩头结构 II（无钩）中顺利完成上溯鱼类的上溯时间分布

图 7.14 进一步给出了上溯时间的中位数。在鱼道墩头结构 I（带钩）中，有 $P=50\%$ 的鱼能够保证在 110 s 以内成功上溯 11 级水池；在鱼道墩头结构 II（无钩）中，有 $P=50\%$ 的鱼能够保证在 86 s 以内成功上溯 11 级水池。就成功上溯所消耗的时间而言，意味着齐口裂腹鱼喜好鱼道墩头结构 II（无钩）。

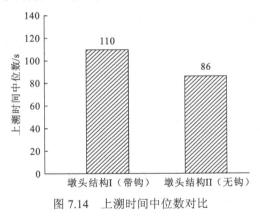

图 7.14　上溯时间中位数对比

7.5　综合分析

（1）草鱼在鱼道墩头结构 I（带钩）中，上溯成功率为 78.4%，上溯时间中位数为 140 s；在鱼道墩头结构 II（无钩）中，上溯成功率为 72.7%，上溯时间中位数为 97 s。从上溯成功率看，尽管钩状墩头略高于无钩墩头，但统计检验的结果表明，两者属同一量级，并无显著性差异，而鱼类通过时间看，无钩状墩头的鱼道中，鱼类上溯时间显著快于钩状墩头鱼道，可以缩短约 30.7% 的时间。

（2）齐口裂腹鱼在鱼道墩头结构 I（带钩）中，上溯成功率为 56.7%，上溯时间中位数为 110 s；在鱼道墩头结构 II（无钩）中，上溯成功率为 72.5%，上溯时间中位数为 86 s。无论是上溯成功率还是通过时间，无钩状墩头的鱼道均明显优于带有钩状墩头的鱼道，且经过了统计学检验，上溯成功率提高约 27.9%，通过时间缩短约 21.8%。

（3）基于上述结果，笔者认为在国外鱼道工程中普遍采用的钩状隔板对于四大家鱼（青鱼、草鱼、鲢、鳙）与裂腹鱼的过鱼效果有明显不利影响，并建议在今后竖缝式鱼道常规池室结构中应采用无钩状墩头布置方案。

（扫一扫，见本章彩图）

第8章　竖缝式鱼道常规池室水力设计

8.1 引　言

前述试验结果表明，竖缝式鱼道常规池室的水流结构可以分为三大类型，其中主流居中的池室结构Ⅱ是更适合于草鱼与裂腹鱼上溯的水流结构。

竖缝式鱼道的主要结构尺寸包括水池长度 L、水池宽度 B、竖缝宽度 b、导板长度 P、隔板墩头宽 a、竖缝导向角度 θ、隔板墩头结构等（见图 8.1），上述各参数取值的任何改变均会导致鱼道水流结构发生变化。在第 2 章中，已研究了不同导板长度对水流结构的影响，本章采用数值模拟计算方法，进一步系统研究其他各主要布置参数的合理取值范围。

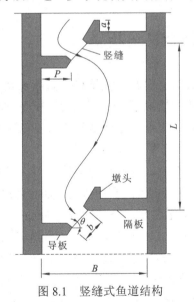

图 8.1　竖缝式鱼道结构

8.2　常规池室长宽比的合理取值研究

水流进入鱼道后，从竖缝处流出，经过水池再流向下一道竖缝，由此可知，水池尺寸对鱼道内流场特性有着重要影响。加拿大的 Ead 等（2014）通过模型试验发现当水池长宽比为 $L/B = 10:8$ 时，可以获得较好的水流流态，有利于鱼类顺利上溯。

为寻求水池长宽比的合理取值，保持导板长度 $P/B=0.28$ 不变，本小节模拟计算了不同水池长宽比条件下的流场结构。研究结果表明，水池长宽比 L/B 的合理取值范围为 $9:8\sim10.5:8$，其水流流态特点为主流大致居于池室中央，两侧回流区基本对称分布。

8.2.1 模拟区域与计算工况

模拟计算的区域为 5 级鱼道水池结构，如图 8.2 所示。第三级鱼道水池处的模拟结果受进口和出口影响相对微弱，因此选取此处进行流速特征分析（坐标轴 8.2）。计算了长宽比为 $6:8$、$7:8$、$8:8$、$9:8$、$10:8$、$10.5:8$、$11:8$、$12:8$、$13:8$ 和 $14:8$ 10 种情况下的流场结构。

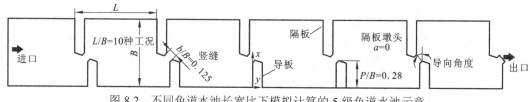

图 8.2 不同鱼道水池长宽比下模拟计算的 5 级鱼道水池示意

8.2.2 鱼道水池内流场特性分析

水池长宽比影响着竖缝式鱼道内的水流结构，随着长宽比的增加，主流弯曲程度逐渐地加大，以致在较大长宽比的情况下，主流呈现严重弯曲形态。与此同时，主流两侧回流区也相应发生了显著变化。根据主流弯曲程度及回流区发展尺度，可将不同鱼道水池长宽比影响下的流场划分为如下四大类。

第 1 类流场：当 $L/B<9:8$ 时，水流从竖缝流出后，稍稍偏向水池中央，即折向下一道竖缝，流向下一级鱼道水池，主流的弯曲程度较小；两侧回流区尽管有所发展，但呈现不对称性，主流左侧回流区占据空间过大。如图 8.3（a）、（b）和（c）所示。

第 2 类流场：当 $9:8\leqslant L/B<11:8$ 时，水流从竖缝流出后，偏向水池中央，在即将接近下一道隔板时才折向下一道竖缝，从整体上看，由于水池长宽比的增大，主流的弯曲程度也有所增大；主流两侧的回流区也已经充分发展，左侧回流区沿逆时针方向，右侧回流区沿顺时针方向，并且两回流区呈较对称分布。典型流场如图 8.3（d）和（e）所示。

第 3 类流场：当 $11:8\leqslant L/B<12:8$ 时，呈现的是一种过渡型流场结构。水流从竖缝流出来后，在导板作用下，偏向水池中央，由于水池长宽比的增大，主流进而越过水池中央，即将顶冲到鱼道水池的左侧边墙上，而在隔板作用下，又折向下一道竖缝。主流两侧回流区形态也发生了重要的变化，左侧回流区在主流的顶冲趋势作用下，缩小而局限在上游隔板角隅处，右侧回流区则向左侧凸起，占据了鱼道水池绝大部分空间，如图 8.3（f）所示。

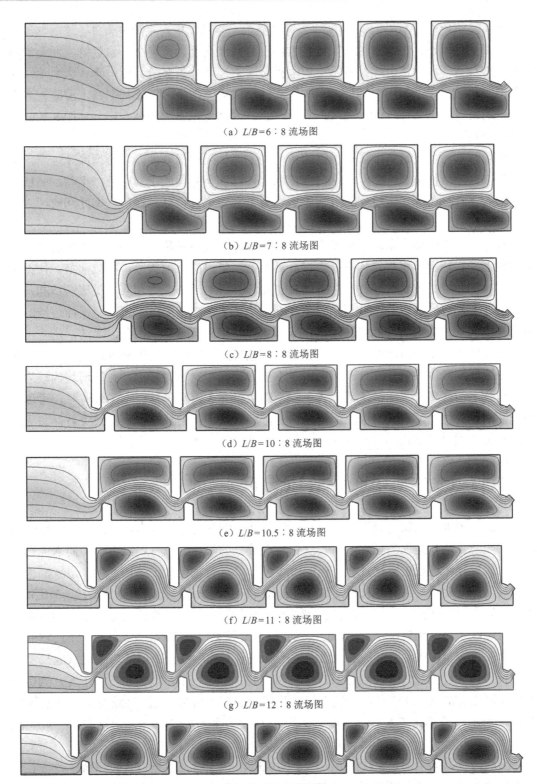

（a）$L/B=6:8$ 流场图

（b）$L/B=7:8$ 流场图

（c）$L/B=8:8$ 流场图

（d）$L/B=10:8$ 流场图

（e）$L/B=10.5:8$ 流场图

（f）$L/B=11:8$ 流场图

（g）$L/B=12:8$ 流场图

（h）$L/B=14:8$ 流场图

图 8.3 不同鱼道水池长宽比下典型流场图

第 4 类流场：当 $L/B \geqslant 12:8$ 时，主流从竖缝出来后，偏向水池中央处，进而顶冲到左侧边墙上；但是，由于水池长宽比较大，主流并没有立即折向下一道竖缝，而是沿着左侧边墙行进一段距离，在接近下一道隔板时才折向下一道竖缝，流向下一级水池。主流两侧回流区呈现严重不对称性，左侧回流区在主流顶冲下，缩小局限在上游隔板角隅处，沿逆时针方向，而右侧回流区向左侧凸起，占据右侧绝大部分空间，如图 8.3（g）和（h）所示。

流场结构对鱼道过鱼效果有关键的作用：主流如果过于弯曲，以致顶冲到边墙，则可能伤害到洄游性鱼类；若回流区过大，则会使得弱小鱼类困于其中难以上溯，降低了鱼道的兼容性；若回流区过小，以致不能够为上溯鱼类提供休憩场所，则此回流区就失去了应有的意义。

对于第 1 类流场，主流弯曲较小，回流区形态严重不对称，此外，由于鱼道水池长宽比较小，在特定区域内修建鱼道工程，需要修建鱼道的水池级数也相应增多，使得工程投资增加，可见此长宽比并非适宜的长宽比选择。对于第 3 类和第 4 类流场结构，主流有顶冲左侧边墙的趋势，甚至已经顶冲到了边墙上，如果来流量较大，顶冲边墙的流速相应增大，使得鱼类可能被冲撞到边墙或鱼类意识到危险而跃出鱼道水池，伤害上溯的鱼类。对于第 2 类流场结构，主流弯曲程度适宜，两侧回流区均充分发展，在此情况下，主流和回流区的分布充分利用了鱼道水池的空间，在水力学上，此流场结构较为理想；适合洄游性鱼类"间歇间跃"式上溯，即鱼类在主流高流速区上溯疲劳时，可以在两侧回流区内休憩，再又沿着主流方向向上游动。从国外的一些工程实践上看，鱼类也能适应第 2 类流场结构，顺利到达上游。

8.2.3　主流最大流速轨迹线特征分析

主流区最大流速轨迹线可以一定程度地表征不同鱼道水池长宽比情况的主流行进的路线。随着水池长宽比的增加，轨迹线也呈现较大的变化，图 8.4 给出了不同水池长宽比下最大流速轨迹线的变化规律。由图 8.4 可知，在长宽比较小的情况下，最大流速轨迹线弯曲程度很小，当鱼道水池长宽比 $L/B = 6:8$ 时，轨迹线上最大距离 $(y/B)_{max} = 0.38$；随着长宽比 L/B 的增大，轨迹线也逐渐偏向鱼道水池的中央，当鱼道水池长宽比 $L/B = 8:8$ 时，轨迹线上最大距离 $(y/B)_{max} = 0.42$；当鱼道水池长宽比 $L/B = 10.5:8$ 时，轨迹线的最大距离 $(y/B)_{max} = 0.50$，主流基本上已经位于鱼道水池的中央处；但随着鱼道水池长宽比的进一步增大，主流将顶冲到鱼道水池左侧边墙，轨迹线呈现很大的弯曲程度，当鱼道水池长宽比 $L/B = 11:8$ 时，轨迹线上最大距离 $(y/B)_{max} = 0.70$，主流已经越过鱼道水池中央处；当水池长宽比 L/B 再增大时，鱼道水池长宽比 $L/B = 14:8$，则轨迹线上最大距离 $(y/B)_{max} = 0.88$，轨迹线距离 $y/B = 1.0$ 已很近。

由此可见，当水池长宽比 $L/B = 9:8 \sim 10.5:8$ 范围时，主流最大流速轨迹线大致位于鱼道水池的中央处，从而促使竖缝式鱼道内主流及回流区合理布局，营造出合理的水流结构，帮助洄游性鱼类上溯。

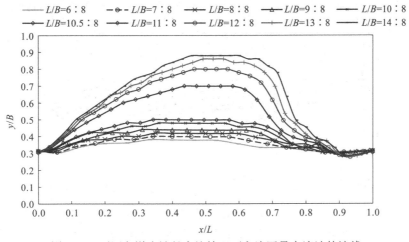

图 8.4　不同鱼道水池长宽比情况下主流区最大流速轨迹线

8.2.4　不同长宽比下鱼道水池内流速分布特性分析

鱼道水池长宽比变化可以引起鱼道内流场形态的改变，呈现四类不同的流场结构。在流场形态变化的同时，鱼道水池内流速量值及其分布也发生改变，以下即从这个方面进行研究分析。

随着水池长宽比的增加，主流区最大流速轨迹线逐渐移向 $y/B=1.0$ 处。在此过程中，轨迹线上的流速分布也发生了改变，图 8.5 给出了轨迹线上流速变化规律。由图 8.5 可知，流速大约在竖缝后方 $x/L=0.03 \sim 0.07$ 处达到最大流速，长宽比越小，在竖缝后方达到最大流速的距离越远，当长宽比 $L/B=7：8$ 时，达到最大流速的位置为 $x/L=0.057$；当长宽比 $L/B=13：8$ 时，达到最大流速的位置为 $x/L=0.03$。从整体上看，主流最大流速轨迹线上流速在前半池衰减，在后半池上升。在不同长宽比情况下，流速变化规律是不相同的。当长宽比 L/B 较小时，主流轨迹线上流速衰减较慢，衰减量值也较小；随着长宽比的增大，流速衰减呈现加快趋势，衰减量也有所增大；当长宽比较大时，如 $L/B=12：8 \sim 14：8$，轨迹线上流速衰减趋势及其衰减量值基本没有较大的差异。在长宽比 $L/B=9：8 \sim 10.5：8$ 范围内，轨迹线上的流速衰减幅度较小，变化较为平缓，但基本上均有较充分的衰减。

鱼道水池内最大流速和轨迹线上最小流速随长宽比的变化规律如图 8.6 和图 8.7 所示。由此可见，鱼道水池内最大流速随着长宽比的增加而呈现下降的趋势，U_{max} 为竖缝进口断面最大流速，$U_{平均}$ 为竖缝进口断面平均流速，当 $L/B=6：8$ 时，$(U_{max}/U_{平均})_{max}=1.75$；$L/B=8：8$ 时，$(U_{max}/U_{平均})_{max}=1.54$；$L/B=10.5：8$ 时，$(U_{max}/U_{平均})_{max}=1.33$；而当长宽比 L/B 增大到 $11：8$ 后，最大流速 $(U_{max}/U_{平均})_{max}$ 基本维持在 1.25 左右。

对于轨迹线上的最小流速，由于鱼道水池长宽比 L/B 的增大，使得水流沿程混掺、剪切，而引起沿程损失也增大。所以，对于较大的长宽比，轨迹线上的最小流速相对较小。当 $L/B=6：8$ 时，$(U_{max}/U_{平均})_{min}=1.31$，$L/B=8：8$ 时，$(U_{max}/U_{平均})_{min}=0.99$；$L/B=$

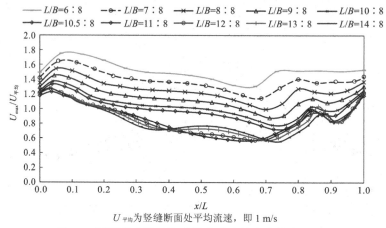

$U_{平均}$为竖缝断面处平均流速，即 1 m/s

图 8.5　不同长宽比下主流最大流速轨迹线的流速分布

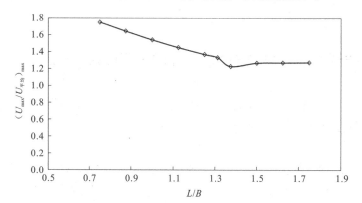

图 8.6　不同长宽比下主流区内最大流速的变化规律

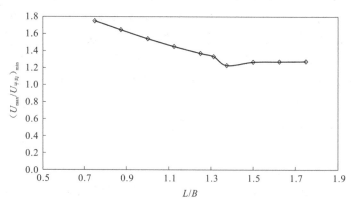

图 8.7　不同长宽比下主流最大流速轨迹线上最小流速的变化规律

10.5∶8 时，$(U_{max}/U_{平均})_{min}=0.72$；而在 $L/B=11∶8\sim14∶8$ 范围内，$(U_{max}/U_{平均})_{min}$ 基本上维持在 0.55。

长宽比可以使鱼道水池内流场结构发生变化，对流速特性也有较显著的影响。

当鱼道水池长宽比较小时，如 $L/B=7∶8$，主流从竖缝出来后，稍稍偏向水池中央，稍扩散后即又折向下一道竖缝，弯曲程度很小；主流区较为明显，主流两侧回流区相对较大。主流区流速量值 $u/U_{平均}$ 显著偏大，大部分均在 0.90～1.30 范围内，而在隔板右侧末端形成一个流速较大的区域，回流区的流速量值 $u/U_{平均}$ 较小。当长宽比 L/B 有所增大时，即长宽比 $L/B=9:8～10.5:8$ 范围内，此时主流呈较大弯曲度，且基本位于鱼道水池中央，主流区宽度也很大，主流很明确；回流区所占的空间有所减小，呈对称分布。主流区的流速较长宽比小时有很大程度的降低，大部分区域流速量值 $u/U_{平均}$ 在 0.80～1.10 内，主流流速较大的区域也有所减小；回流区流速量值 $u/U_{平均}$ 在 0.20 左右，且流速低于 0.20 的区域非常有限。

当长宽比增大到 11:8 时，主流区所占空间增大，主流呈现较大的弯曲度，而且有顶冲左侧边墙的趋势；左侧回流区已经缩小，局限在上游隔板角隅处；右侧回流区向左侧凸起。从流速量值上看，主流区流速量值 $u/U_{平均}$ 较小，大致在 0.70 左右；而左侧回流区流速量值明显增大，右侧回流区内流速量值 $u/U_{平均}$ 大部分为 0.20 左右。在长宽比 $L/B \geq 12:8$ 时，主流顶冲到左侧边墙，顶冲流速量值 $u/U_{平均}$ 较大，能够达到 0.70，易对鱼类造成伤害。

从以上分析可知，在长宽比为 $L/B=9:8～10.5:8$ 时，鱼道水池内流速分布特性较为合理，可以为上溯鱼类提供较好的水力条件。

8.3 竖缝宽度对水流结构影响研究

作为竖缝式鱼道结构设计的主要参数之一，竖缝宽度对鱼道内水流结构有重要的影响。竖缝宽度的合理取值直接关系到流场形态、水池内及竖缝断面处的流速分布是否合理、水池内水流消能效果是否良好等水力特性。对此，目前尚无明确的设计标准，也未见相关研究报道。本节采用数值模拟，重点研究了竖缝宽度的改变对竖缝式鱼道的流场形态、水池内及竖缝断面处的流速分布等影响，在此基础上给出竖缝式鱼道竖缝宽度的合理取值范围。

8.3.1 不同竖缝宽度对鱼道流场分区的影响

根据加拿大艾尔伯塔大学 Rajaratnam，中国水利水电科学研究院徐体兵和孙双科的研究成果，取鱼道水池长宽比 L/B 为 10:8，$P/B=0.3$，导向角度为 45° 为基本布置结构，模拟 11 种工况下的鱼道水池流场特性（图 8.8）。模拟区域为 5 级鱼道水池，竖缝相对宽度为 0.05、0.075、0.1、0.125、0.15、0.2、0.25、0.3、0.35、0.4、0.5 的 11 种工况下的鱼道水池流场特性。

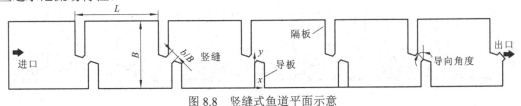

图 8.8 竖缝式鱼道平面示意

从图 8.9 和图 8.10 不同竖缝宽度下流场图和流速分布图可以看到，导板对鱼道水池内水流结构有重要的导向作用，随着竖缝宽度的增加，主流所受影响也进一步减弱。在主流形态发生变化的同时，主流两侧回流区和水池内流速分布也相应呈现不同的特征。根据主流弯曲程度、回流区特性和水池内流速分布的变化，可以将不同竖缝宽度下的流场结构划分为如下三大类。

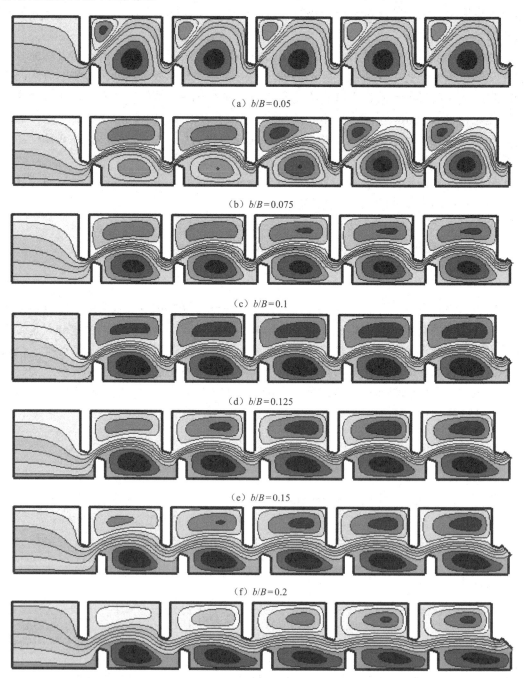

（a）$b/B=0.05$

（b）$b/B=0.075$

（c）$b/B=0.1$

（d）$b/B=0.125$

（e）$b/B=0.15$

（f）$b/B=0.2$

（g）$b/B=0.25$

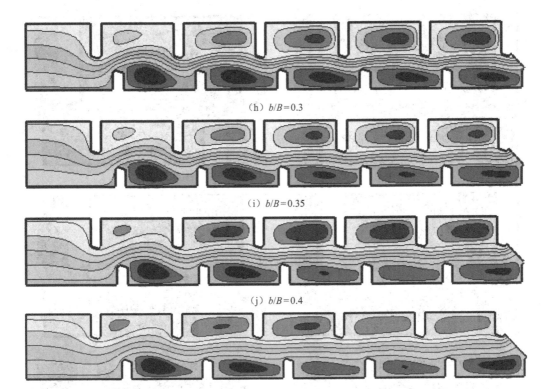

（h）b/B=0.3

（i）b/B=0.35

（j）b/B=0.4

（k）b/B=0.5

图 8.9　不同竖缝宽度下流场图

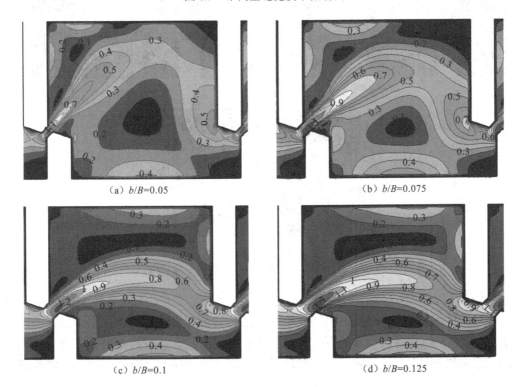

（a）b/B=0.05

（b）b/B=0.075

（c）b/B=0.1

（d）b/B=0.125

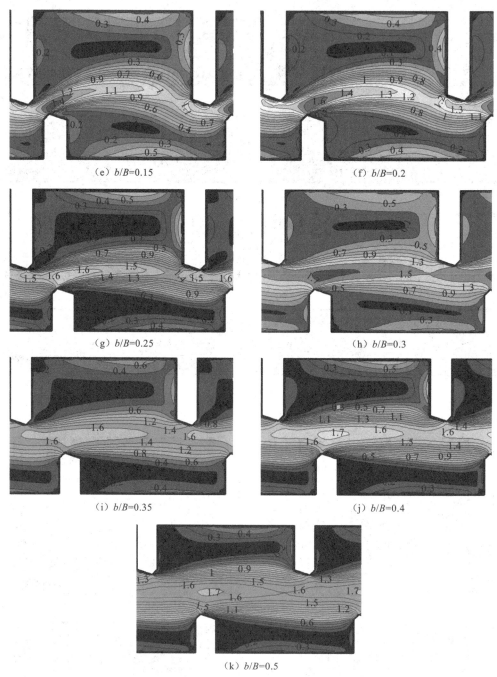

(e) b/B=0.15　　　　　　　(f) b/B=0.2

(g) b/B=0.25　　　　　　　(h) b/B=0.3

（i）b/B=0.35　　　　　　　（j）b/B=0.4

（k）b/B=0.5

图 8.10　不同竖缝宽度下水池内流速等值线图

第一类：当 0<b/B<0.1 时，竖缝宽度很小，竖缝宽度 b 相对于鱼道水池宽度 B 甚小，水流如射流般保持原有形态进入下一级水池之后会有很大的偏转，主流会在水池中间触及到边壁且沿边壁流动较长距离，在水池后半段主流会在很短的距离内进入下一级水池，这样水池内主流不明确，主流偏转过大，而且主流两侧回流区不对称，右侧回流

区明显大于左侧回流区，且随着竖缝宽度的增加，主流弯曲程度减弱但效果不明显，右侧回流区逐渐减小但仍明显大于左侧回流区。从流速量值看，流速量值的最大值在竖缝断面附近，水池中间流速量值较小一般在 0.3～0.5，且占据水池范围较大。如 $b/B=0.075$ 时，主流从竖缝流出，在很短的距离内发生弯曲顶冲至左侧边墙并沿着边墙流动，在水池后半段很短距离内局促地进入下一级水池，在此过程中，主流区很小，主流区的流速量值不大，流速量值 $u/U_{平均}$ 在 0.5 左右，左、右两侧回流区不对称且右侧回流区大于左侧回流区，回流区流速一般均低于 0.2 m/s。其典型流场如图 8.9（a）、（b）和图 8.10（a）、（b）所示。

第二类：当 $0.1 \leqslant b/B \leqslant 0.2$ 时，竖缝宽度 b 相对于鱼道水池宽度 B 适中，水流进入水池后主流明确顺直，偏转适中，流场形态呈现"～"。主流在导板的作用下被导入下一级水池，在竖缝断面附近会有较小的偏转，在导板和隔板的作用下，主流顺直且基本位于水池中央，主流明确，左、右两侧回流区对称，区域大小相当，从流速量值看，水池内主流区流速量值不大一般在 0.8 左右，主流两侧回流区流速一般在 0.2 m/s 左右。如当 $b/B=0.15$ 时，主流从竖缝流出进入下一级水池，只在竖缝附近有较小的偏转，主流顺直明确位于水池中央，主流区的流速量值也较合理，大部分流速量值 $u/U_{平均}$ 在 1.0 左右，左、右两侧回流区对称且回流区大小相当，回流区流速一般均低于 0.3 m/s。其典型流场如图 8.9（c）～（f）和图 8.10（c）～（f）所示。

第三类：当 $0.2 < b/B \leqslant 0.5$ 时，竖缝宽度 b 相对于鱼道水池宽度 B 较大，主流顺直位于水池中央，竖缝附近会有微小的偏转，竖缝作用不显著，水池左、右两侧回流区不对称，左侧回流区大于右侧回流区，这是因为水流进入水池后因竖缝宽度过大，主流在水池内横向扩散掺混很弱，消能效果不明显，从流速量值看，随着竖缝宽度的增加，水池内流速量值也增大，主流区流速一般大于 1.5 m/s，如当 $b/B=0.35$ 时，主流从竖缝流出进入下一级水池，只在竖缝附近有微小的偏转，主流顺直位于水池中央，主流区的流速量值也较大，大部分流速量值 $u/U_{平均}$ 在 1.5 以上，左侧回流区大于右侧回流区，回流区流速一般均低于 0.3 m/s。典型流场如图 8.9（g）～（k）和图 8.10（g）～（k）所示。

通过对鱼道水池内水流结构的分类，可以看到：第一类鱼道竖缝宽度过小，主流通过竖缝后如射流般进入下一级水池，在水池内主流偏转太大而使鱼类上溯线路增长，这样会浪费鱼类更多的时间和体力，同时主流顶冲水池边壁会使鱼类在上溯过程中可能顶冲至水池边壁造成鱼类受伤，主流左、右两侧回流区不对称，右侧回流区大于左侧回流区，鱼类进入回流区会耗费较大体力并且不能为鱼类提供休息的空间，可能使鱼类迷失上溯方向，此类结构的鱼道不适合鱼类上溯；第三类鱼道竖缝宽度过大，导板、隔板不能发挥作用，主流区流速很大，水池内水流对冲、掺混及流程摩阻作用甚小，消能效果较差，左、右两个回流区不对称且较右侧回流区较小，不能为鱼类提供合适的休息空间；第二类鱼道竖缝宽度适中，主流明确基本位于水池中央且弯曲程度适宜，呈现"～"，主流区流速适中，在水池内水流对冲、掺混及流程摩阻作用较好，左、右两侧回流区对称分布且大小相当，能够为上溯鱼类提供理想的休息场所。出于竖缝宽度对流场结构分区的考虑，第二类流场结构较理想，主流明确偏转适中，回流区特性和流速分布合理，能够帮助鱼类通过鱼道达到顺利上溯的目的。

从竖缝宽度对鱼道水池内流场结构分区的影响角度考虑，在 $0.1 \leqslant b/B \leqslant 0.2$ 时，水池内主流明确位于水池中央，左、右两侧回流区大致对称，流场结构合理。

8.3.2　主流区最大流速轨迹线与流速沿程衰减情况

8.3.1 小节研究了竖缝宽度对流场结构分区的影响，为进一步量化鱼道主流区的特性，分别研究了各级水池内主流区的最大流速轨迹线及最大流速的沿程分布和衰减情况。

1. 主流区最大流速轨迹线特征分析

鱼道水池内各个断面上最大流速处的连线称为最大流速轨迹线，最大流速轨迹线可以定量地表征主流区特征，由图 8.11 可知：

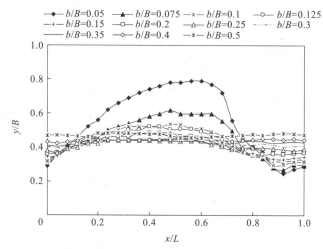

图 8.11　不同竖缝宽度下主流区最大流速轨迹线

当 $0 < b/B < 0.1$ 时，竖缝宽度较小，主流区最大流速轨迹线特性：主流区轨迹线弯曲程度较大，凸向水池边壁，主流区轨迹线$(y/B)_{min}=0.25$，$(y/B)_{max}=0.79$，y/B 大致位于水池的 $0.25 \sim 0.79$，这类结构鱼道的主流轨迹线过长且偏转大，刚进入水池在竖缝附近就会发生较大偏转，在水池中间附近达到最大偏转，轨迹线在较大范围是靠近水池左侧边壁流动，这样增加了主流区轨迹线的长度，之后在水池后半区约 $x/L=0.8$ 处轨迹线急速偏转进入下一级水池，如 $b/B=0.05$ 时，$(y/B)_{min}=0.31$，$(y/B)_{max}=0.78$；

当 $0.1 \leqslant b/B \leqslant 0.2$ 时，竖缝宽度适中，主流区最大流速轨迹线特性：在竖缝、导板和隔板的共同作用下竖缝断面附近轨迹线稍微有点偏下，但主流区轨迹线弯曲程度较小，主流区轨迹线$(y/B)_{min}=0.30$，$(y/B)_{max}=0.54$，轨迹线位置 $y/B=0.30 \sim 0.54$，说明主流区最大流速轨迹线偏转适中，基本位于水池中央，如 $b/B=0.15$ 时，$(y/B)_{min}=0.33$，$(y/B)_{max}=0.48$；

当 $0.2 < b/B \leqslant 0.5$ 时，竖缝宽度较大，主流区最大流速轨迹线特性：由于竖缝宽度较

大，导板和隔板所起的作用甚小，主流轨迹线偏转微小，主流区轨迹线$(y/B)_{min}=0.37$，$(y/B)_{max}=0.48$，轨迹线位置 y/B 大致位于水池的 $0.37\sim0.48$，随着竖缝宽度的增大，主流区最大流速轨迹线基本无偏转，竖缝宽度对主流区轨迹线的影响很小，如 $b/B=0.35$ 时，$(y/B)_{min}=0.41$，$(y/B)_{max}=0.45$。

2. 主流区最大流速轨迹线上最大流速分布特性分析

由图 8.12 可知：主流区最大流速轨迹线上最大流速沿程变化规律大致相同，水流通过竖缝断面进入下一级水池，水流流速在竖缝断面附近达到最大值，并且随着竖缝宽度的增大，竖缝断面附近处的流速也逐渐增大，由于水池宽度足够大，鱼道水池内水流在横向扩散作用下流速逐渐减小，在水池中间偏后大约 $x/L=0.6$ 处流速衰减达到最小值，在水池后半段水流由于受竖缝作用，水流流速又逐渐增大，在下一级水池竖缝断面附近再次达到最大值，当竖缝宽度较小如 $b/B=0.05$ 时，主流区最大流速沿程变化特别明显，在水流刚进入水池靠近竖缝断面处 U_{max} 达到 1.11 m/s，水流流速在水池中间衰减到 0.3 m/s 左右，在进入下一级水池靠近竖缝断面处流速又达到 1.115 m/s，其中$(U_{max}/U_{平均})_{min}=0.31$，$(U_{max}/U_{平均})_{max}=1.11$，主流区最大流速在不同断面处相差三四倍，当竖缝宽度较大如 $b/B=0.2$ 时，$(U_{max}/U_{平均})_{min}=1.1$，$(U_{max}/U_{平均})_{max}=1.5$，主流区最大流速沿程变化不大。

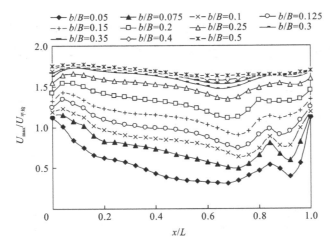

图 8.12　不同竖缝宽度下主流区最大流速轨迹线上最大流速沿程变化

3. 主流区最大流速轨迹线上最大流速沿程衰减分析

由 8.3.1 小节不同竖缝宽度下主流区最大流速轨迹线上最大流速沿程分布可知，在不同竖缝宽度下，主流区最大流速轨迹线上最大流速沿程变化差别较大，竖缝宽度的大小会影响主流区最大流速的沿程衰减，对此 8.3.2 小节针对主流区最大流速轨迹线上最大流速沿程衰减进行研究。

由图 8.13 可知，竖缝宽度的变化会影响水流在水池内的对冲、横向扩散掺混，进而影响主流区流速的沿程变化。从前文可知，11 个工况下主流区最大流速大约在距竖缝断面 $x/x=0.05$ 处出现，由于水池宽度足够大，水流在水池内横向掺混扩散，水流流速沿程逐渐衰减，在水池 $x/x=0.65$ 附近水流流速衰减到最小值，之后受竖缝宽度的影响水流流速逐渐增大，在水流进入下一级水池时靠近竖缝断面处流速再次出现最大值，当 $b/B=0.075$ 时，$(U_{max}/U_{max})_{min}$ 在 $x/x=0.72$ 处取得；当 $b/B=0.2$ 时，$(U_{max}/U_{max})_{min}$ 在 $x/x=0.68$ 取得。

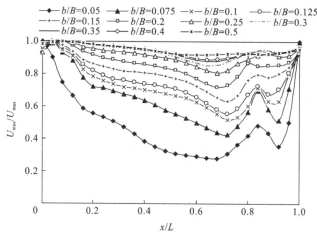

图 8.13　不同竖缝宽度下主流区最大流速轨迹线上最大流速沿程衰减

从不同竖缝宽度下水池内流速衰减量值看（见图 8.14），竖缝宽度对主流区最大流速的沿程衰减有显著影响：当竖缝宽度较小如 $b/B<0.25$ 时，最大流速沿程衰减较为明显，流速衰减效果良好，说明水流在水池内掺混扩散作用好，如 $b/B=0.05$ 时，$U_{min}/U_{max}=0.28$；而当竖缝宽度较大如 $b/B>0.25$ 时，$U_{min}/U_{max}\geqslant0.8$，表明流速沿程变化已很小，最大流速沿程衰减效果不显著，消能效果较差，如 $b/B=0.3$ 时，$U_{min}/U_{max}=0.82$。

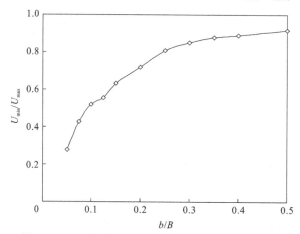

图 8.14　不同竖缝相对宽度下水池内流速衰减量值

由研究可知，当竖缝相对宽度 $b/B=0.1\sim0.25$ 时，主流区最大流速轨迹线基本位于水池中央且偏转适中，主流区流速沿程衰减显著，消能效果好。

8.3.3　竖缝断面流速分布

对于竖缝式鱼道而言,除了各级水池内的水流结构,竖缝断面处的流速大小及其分布也是十分关键的水力学指标。由图 8.15 给出的竖缝断面流速分布可知,一方面,受边界条件的影响,竖缝断面的流速分布具有两侧小、中间大的特点,因而流速分布的不均匀程度是值得关注的水力学指标之一;另一方面,受上下游水池内水流结构的影响,竖缝断面上各点均有横向流速出现,水流会出现一定的偏转,这种因横向流速存在导致的偏转程度越大,越不利于鱼类顺利通过竖缝断面,因而横向流速的大小是另一个水力学指标。

不同竖缝宽度时,竖缝断面处的流速分布也呈现差异分布。由不同竖缝宽度下竖缝断面处的流速分布可知,在 $b/B \leqslant 0.20$ 时,竖缝进口流速分布都比较均匀,导板一侧流速与隔板一侧流速大小相当;当 $b/B \geqslant 0.25$ 时,导板一侧流速会明显大于隔板一侧流速,呈现不对称分布,这种流速分布的不对称性随着竖缝宽度的增加而更加明显。

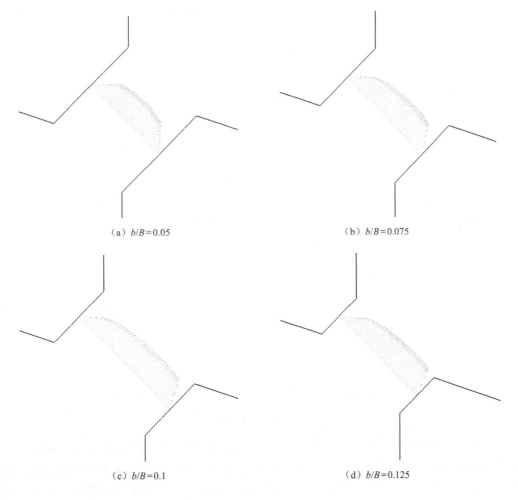

(a) $b/B = 0.05$　　　　　　　　　　　(b) $b/B = 0.075$

(c) $b/B = 0.1$　　　　　　　　　　　(d) $b/B = 0.125$

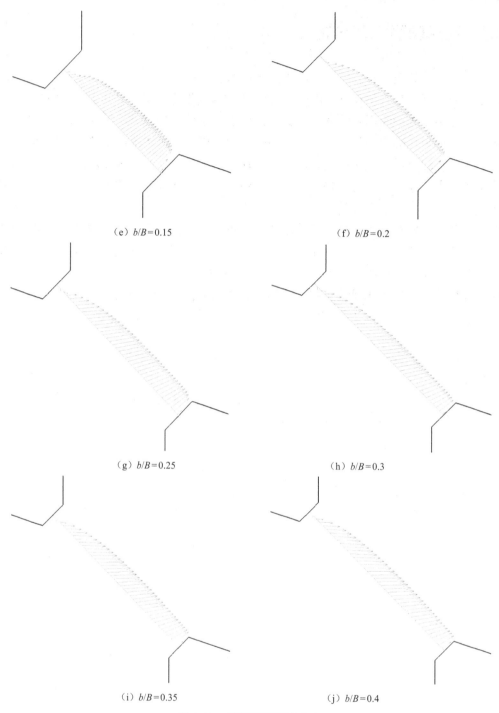

（e）$b/B=0.15$　　　　　　　　　　　　　（f）$b/B=0.2$

（g）$b/B=0.25$　　　　　　　　　　　　　（h）$b/B=0.3$

（i）$b/B=0.35$　　　　　　　　　　　　　（j）$b/B=0.4$

图 8.15　竖缝断面流速分布

　　图 8.16 与图 8.17 分别给出了在不同竖缝相对宽度条件下,沿竖缝断面径向流速与横向流速的分布规律。结果表明,在 $b/B=0.05\sim0.4$ 范围内,径向流速在竖缝两侧较小但所占区域很小,断面处水流流速一般在 1.0 m/s,随着竖缝相对宽度的增大,径向流速

的分布越趋于均匀（见图 8.16），但较大的竖缝相对宽度也会导致较大的横向流速出现（见图 8.17），竖缝相对宽度较小如 $b/B \leqslant 0.2$ 时，横向流速较小，一般在 0.4 m/s，随着竖缝相对宽度的增加，横向流速也逐渐增大，如 $b/B=0.3$ 时，横向流速在 0.6 m/s。

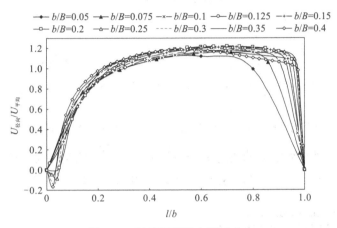

图 8.16   竖缝断面径向流速分布

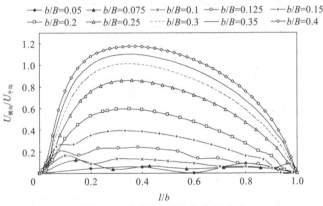

图 8.17   竖缝断面横向流速分布

为进一步定量研究竖缝断面水流流速分布的均匀性与横向流速大小，计算了沿竖缝断面径向流速的标准差与横向流速平均值，并给出了上述量值与竖缝相对宽度之间的关系曲线，分别如图 8.18 与图 8.19 所示。由图 8.18 给出的竖缝断面径向流速标准差与竖缝宽度的关系曲线可知，当 $b/B<0.15$ 时，径向标准差 σ 变化较大一般在 0.5 m/s 左右，如 $b/B=0.05$ 时，标准差 $\sigma=0.54$ m/s（竖缝断面平均流速为 1.0 m/s），表明流速分布很不均匀；随着竖缝宽度 b/B 的增大，流速分布的不均匀性逐步得到改善；当 $b/B \geqslant 0.15$ 时，流速分布的不均匀程度大体趋于 0.4 左右。

由图 8.19 给出的竖缝断面处横向流速平均量值与竖缝相对宽度的关系曲线可知，竖缝相对宽度越大，横向流速平均量值也越大，如 $b/B=0.3$ 时，横向流速平均量值高达 0.7，而 $b/B=0.15 \sim 0.20$ 时，横向流速平均量值不超过 0.4。这表明采用较小的竖缝相对宽度会抑制横向流速的量值。

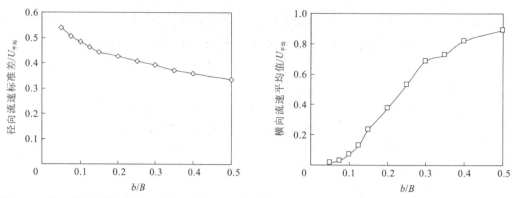

图8.18　径向流速标准差与竖缝相对宽度的关系　　图8.19　横向流速平均量值与竖缝相对宽度的关系

竖缝相对宽度对竖缝断面的流速分布有明显影响，从控制径向流速不均匀程度与横向流速大小两个方面看，竖缝相对宽度宜取 $b/B=0.15\sim0.20$。

8.3.4　单位水体消能率计算

通过 11 个工况下各级水池内的数值模拟可知：当 $0.1\leqslant b/B\leqslant0.2$ 时，水池内主流基本位于水池中央，左、右两侧回流区大致对称，流场结构合理；当 $0.1\leqslant b/B\leqslant0.25$ 时，主流区最大流速轨迹线偏转适中且流速沿程衰减效果较好；而从控制径向流速不均匀程度与横向流速大小两个方面看，竖缝相对宽度宜取 $b/B=0.15\sim0.20$。由此可见，从各级水池内的水流结构、主流区最大流速轨迹线与流速分布，以及竖缝断面流速分布三个方面看，竖缝相对宽度取 $b/B=0.15\sim0.20$ 较为合理。

对于竖缝式鱼道而言，在确定各细部结构尺寸时，不仅要考察水流结构与流速分布，也要关注各级水池内的能量耗散情况。法国的 Larinier 等（2002）曾对竖缝式鱼道的单位水体消能效率进行过深入研究，给出了各级水池内的单位水体消能率不宜大于 $150\sim200$ W/m^3 的建议，因此需要对单位水体消能率进行复核计算。单位水体消能率可由下式计算：

$$E = \frac{\rho g Q \Delta h}{Bh(L-d)} \qquad (8.1)$$

$$Q = bh\overline{U} \qquad (8.2)$$

$$\overline{U} = \varphi\sqrt{2g\Delta h} \qquad (8.3)$$

由此可得

$$E = \frac{\rho b \overline{U}^3}{2B(L-d)\varphi^2} \qquad (8.4)$$

其中，$\rho = 1\,000$ kg/m^3，流速系数取 $\varphi = 0.8$，水池长度 $L=2.5$ m，隔板厚度 $d=0.3$ m。德国的 Gebler（1991）曾给出竖缝式鱼道竖缝宽度不小于 17 cm 的建议，为此表 8.1 计算了 $b/B=0.1\sim0.5$、$\overline{U}=0.8\sim1.2$ m/s 范围内，竖缝式鱼道各级水池内的单位水体消能率。

表 8.1　竖缝式鱼道单位水体消能率的计算结果（$b/B=0.1\sim0.5$、$\bar{U}=0.8\sim1.2$ m/s）

$\bar{U}$ /(m/s)	竖缝相对宽度				
	0.1	0.2	0.3	0.4	0.5
0.8	18	36	55	73	91
1.0	36	71	107	142	178
1.2	61	123	184	245	307

表 8.1 的计算结果表明当竖缝断面平均过流流速为 $0.8\sim1.2$ m/s，竖缝相对宽度为 $b/B=0.1\sim0.2$ 时，满足竖缝式鱼道各级水池内的单位水体消能率不大于 $150\sim200$ W/m³ 的一般要求。

以上研究表明。

（1）竖缝相对宽度对鱼道水池内的流场结构分区有一定影响，当 $0.1\leqslant b/B\leqslant0.2$ 时，水池内主流明确基本位于水池中央，左、右两侧回流区大致对称，流场结构合理。

（2）当竖缝相对宽度 $b/B=0.1\sim0.25$ 时，主流区最大流速轨迹线基本位于水池中央且偏转适中，主流区流速沿程衰减显著，消能效果好。

（3）竖缝宽度对竖缝断面的流速分布有明显影响，过宽则横向流速较大，过窄则径向流速分布不均匀，从控制径向流速不均匀程度与横向流速大小两个方面看，竖缝宽度宜取 $b/B=0.15\sim0.20$。

（4）计算表明，当竖缝断面平均过流流速为 $0.8\sim1.2$ m/s，竖缝相对宽度为 $b/B=0.1\sim0.2$ 时，满足 Gebler（1991）关于竖缝式鱼道竖缝宽度不小于 17 cm 的要求，又满足竖缝式鱼道各级水池内的单位水体消能率能够满足不超过 $150\sim200$ W/m³ 的一般要求。

基于上述认知，竖缝式鱼道竖缝相对宽度的最佳取值范围应为 $b/B=0.15\sim0.20$。

8.4　导向角度对水流结构影响研究

从竖缝式鱼道的布置结构看，除水池的长宽比、竖缝宽度、导板长度及隔板墩头尺寸外，竖缝处的导向角度无疑也是影响水池内水流流态的主要水力参数。研究指出，对于以小鱼种为过鱼对象的鱼道，导向角度至少要大于 20°；而以鲑等大体形鱼为过鱼对象，导向角度则要取到 30°～45°。

为研究不同导向角度对鱼道水池内水流结构的影响，模拟计算了导向角度 θ 为 30°、45°、60° 共三种情况下水池内的流场。

研究表明，对于竖缝式鱼道而言，竖缝处的导向角度对鱼道水流流态的影响主要体现在水池内主流流线的弯曲程度上，导向角度越大，主流流线的弯曲程度也越大。过大的导向角度容易导致主流顶冲对面边墙，而过小的导向角度则因主流流线过于平直，也会出现不利的水流流态。从研究成果看，导向角度取 45° 是比较适当的。

8.4.1　模拟区域

在保持水池长度、水池宽度、竖缝宽度、导板长度都不变的前提下，不设墩头，仅改变竖缝断面的导向角度，进行数值模拟计算。水池长度和宽度分别为 250 cm 和 200 cm，竖缝宽度为 25 cm，导板长度为 49.5 cm。改变导向角度，则意味着须适当改变隔板尺寸及隔板与导板的相对位置。模拟区域如 8.20 所示。

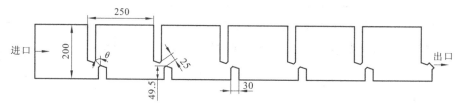

图 8.20　导向角度 θ 水力影响的模拟区域（单位：cm）

8.4.2　流场特性分析

计算结果表明，导向角度的大小对主流在水池内的弯曲形态有重要影响。当导向角度 θ 较小时，如 θ 为 30°，则主流从竖缝流出后，在水池内的"蜿蜒"性有所减弱，主流比较顺直；在主流两侧形成两个回流区；而当 θ 增大时，如 θ 为 60°，则从竖缝出来的主流直冲水池中央，然后在隔板的作用下，又弯向下一道竖缝，主流形态似"弯月"状，主流左侧回流区因受到较强的剪切作用，回流强度增大，且回流中央处被迫"凹陷"，右侧回流区则明显向左侧隆起，如图 8.21 所示。

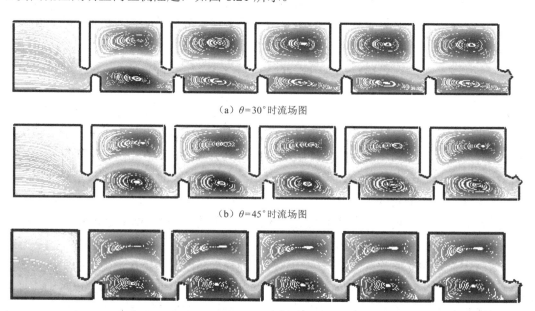

（a）$\theta=30°$ 时流场图

（b）$\theta=45°$ 时流场图

（c）$\theta=60°$ 时流场图

图 8.21　导向角度 θ 对池室内水流结构的影响

8.4.3　主流特性分析

从主流区沿程最大流速的轨迹线（图 8.22），可以清楚看到，导向角度的大小对水池内主流流向的弯曲度有明显影响。当 θ 较小时，主流较平顺；当 θ 较大时，主流更加弯曲。

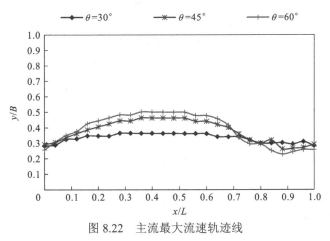

图 8.22　主流最大流速轨迹线

图 8.23 显示是轨迹线上对应的流速，即主流沿程最大流速线。其变化规律与改变竖缝宽度时类似，主流出竖缝后大约在 $x/L \approx 0.04$ 处达到最大流速，然后衰减到最小；在接近隔板处，流速上升；在隔板与导板间，流速再次衰减；主流进入竖缝，流速再次上升；最后流向下一级水池。而流速衰减的最小值$(U/U_{\max})_{\min}$ 在 0.60 左右，变化不明显。

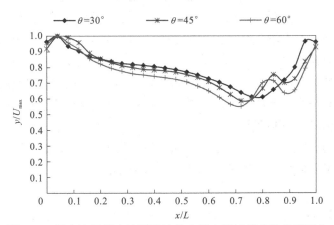

图 8.23　沿主流区最大流速轨迹线上最大流速量值的沿程变化

8.4.4　竖缝断面流速分布

竖缝处在三种导向角度下的最大流速相对量值 $U_{\max}/U_{平均}$ 见表 8.2 和图 8.24，当 θ 为

45°时，$U_{max}/U_{平均}$值最小，只有 1.042；而当 θ 为 30° 和 60° 时，$U_{max}/U_{平均}$值均比 45° 时都有所增大。

表 8.2　竖缝处最大流速相对值

	$\theta/(°)$		
	30	45	60
$U_{max}/U_{平均}$	1.161	1.042	1.129

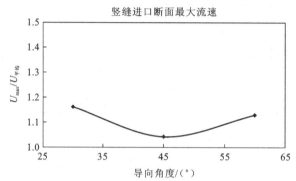

图 8.24　竖缝断面处最大流速量值与导板导向角度的关系

8.5　常规池室隔板墩头结构布置对比研究

目前，国内外的竖缝式鱼道大多都在隔板头部设置了一定长度的墩头，以改善水池内的流速分布，帮助鱼类顺利通过。但是，对于墩头设置后对鱼道水流结构的影响缺乏相应的研究。目前，对于墩头几何长度的选取，也大多取决于已建工程的实践经验。

本节通过数值模拟手段，模拟计算了不同墩头长度对鱼道水流结构的影响。研究结果表明，对于竖缝式鱼道而言，隔板是否设置墩头对水流流态的影响主要局限在临近竖缝的局部范围，对整个水池内的水流结构并无明显影响，当改变墩头长度时，对竖缝近区内水流流态的影响也不甚明显。

从避免漂浮物滞留的角度看，不设墩头的方案无疑更为有利一些。本书推荐采用不设墩头的布置方案以取代传统的带有墩头的布置方案。

8.5.1　模拟区域

在改变墩头长度 a 时，保证竖缝式鱼道每级水池长度、水池宽度、导向角度、竖缝宽度和导板长度诸因素不变，即水池长度为 250 cm，宽度为 200 cm，导向角度为 45°、竖缝宽度为 25 cm，导板长度为 49.5 cm。模拟了 a 为 0、$1.0b_0$、$1.5b_0$ 和 $2.0b_0$（b_0 为竖缝宽度，25 cm）4 种尺寸的墩头，对应的长度分别为 0 cm、25 cm、37.5 cm 和 50 cm。模拟的区域如图 8.25 所示，墩头上游侧坡度为 1:3，下游侧竖缝处坡度为 1:1。

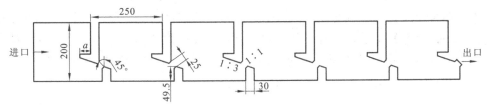

图 8.25　墩头长度水力影响模拟区域（标注单位：cm）

8.5.2　流场特性分析

根据已有工程经验，在隔板上设置墩头，改变其长度 a 时，保证隔板上游侧的坡度为 1∶3，下游侧（竖缝处）坡度为 1∶1。

通过数值模拟，得到了墩头长度 a 为 0、$1.0b_0$、$1.5b_0$ 和 $2.0b_0$ 4 种情况下水池内的流场（见图 8.26）。结果表明，在不设墩头时，主流区横向上扩散的宽度变化比较大，特别是在接近隔板时，主流流线弯曲幅度相对较大，横向宽度拉大；而在设置墩头后，主流更加集中，水流从竖缝出来以后，偏折向水池中央，在墩头的作用下，水流集中折向下一道竖缝，整个过程中主流仿佛一条弯曲的"绸缎"，在横向宽度上基本上没有变化。

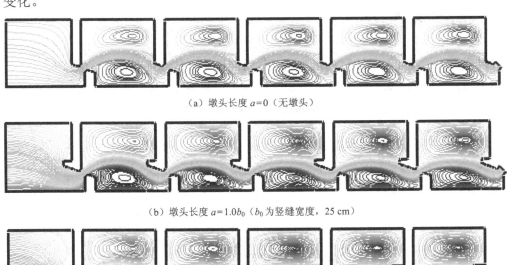

（a）墩头长度 $a=0$（无墩头）

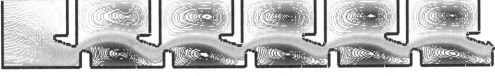

（b）墩头长度 $a=1.0b_0$（b_0 为竖缝宽度，25 cm）

（c）墩头长度 $a=1.5b_0$（b_0 为竖缝宽度，25 cm）

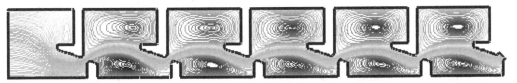

（d）墩头长度 $a=2.0b_0$（b_0 为竖缝宽度，25 cm）

图 8.26　隔板墩头长度对常规池室内水流结构的影响

　　改变墩头长度 a 对主流左侧回流区形态的作用比右侧回流区更加明显，当墩头长度 a 较小时，如 $a=1.0b_0$，主流两侧回流区的形态相对于无墩头而言差别不大；当 a 增大到 $1.5b_0$ 时，在墩头左侧旁角落里又脱离出新的小漩涡；当 a 增大到 $2.0b_0$ 时，墩头左侧旁角落里的回流区占空间变大，更加清晰可见，如图 8.27 所示。

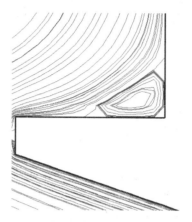

图 8.27　$a=2.0b_0$ 墩头左侧漩涡（b_0 为竖缝宽度，25 cm）

8.5.3　主流特性分析

　　改变墩头长度 a 对主流区的最大流速轨迹线的影响比较细微，a 为 0、$0.8b_0$、$1.0b_0$、$1.5b_0$ 和 $2.0b_0$ 5 种墩头长度的最大流速轨迹线几乎重合在一起，但是相对于不设墩头即 $a=0$ 而言，轨迹线的弯曲程度稍有降低，如图 8.28 所示。

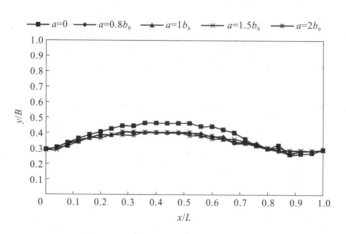

图 8.28　主流区最大流速的轨迹线

　　沿主流区最大流速轨迹线，最大流速的量值与沿程分布也基本一致，只是不设墩头时主流区的流速衰减幅度稍大一些，如图 8.29 所示。

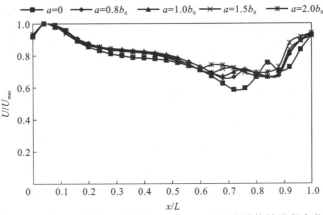

图 8.29　沿主流区最大流速轨迹线上最大流速量值的沿程变化

另外，由图 8.30 可知，改变墩头长度，对主流区沿程中最小流速影响并不明显，U/U_{max} 的最小值大约在 0.66 附近变化。

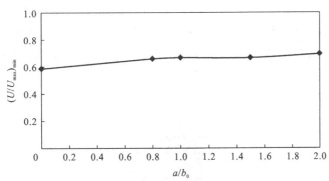

图 8.30　主流区最小流速量值与墩头相对长度的关系

8.5.4　竖缝断面流速分布

计算结果表明，设置墩头后，竖缝断面流速分布的不均匀性要稍高于不设墩头方案；但墩头长度的变化对竖缝断面流速分布的影响比较细微，其相对流速最大值 $U_{max}/U_{平均}$ 在 1.20 左右，见表 8.3 和图 8.31。

表 8.3　竖缝出口最大流速量值

墩头长度/cm	b_0	$U_{max}/U_{平均}$
0	0.0	1.042
20	0.8	1.166
25	1.0	1.183
37.5	1.5	1.216
50	2.0	1.245

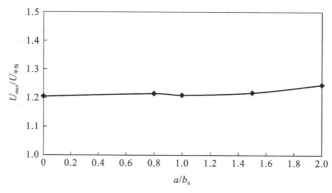

图 8.31 竖缝断面处最大流速量值与墩头相对长度的关系

8.6 竖缝式鱼道常规池室水力设计原则与方法

综上所述，为获得过鱼效果更好的池室结构 II 水流结构，本节提出竖缝式鱼道常规池室各主要布置参数的合理取值范围如下：水池长宽比 $L/B=9:8\sim10.5:8$、导板相对长度 $P/B=0.2\sim0.34$、竖缝相对宽度 $b/B=0.15\sim0.2$、竖缝导向角度宜取 $45°$，推荐采用不设钩状墩头的隔板布置体型。

（扫一扫，见本章彩图）

第9章　非常规池室结构布置与改进

9.1 引　　言

除了常规池室，通常实际的鱼道工程中还有休息池、转弯段、分岔段等非常规池室，这些池室的水力设计与常规池室具有同等重要的地位，一旦设计不当，同样会对鱼类上溯形成障碍。基于其独特的水流结构，竖缝式鱼道原则上可以不设置休息池，但为了游泳能力较弱的鱼类能够顺利通过鱼道，我国鱼道设计规范规定每隔若干级常规水池修建一级休息池；受地形条件制约，长距离鱼道往往需要采用盘折布置方式，因此会出现各种各样的转弯段，其中以 90° 与 180° 转弯段最为常见；另外，为适应水位变动，很多鱼道工程需要采用多个鱼道进口或鱼道出口，因此对于鱼道分岔段的细部设计也同样需要给予关注。

本章重点针对休息池、90° 转弯段与 180° 转弯段的水力特性与优化结构布置分别进行了系统研究，提出了优化设计方案，优化研究的思路是通过采取必要的整流措施避免出现主流贴壁的流动结构并控制回流区的范围及其强度。受篇幅限制，本章未列出不同角度转弯段和分岔段的布置方式，有兴趣的读者可以参考相关文献（张超，2018；边永欢，2015）。另外，对于双侧竖缝式鱼道感兴趣的读者可以参阅吕强（2016）的研究成果。

9.2 休　息　池

9.2.1　计算内容与工况

为了避免休息池内水流流场受上下游边界设置条件的影响，在休息池的上下游各设计了两级常规水池，数学模型平面布置如图 9.1 所示。

图 9.1　休息池数学模型平面布置

在图 9.1 中，隔板与导板相对设置在边墙上，隔板位于导板的上游，隔板与导板之间形成竖缝，休息池与常规水池之间通过竖缝进行水流流动；隔板与导板均采用直墩头，隔板/导板的迎/背水面坡度采用 1∶3，背/迎水面坡度采用 1∶1；在鱼道水槽中，设计了6 组隔板与导板，将鱼道分隔成了四级常规水池与一级休息池，在休息池的上下游各布置了两级常规水池，常规水池从上游至下游依次定义为 1#、2#、3# 与 4#。在数学模型中，把休息池/常规水池的上游隔板背水面至下游隔板的背水面的长度作为休息池/常规水池的池长，其水池宽度为两侧边墙内侧的垂向距离；除此之外，将上游边界至第 1# 常规水池上游隔板背水面的距离作为进口长度，将第 4# 常规水池下游隔板背水面至下游边界的距离作为出口长度；对于竖缝而言，将隔板墩头背水面与导板墩头迎水面之间的距离作为竖缝的宽度，而竖缝长度为隔板/导板墩头背/迎水面长度，并将隔板/导板的背/迎水面与纵向的夹角作为竖缝断面的导向角度。数学模型的细部尺寸见表 9.1。

表 9.1 数学模型的细部尺寸列表

细部尺寸	设计值	细部尺寸	设计值	细部尺寸	设计值	细部尺寸	设计值
鱼道宽度/m	2.00	边墙高度/m	2.50	进口长度/m	2.00	出口长度/m	2.00
常规水池长度/m	2.50	休息池长度/m	5.00	隔板长度/m	1.36	隔板宽度/m	0.20
隔板高度/m	2.50	竖缝长度/m	0.10	竖缝宽度/m	0.30	竖缝高度/m	2.5
导板长度/m	0.50	导板宽度/m	0.20	导板高度/m	2.50	导向角度/(°)	45

综合考虑三维仿真效果受数学模型规则程度与计算机工作站计算能力等因素的影响，在数学模型中剖分网格的具体情况为：在上游边界与第 1# 常规水池上游隔板迎水面之间的部分、常规水池内上游导板背水面与下游隔板迎水面之间的部分、休息池内上游导板背水面与下游隔板迎水面之间的部分、第 4# 常规水池下游导板背水面与下游边界之间的部分剖分为结构性六面体网格，网格长度设置为 0.05 m；各竖缝位置剖分为结构性六面体网格，网格长度设置为 0.02 m；在相对设置的上游隔板迎水面与下游导板背水面之间的部分（除竖缝部分外）剖分为结构性与非结构性相结合的四面体网格，网格长度设置为 0.05 m。在 Gambit 建模软件中将数学模型共建立了约 8.2×105 个网格，其中结构性六面体网格约 6.4×105 个，网格歪斜率均在 0.40 以下；非结构性五面体网格约 1.8×105 个，网格歪斜率均在 0.42 以下。建立的网格数量可适应计算机工作站的计算能力，同时网格精密度可较好地反映休息池内的水流流场分布情况。网格分布如图 9.2 所示。

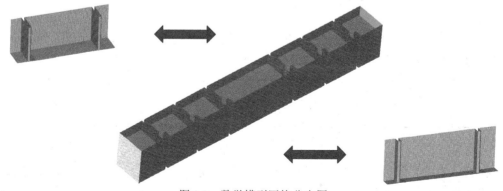

图 9.2 数学模型网格分布图

将剖分网格的数学模型导入 Fluent 计算软件中,在迭代计算开始前,选用 k-ε(RNG)模型,并采用非稳定一阶隐式格式进行计算;竖缝式鱼道中水流设置为重力流,重力加速度设置为-9.81 m/s^2;实际工程鱼道正常工作水深为 2.0 m,适应水深变化范围为 1.5~2.5 m,为了使得竖缝式鱼道数值模拟研究具有较高的现实意义,将上下游边界设置为压力进口条件,并将水深设定为恒定值 2.0 m;将竖缝式鱼道数学模型顶面设置为压力进口,相对压强值设置为 0,以便空气自由流入与流出。数学模型采用 SIMPLE,算法的松弛因子设置值将影响数值迭代计算的稳定收敛性,松弛因子设置值越小,计算越容易收敛,但增加了数值计算的迭代次数,便增加了计算收敛所需要的时间,综合计算时间与稳定收敛性之间的相互影响,将算法的松弛因子设置为默认值;数值模拟计算过程中的残差设置值大小将影响三维仿真效果,残差值越小,使得数值计算仿真效果越逼真,但不容易使计算迭代稳定收敛,甚至造成计算不可恢复性的发散,因此从模拟效果与计算收敛之间的相互影响关系角度出发,将连续性、速度分量等残差值设置为 10^{-4};时间步长直接影响迭代计算的耗时,但时间步长不宜设置过大,因为时间步长与空间步长的比值过大,将导致计算不能稳定收敛或者稳定收敛的数值模拟结果失真,在考虑到迭代计算耗时与稳定收敛的数值模拟结果逼真之间的相互影响关系,在数值模拟中采用 0.01 s 的时间步长,且将每个时间步长内最大迭代次数设置为 20 次;为了节省计算时间,在数学模型中建立合理区域,将区域内水体体积比率值设置为 1,以表示区域内为纯水相,可以节省水体充满数学模型的迭代时间。数值模拟计算初始条件与边界条件的参数值见表 9.2。

表 9.2　数值模拟计算初始条件与边界条件的参数值列表

名称	类型	参数	数值
上游边界	压力进口	恒定水深	2.0 m
下游边界	压力出口	恒定水深	2.0 m
压强-速度耦合 SIMPLE	松弛因子	压强	0.3
		密度	1.0
		体积力	1.0
		动量	0.7
		紊动能	0.8
		紊流耗散率	0.8
		紊流黏度	1.0
残差	数值	连续性	1×10^{-5}
		横向速度	1×10^{-5}
		纵向速度	1×10^{-5}
		垂向速度	1×10^{-5}
		k 值	1×10^{-5}
		ε 值	1×10^{-5}
时间步长	数值	Δt 值	0.01s
每个时间步长内最大迭代次数	数值	N_{max} 值	20

9.2.2　数值模拟结果

在数学模型中截取相对水深 $h_{slot}/H=0.2$、0.5、0.8 的底层、中层、表层三个平面，以研究休息池底层、中层、表层的水流流场特性，其中 h_{slot} 为平面距底板的高度，H 为休息池的设计水深 2.0 m。截取平面后，将其流速及其相应位置坐标导入 Tecplot 图形处理软件中，经过图形显示处理之后，将表（$h_{slot}/H=0.8$）、中（$h_{slot}/H=0.5$）、底（$h_{slot}/H=0.2$）层平面的流场分布显示于图 9.3～图 9.5 中。

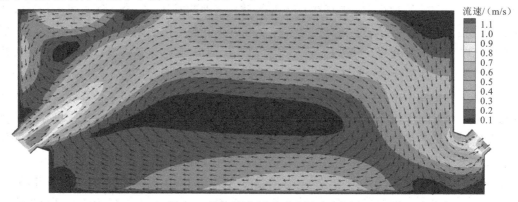

图 9.3　休息池表层平面流场分布图

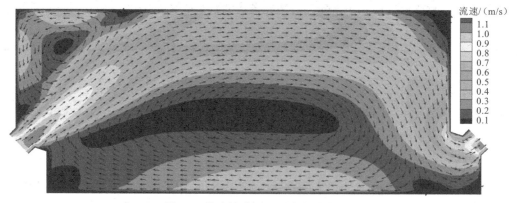

图 9.4　休息池中层平面流场分布图

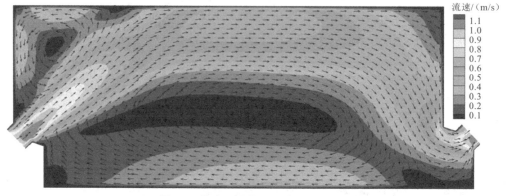

图 9.5　休息池底层平面流场分布图

　　在图 9.3、图 9.4 与图 9.5 中，竖缝式鱼道数学模型内节点流速矢量以箭头表示，流速可通过所处位置的颜色参考右侧流速颜色条获得。

　　由图 9.3、图 9.4 与图 9.5 可知，休息池内表层、中层、底层平面水流流场分布规律相似，即水体从上游竖缝以射流形式流入休息池内，竖缝射流在休息池上游部分移动至左侧边墙内壁面，在中游部分沿左侧边墙内壁面流动，在下游部分沿下游隔板迎水面从下游竖缝流出休息池；主流区射流断面从上游至下游呈先增加、后减小的变化规律；主流区水流流速从上游竖缝至下游竖缝在纵向上呈先增大、后减小、再增大的变化规律，横向上从中心线至两侧边缘逐渐递增；主流区最大流速出现在竖缝水体跌落尾端；在主流区的两侧分布着两个回流区，左、右侧回流区水流旋转方向分别为逆时针与顺时针，右侧回流区尺度明显大于左侧回流区；回流区中心部分流速趋近于 0，由中心至边缘呈现递增的趋势，主流区两侧边缘与回流区周围边缘的流速相近；在表层、中层、底层平面上，竖缝部分、主流区主体部分与回流区绝大部分流速分别保持在 0.9～1.1 m/s、0.5～0.8 m/s 与 0～0.4 m/s。

　　图 9.3、图 9.4 与图 9.5 显示了休息池表层、中层、底层平面水流流速矢量云图，为了将数值模拟计算结果与物理模型试验数据进行对比分析，将在比尺为 1∶10 的鱼道物理模型中测量休息池的流场。在图 9.6 所示的物理模型中，休息池上游存在 16 级常规水池与一级出口分岔段，下游设计了 48 级常规水池、两级 90° 转弯段、一级 180° 转弯段与一级进口分岔段，因此模型中水流流态稳定后，休息池内水流流场不受上下游边界设置条件的影响。在鱼道进口处设置一个水泵，将进口水池内的水体供给鱼道出口，以保证鱼道进、出口水流流量保持平衡。

图 9.6　鱼道物理模型

根据模型比尺 1∶10，可计算出物理模型中休息池、导板、竖缝的长度与宽度分别为 0.5 m 与 0.2 m、0.05 m 与 0.02 m、0.01 m 与 0.03 m。按照工程鱼道的设计水深 2.0 m 计算，物理模型中的水深设置为 0.2 m，隔板、导板与两侧边墙墙高设计为 0.30 m，竖缝导向角度设计为 45°，底板坡度为 2%。将验证数学模型中中层平面的水流流场，因此在物理模型试验中，采用 P-EMS 电磁流速仪测量水深为 0.1 m 的休息池平面流场。

具体测量方式为：从休息池上游隔板背水面起，每隔 0.02 m 取一个横断线，至下游隔板背水面为止，共选取 26 个横断线，在每条横断线上，从左侧边墙起，每隔 0.02 m 选取一个测量点，至右侧边墙为止，每条横断线上选取了 9 个测量点（由于隔板与导板的影响，在其附近的横断线上测量点少于 9 个），则中层平面上共选取了 216 个测量点。将测量点的位置坐标与速度矢量数据导入 Tecplot 图形处理软件中，得出物理模型相对水深 $h_{slot}/H=0.5$ 中层平面的水流流场分布图，如图 9.7 所示。

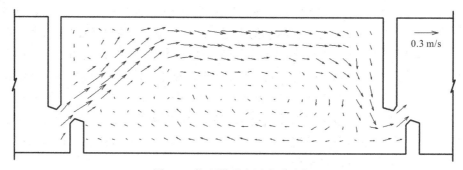

图 9.7　物理模型中层水流流场

由图 9.7 可知，水流从上游竖缝流入休息池，主流区水流在上游部分流向左侧边墙，在中游部分沿左侧边墙流动，在下游部分又快速从左侧边墙流向下游竖缝附近；在主流区两侧分布着两个回流区，右侧回流区尺度明显大于左侧。通过对试验所得的水流流态分析表明，数值模拟的中层水流流场与物理模型试验测得的结果甚为相似。

为了定量地研究数值模拟计算与物理模型试验结果的匹配程度，将每条横断线上的最大流速及其相应坐标筛选出来，并按模型比尺计算出相应原型的最大流速 V_{imax} 及其相应坐标 (x_i, y_i)，与数学模型中相应横断线上的最大流速 V_{imax} 及其相应坐标 (x_i, y_i) 相对比。为了研究具有普遍意义，将最大流速 V_{imax} 及其相应坐标 (x_i, y_i) 转化为量纲为一值 V_{imax}/V_a 及 $(x_i/L, y_i/B)$，其中 V_a 为竖缝断面平均流速，L 为休息池长度 5.0 m，B 为休息池宽度 2.0 m。由水流流场的参数值得到最大流速位置分布曲线 $y_i/B \sim x_i/L$ 与最大流速沿程分布曲线 $V_{imax}/V_a \sim x_i/L$ 的对比结果如图 9.8、图 9.9 所示。

由图 9.8 与图 9.9 可知，数值模拟计算与物理模型试验得到的最大流速位置分布曲线、最大流速沿程分布曲线的变化规律较为相似；对于最大流速位置分布曲线而言，数值模拟计算与物理模型试验所得的 y_i/B 值的相对误差绝大部分处于 10%以下，仅有少量几个在 12%～17%；对于数值模拟计算与物理模型试验结果而言，横断线上 V_{imax}/V_a 值的相对误差绝大部分在 10%以下，仅有少量几个处于 14%～21%。

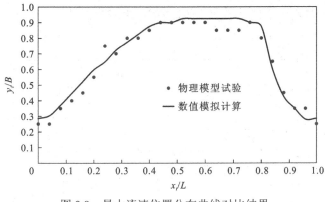

图 9.8　最大流速位置分布曲线对比结果

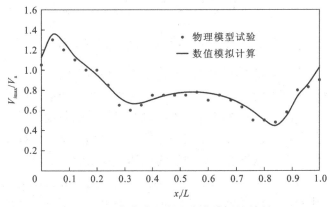

图 9.9　最大流速沿程分布曲线对比结果

通过休息池中层平面的数值模拟计算与物理模型试验结果对比分析表明，休息池中层平面水流流场分布甚为相似，流速及相应位置的误差较小，因此由数学模型剖分网格形式及 k-ε（RNG）模型相应参数通过压强-速度耦合 SIMPLE 迭代计算方法，得到的数值模拟结果与实际物理模型试验结果较为吻合，数值模拟结果具有较高的可信度，可根据数值模拟结果对休息池水流进行水力特性与改进研究。

9.2.3　休息池水力特性分析

主流区在休息池内沿横向、纵向、垂向均有分布，在数值模拟计算结果中，为了研究表层、中层、底层平面上主流区的水流流速特性，将在数学模型中，截取相对水深 $h_{slot}/H=$ 0.2、0.5、0.8 的三个平面，在各平面上，从上游隔板背水面起，每隔 0.2 m 截取一条横断线，至下游隔板背水面为止，每个断面上共截取了 26 条横断线，休息池中共截取了 78 条横断线。

根据数值模拟结果，提取每条横断线上各节点的速度 V_{imax} 及相应横坐标值 x_i、纵坐标值 y_i，并将分别转化为量纲为一值 V_{imax}/V_a、x_i/L、y_i/B，其中 V_a 为竖缝断面平均流速，L 为休息池长度 5.0 m，B 为休息池宽度 2.0 m。根据表层、中层、底层平面上横断线的最大流速坐标值量纲为一值处理结果 x_i/L、y_i/B，得到最大流速位置分布曲线 $y_i/B \sim x_i/L$，如图 9.10 所示。

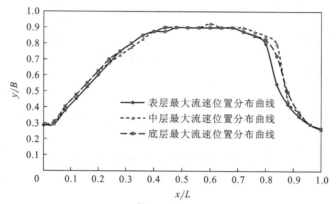

图 9.10　休息池平面最大流速位置分布曲线

主流区水流从上游竖缝以射流形式流入休息池，在内部沿程流动过程中，射流断面不断增大、动量通量保持不变，导致主流区水流沿程衰减，但射流断面中心流速始终为断面最大值，而主流区流速较回流区大，因此截取平面上横断线的最大流速基本处于主流区的横向中心线位置，即最大流速位置分布曲线变化趋势从一定程度上反映了主流区沿程分布规律，也以最大流速位置分布曲线为载体研究主流区的分布规律。

由图 9.10 可知，在休息池中，表层、中层、底层平面上最大流速位置分布曲线沿程变化规律相似，即随着 x_i/L 值的增加，y_i/B 值呈先增大、再不变、后减小的变化规律；当 x_i/L 值在 0～0.48 范围内增加时，y_i/B 值由 0.29 逐渐增加至 0.90，当 x_i/L 值处于 0.48～0.68 时，y_i/B 值始终保持在 0.90 左右，当 x_i/L 值在 0.68～1.00 的范围内增加的过程中，y_i/B 值由 0.90 以较低斜率递减到 0.27 左右。由表层、中层、底层平面上最大流速位置分布曲线变化规律表明，主流区水流在休息池上游部分由上游竖缝附近逐渐转移到左侧边墙，而在休息池中游部分，主流区水流沿左侧边墙流动，至休息池下游部分，主流区水流又从左侧边墙流向下游竖缝附近。

除主流区分布规律之外，需要研究其流速衰减效果。在所截平面上横断线的最大流速 $V_{i\max}$ 作量纲为一化处理时，需要以竖缝断面平均流速 V_a 作为基本量，为了避免所研究竖缝断面流速分布规律受上下游边界设置条件的影响，选择休息池的上游竖缝中心断面作为研究对象。在所研究的竖缝断面上，沿竖缝宽度方向从左至右截取三条垂线，分别距隔板墩头的相对距离 $x_{\text{slot}}/l_{\text{slot}}$ 为 0.2、0.5、0.8，其中 x_{slot} 为垂线距隔板墩头的绝对距离，l_{slot} 为休息池上游竖缝宽度。在数值模拟计算结果中，分别提取三条垂线上各节点的流速，并筛选出水流流速，将三条垂线上所有节点的水流流速平均化，将平均值作为休息池竖缝断面平均流速，根据处理结果，休息池竖缝断面平均流速 V_a 为 0.87 m/s。

根据数值模拟计算结果，将表层、中层、底层平面横断线上最大流速量纲为一化处理，得到最大流速沿程分布曲线 $V_{i\max}/V_a \sim x_i/L$，如图 9.11 所示。

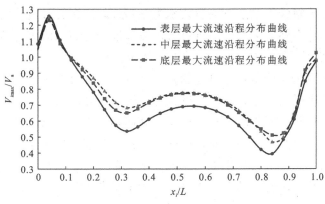

图 9.11　休息池平面最大流速沿程分布曲线

主流区水流从上游竖缝射流进入休息池，射流断面较小，射流流速较大，但随着在休息池沿程扩散，射流断面横向增大，而动量通量保持不变，导致射流断面流速逐渐减小，但至休息池下游竖缝附近，射流断面急速收缩，恒定动量通量又引起竖缝断面流速快速增加，但在主流区水流流速沿程变化过程中，射流断面中心流速始终保持断面最大值，同时又根据主流区流速大于回流内部流速，因此可以说明表层、中层、底层平面横断线上最大流速基本为主流区射流断面中心位置流速，即最大流速沿程变化趋势从一定程度上反映了主流区流速沿程分布规律，也以最大流速沿程分布曲线为载体研究主流区流速衰减效果。

由图 9.11 可知，表层、中层、底层平面最大流速沿程分布曲线变化规律相似，即随着 x_i/L 值的增加，V_{imax}/V_a 值呈现先在小范围内快速增加、在大范围内缓慢减小、在大范围内基本不变、最后在小范围内快速增加的变化规律；x_i/L 值在 0～0.08 范围内增加时，V_{imax}/V_a 值由 1.05～1.08 快速增加到 1.08～1.10，当 x_i/L 值在 0.08～0.28 范围内增加的过程中，V_{imax}/V_a 值由 1.08～1.10 逐渐减小到 0.67～0.75，当 x_i/L 值在 0.28～0.84 大范围内增加的过程中，V_{imax}/V_a 值始终保持在 0.39～0.77，而当 x_i/L 值在 0.84～1.00 增加时，V_{imax}/V_a 值从 0.39～0.51 以较大斜率增加到 0.97～1.03；当 x_i/L 值在 0.08～0.28 的范围时，V_{imax}/V_a 值逐渐减小，递减率处于 33%～49%；当 x_i/L 值在 0.08～0.84 的范围内，V_{imax}/V_a 值总递减率为 53%～65%。通过休息池表层、中层、底层平面最大流速沿程分布曲线变化规律可以得到，主流区在上游竖缝附近，由于导板墩头导流作用，使得主流区射流断面小范围收缩，射流断面流速增加，在休息池上游部分，主流区射流断面沿程横向扩散，而断面动量通量保持不变，射流流速出现逐渐减小的现象，至休息池的中下游部分，由于主流区水流沿左侧边墙流动，主流区射流断面基本不变，引起射流流速较为稳定，最后主流区水流在下游竖缝附近急速收缩，导致主流区断面流速急速增加，主流区水流在休息池内绝大部分衰减，衰减效果显著。

休息池的作用是为上溯鱼类提供休息空间，鱼类可以在休息池的较大回流区内进行休憩以恢复体力，因此休息池内水流流速不宜过大，若超过洄游鱼类的感应流速，目标鱼会因逆水游动的天性而在回流区内无方向感游动，达不到休憩效果，因此休息池内水流的最大流速是水流特性需要控制的重要水力学指标。缓慢旋转流动的回流区可以使得鱼类得到充分休息，但回流区尺度不宜过大，以保证恢复体力的洄游鱼类能够感应到主流水流流动，并逆主流区水流流动方向上溯，若回流区尺度过大，游入回流区的鱼类失去方向感，引起大量鱼类聚集在休息池的回流区内，同样降低了鱼道的过鱼效率，因此休息池的单体回流区横向长度、纵向长度也是回流区重要的水力学指标。同时，回流区的影响域（横向长度与纵向长度之积）可反映其影响范围，形状比（纵向长度与横向长度的比值）可说明回流区的大体形状，因此将从最大流速、横向长度、纵向长度、影响域、形状比等水力学指标研究休息池回流区的水流特性。

回流区内水流缓慢旋转流动沿垂向分布，为了研究休息池表层、中层、底层平面上回流区的水流特性，在数学模型中截取相对水深 $h_{slot}/H=0.2$、0.5、0.8 的三个平面，分别提取各平面上回流区的计算数据，导入 Tecplot 图形处理软件中，通过流速筛选可得到回流区最大流速 V_{cmax}，采用密集流线显示，测量出回流区边缘坐标，获得回流区横向长度 B_c 与纵向长度 L_c，并将回流区水力学指标转化为量纲为一值 V_{cmax}/V_a、B_c/B 与 L_c/L，其中 V_a 为休息池竖缝断面平面流速 $0.87\,\mathrm{m/s}$，B 为休息池宽度 $2.0\,\mathrm{m}$，L 为休息池长度 $5.0\,\mathrm{m}$。由回流区横向相对长度 B_c/B 与纵向相对长度 L_c/L 得到回流区的影响域 $B_c/B \times L_c/L$、长宽比 L_c/B_c，由数值模拟结果得到 V_{cmax}/V_a、B_c/B、L_c/L、$B_c/B \times L_c/L$、L_c/B_c 见表9.3。

表 9.3　回流区的参数列表

平面	回流区	旋转方向	V_{cmax}/V_a	B_c/B	L_c/L	$B_c/B \times L_c/L$	L_c/B_c
表层	左侧	逆时针	0.52	0.22	0.59	0.13	2.64
	右侧	顺时针	0.43	0.32	2.10	0.67	6.59
中层	左侧	逆时针	0.52	0.22	0.57	0.12	2.61
	右侧	顺时针	0.47	0.32	2.11	0.67	6.62
底层	左侧	逆时针	0.52	0.23	0.57	0.13	2.48
	右侧	顺时针	0.47	0.32	2.09	0.67	6.53

由表9.3可知，在休息池表层、中层、底层平面上，左、右侧回流区水流逆/顺时针缓慢流动；左、右侧回流区最大相对流速 V_{cmax}/V_a 为 0.52 与 0.43～0.47；左、右侧回流区横向相对长度 B_c/B 为 0.22～0.23 与 0.32，纵向相对长度分别为 0.57～0.59 与 2.09～2.11；左、右侧回流区影响域分别为 0.12～0.13 与 0.67，总影响域为 0.79～0.80；左侧回流区纵向长度为横向长度的 2.48～2.64 倍，右侧回流区长宽比为 6.53～6.62。回流区的水力学指标研究结果表明回流区均为扁平形式，且右侧回流区的纵、横长度的比值明显高于左侧回流区；右侧回流区的影响范围是左侧回流区的 4 倍左右，左、右侧回流区总影响区域占休息池平面面积的 80% 左右；左侧回流区内的流速较右侧回流区大，但左侧回流区水流流速不超过 0.45 m/s，右侧回流水流流速均在 0.41 m/s 以下。

休息池水流速度存在横向、纵向与垂向上的分量，将重点研究休息池内水流垂向流速的分布规律。在数值模拟计算结果中，数据量繁多，不可能在此全部展示出，只能给出部分具有代表性节点的垂向流速。为了分析休息池表层、中层、底层平面上节点的垂向流速特性，在数学模型中，分别截取相对水深 $h_{slot}/H=0.2$、0.5、0.8 的三个平面，在每个平面上，距上游隔板背水面 1.25 m、2.50 m、3.75 m 截取三条横断线，从上游至下游依次编号为 $A—A$、$B—B$ 与 $C—C$，在横断线 $A—A$、$B—B$ 与 $C—C$ 的 1/4、2/4、3/4 处分别选取节点作为研究对象，所研究节点编号依次记为 1~9，每个所截平面上共选取 9 个具有代表性的节点，因此以 27 个具有代表性的节点为载体来研究休息池垂向流速水力特性，平面节点分布情况如图 9.12 所示。

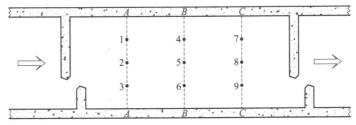

图 9.12　平面节点分布图

　　以底板平面、休息池上游隔板背水面与右侧边墙内面的交点作为坐标原点 O，以水流流动横向作为 x 轴的正方向、纵向作为 y 轴的正方向，竖直向上作为 z 轴的正方向，根据建立的三维坐标系，制定所研究节点的横坐标 x、纵坐标 y 与垂坐标 z，并在数值模拟计算结果中，提取相应节点的横向流速 u、纵向流速 v 与垂向流速 w，将休息池表层、中层、底层具有代表性节点的流速分量值列于表 9.4 中。

表 9.4　休息池所选节点的流速分量值列表

h/H	编号	x/m	y/m	z/m	u/ (m/s)	v/ (m/s)	w/ (m/s)	$(w^2)^{0.5}/(u^2+v^2)^{0.5}$
	1	1.25	0.50	0.58	-0.11	0.06	0.00	0.01
	2	1.25	1.00	0.58	0.20	0.17	-0.01	0.02
	3	1.25	1.50	0.58	0.48	0.37	-0.02	0.03
	4	2.50	0.50	0.57	-0.18	0.03	0.00	0.03
0.8	5	2.50	1.00	0.57	0.09	0.02	0.01	0.07
	6	2.50	1.50	0.57	0.51	0.01	-0.01	0.02
	7	3.75	0.50	0.55	-0.11	-0.10	-0.01	0.09
	8	3.75	1.00	0.55	0.17	-0.17	0.01	0.03
	9	3.75	1.50	0.55	0.45	-0.16	0.02	0.04
	1	1.25	0.50	1.18	-0.10	0.06	0.01	0.06
	2	1.25	1.00	1.18	0.26	0.20	-0.02	0.06
0.5	3	1.25	1.50	1.18	0.50	0.39	-0.03	0.04
	4	2.50	0.50	1.17	-0.19	0.03	0.00	0.01

h/H	编号	x/m	y/m	z/m	u/(m/s)	v/(m/s)	w/(m/s)	$(w^2)^{0.5}/(u^2+v^2)^{0.5}$
	5	2.50	1.00	1.17	0.07	0.03	0.00	0.01
	6	2.50	1.50	1.17	0.47	0.03	0.00	0.00
0.5	7	3.75	0.50	1.15	−0.13	−0.10	−0.01	0.03
	8	3.75	1.00	1.15	0.13	−0.16	0.00	0.00
	9	3.75	1.50	1.15	0.41	−0.14	0.01	0.01
	1	1.25	0.50	1.78	−0.11	0.07	0.00	0.03
	2	1.25	1.00	1.78	0.13	0.17	0.00	0.01
	3	1.25	1.50	1.78	0.40	0.34	0.02	0.03
	4	2.50	0.50	1.77	−0.16	0.03	0.00	0.01
0.2	5	2.50	1.00	1.77	0.07	0.02	0.00	0.01
	6	2.50	1.50	1.77	0.44	−0.03	0.00	0.01
	7	3.75	0.50	1.75	−0.12	−0.10	0.00	0.00
	8	3.75	1.00	1.75	0.11	−0.16	0.00	0.01
	9	3.75	1.50	1.75	0.37	−0.13	0.00	0.00

注：横向流速、纵向流速、垂向流速前负号表示与坐标轴正方向相反。

由表 9.4 可知，休息池水流的垂向流速较低，基本小于 0.03 m/s；相对于水平流速而言，垂向流速不足其 7%；在休息池内，表层、中层、底层平面上所研究节点垂向流速的平均值约为 0.009 m/s、0.008 m/s、0.003 m/s。通过休息池的垂向流速列表研究说明休息池水流的垂向流速较低，相对于水平流速而言，垂向流速不足 7%，因此休息池水流主要表现为平面流动，垂向上的流速可忽略不计。

由休息池的平面流场水力特性研究结果表明，水流从休息池上游竖缝以射流形式流入池内，在上游部分主流区从竖缝部分移动到左侧边墙，在中游部分主流区水流沿左侧边墙流动，在下游部分又从左侧边墙快速移动到下游竖缝；在主流区两侧对称分布着两个回流区，但两个回流区尺度相差较大，右侧回流区影响范围大致为左侧回流区的 4 倍；主流区水流流速休息池内部大部分呈衰减状态，衰减效果显著；主流区竖缝部分、主流区大部分、回流区主体部分流速分别为 0.9~1.1 m/s、0.5~0.8 m/s 与 0~0.4 m/s，接近我国某些洄游鱼类的临界游泳速度、喜爱游泳速度与感应流速，如四大家鱼（青鱼、草鱼、鲢、鳙）与裂腹鱼。

在我国修建的较长工程鱼道中，通常情况下每隔 10~15 级常规水池修建一级休息池，洄游鱼类逆主流区水流流动方向上溯，持续穿越多级常规水池后，以临界游泳速度或爆发游泳速度游入休息池，大部分鱼类较易进入右侧大尺度回流区进行休憩，但待洄游鱼类恢复体力后，由于回流区尺度过大导致鱼类迷失方向，造成鱼类不断聚集在休息池内而降低了鱼道工程的过鱼效率。在实际运行过程中，不排除少量鱼类逆休息池主流区水流流动方向进行上溯，但因主流区沿左侧边墙流动，导致鱼道在克服水流流速而不断摆尾的过程中，会增加碰撞边墙的概率，而鱼道工程中设置多级休息池，因此这种碰撞边墙所遭受的伤害是随上溯而累加的。为了利用休息池提高鱼道过鱼效率与避免洄游鱼类遭受伤害，需要改进休息池内的水流流场分布，根据休息池水流垂向流速特性研究结果，相对于平面流速而言，垂向流速可忽略不计，因此在 9.2.4 小节中将通过二维数学模型进行休息池水流流态改进研究，并根据数值模拟结果分析改进水流流场的水力特性与改进效果。

9.2.4　调整导向角度改进措施研究

在 9.2.3 节中，通过三维数值模拟技术对休息池的水力特性进行了研究，研究结果表明,在休息池内，主流区水流紧贴左侧边墙流动，在主流区两侧对称分布着两个尺度相差较大的回流区，水流流态将导致洄游鱼类滞留在回流区内，降低鱼道的过鱼效率，同时在鱼类克服主流区水流流速上溯的过程中，会因碰撞边墙而遭受累加的身体伤害，因此休息池的水流流场需要进行改进。在研究休息池垂向流速分布规律时，发现相对于平面流速而言，垂向流速甚小，可忽略不计，即休息池的平面二维水力特性较为显著，因此将采用二维数学模型，通过改变上游竖缝导向角度来研究休息池水流流态的改进效果。

在二维数学模型中，为了避免休息池水流流场受上下游边界设置条件的影响，将在休息池上游设置三级常规水池、下游设置两级常规水池，并从上游至下游依次将 5 级常规水池编号记为 1#～5#，建立的二维数学模型如图 9.13 所示。

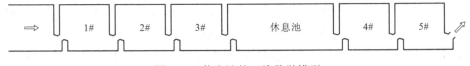

图 9.13　休息池的二维数学模型

如图 9.13 所示，在鱼道水槽内，隔板与导板相对设置在左、右边墙上，隔板处于导板的上游，隔板与导板之间形成竖缝；七组隔板与导板将鱼道分割成 5 级常规水池与一级休息池，常规水池与休息池之间通过竖缝进行水流流通；隔板与导板均采用直墩头，隔板/导板墩头迎/背水面的坡度采用 1∶3，背/迎水面坡度采用 1∶1；在数学模型中，上下游隔板背水面之间的距离作为池长，左、右边墙内侧之间的距离作为池宽，上游边界至第 1#常规水池上游隔板背水面的距离作为水流进口长度；隔板/导板的背/迎水面长度为竖缝长度，隔板背水面与导板迎水面之间的距离作为竖缝宽度；隔板/导板的背/迎水面与水流纵轴方向之间的夹角作为竖缝的导向角度。二维数学模型的细部尺寸见表 9.5。

表 9.5　　二维数学模型的细部尺寸列表

细部尺寸	设计值	细部尺寸	设计值	细部尺寸	设计值	细部尺寸	设计值
鱼道宽度/m	2.00	进口长度/m	2.25	常规水池长度/m	2.50	休息池长度/m	5.00
隔板长度/m	1.36	隔板宽度/m	0.20	导板长度/m	0.50	导板宽度/m	0.20
竖缝长度/m	0.10	竖缝宽度/m	0.30	竖缝导向角度/(°)	1~45		

数学模型中剖分网格的大小与形式将影响数值模拟效果，一般将网格剖分为结构性四边形网可产生较好的数值模拟仿真效果。但数学模型的形状制约网格剖分的形式，考虑到数学模型中存在部分形状不规则区域，将上游边界与第 1# 常规水池上游隔板迎水面之间、上游导板背水面与下游隔板迎水面之间、隔板墩头背水面与导板墩头迎水面之间的部分剖分结构性四面体网格，其中水流进口、常规水池与休息池内部的网格长度为 0.05 m，竖缝内部的网格长度为 0.02 m；为了适应已剖分网格的精度，且考虑为剖分网格部分的结构，将在上游隔板迎水面与下游导板背水面之间（除竖缝部分外）的部分剖分非结构性三角形网格，网格长度为 0.02~0.05 m。二维数学模型的网格分布如图 9.14 所示。

图 9.14　　二维数学模型的网格分布图

休息池水流流动通过 Fluent 软件进行数值模拟计算，在计算软件中，选用 k-ε（RNG）模型的非稳定一阶隐式格式；将上游边界设置为速度进口，速度设置为 0.15 m/s，以保证竖缝断面平均流速为 1.0 m/s；将下游边界设置为速度进口，速度设置为-1.0 m/s。数学模型采用压强-速度耦合 SIMPLE，算法的松弛因子影响数值迭代计算的稳定收敛性，松弛因子的设置值越小，迭代计算越容易收敛，但会引起迭代次数增加而延长计算时间，综合考虑迭代收敛性受松弛因子设置值的制约，同时尽量减小计算时间，将迭代因子设置为默认值；在数值模拟过程中，连续性、速度分量等参数的残差值大小将影响数值模拟结果的可靠性，残差值设置越小，数值模拟结果的可靠性越高，但迭代计算越不容易收敛，为了保证得到真实可信的计算结果，同时综合考虑计算稳定收敛的因素，将各参数的残差值设置为 1×10^{-5}；时间步长与空间步长的比值将直接影响计算收敛，比值越小，越容易收敛，同时结果的可信度越高，为了使得时间步长与空间步长的比值较小，将时间步长设置为 0.01 s，同时每个时间步长内最大迭代次数设置为 20 次。二维数值模拟计算初始条件与边界条件的参数值见表 9.6。

表 9.6　二维数值计算的参数值列表

名称	类型	参数	数值
上游边界	速度进口	流速	0.15 m/s
下游边界	速度进口	流速	−1.0 m/s
压强-速度耦合 SPLE 算法	松弛因子	压强	0.3
		密度	1.0
		体积力	1.0
		动量	0.7
		紊动能	0.8
		湍流耗散率	0.8
		湍流黏度	1.0
残差	数值	连续性	1×10^{-5}
		横向速度	1×10^{-5}
		纵向速度	1×10^{-5}
		k 值	1×10^{-5}
		ε 值	1×10^{-5}
时间步长	数值	Δt 值	0.01s
每个时间步长内最大迭代次数	数值	N_{max} 值	20

　　通过对休息池水流流态的研究表明，竖缝导向角偏大，会使休息池内主流区偏移到左侧边墙附近，同时引起右侧回流区尺度过大，为了促使主流区从左侧边墙位置调整到休息池横向中间部分，需要通过调小休息池上游竖缝的导向角度，以减弱上游竖缝对主流区水流过度向左侧边墙的导向作用。为了探索休息池得到较好水流流态的竖缝导向角度的合理范围，将以 45° 起，竖缝导向角度每降低 1° 建立一个数学模型，并通过 Fluent 计算软件进行水流流动数值模拟，至 1° 为止，共建立 45 个数学模型。经过数值模拟计算，得到不同竖缝导向角度的水流流场模拟结果，由于数学模型的水流流场分布图较多，不可能全部给出，在此仅给出具有代表性的导向角度为 20°、25° 与 45° 的休息池水流流场计算结果，如图 9.15、图 9.16、图 9.17 所示。

　　通过对竖缝导向角度为 1° ~45° 的休息池水流流态研究表明，主流区位置分布主要存在三种形式：主流区水流沿右侧边墙流动，如图 9.15 所示；大致居于横向中间部分流动，如图 9.16 所示；沿左侧边墙流动，如图 9.17 所示。

　　由图 9.15、图 9.16 与图 9.17 可知，在竖缝导向角度为 20° 的休息池内，主流区水流沿右侧边墙流动，主流区两侧分布着两个回流区，左/右回流区内水流逆/顺时针缓慢流动，左侧回流区尺度明显大于右侧；对于竖缝导向角度为 25° 的休息池水流流态而言，主流区水流绝大部分居于休息池横向中间位置流动，在主流区两侧大致对称分布着两个

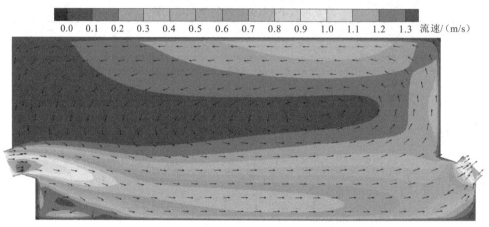

图 9.15　导向角度为 20° 的休息池水流流场

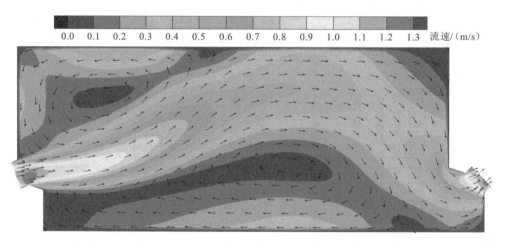

图 9.16　导向角度为 25° 的休息池水流流场

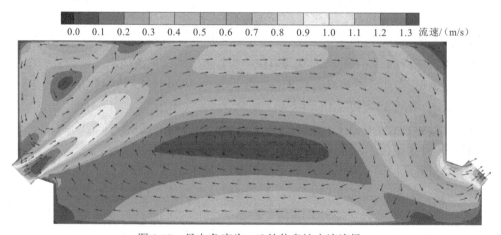

图 9.17　导向角度为 45° 的休息池水流流场

尺度相当的回流区，左/右侧回流区水流逆/顺时针缓慢流动；竖缝导向角度为 45° 休息池的主流区水流沿左侧边墙流动，主流区两侧分布着左、右回流区，左侧回流区尺度较右侧小，左/右侧回流区水流逆/顺时针缓慢流动；在竖缝导向角度为 20°、25° 与 45° 的休息池内，主流区水流流速在横向上从中心线至两侧边缘、纵向上从上游至下游呈递减规律，回流区水流流速从边缘至中心递减，中心部分水流流速甚小，趋近于 0，竖缝部分、主流区绝大部分、回流区主体部分的流速分别为 0.9～1.2 m/s、0.5～0.8 m/s 与 0～0.4 m/s。

图 9.15、图 9.16 与图 9.17 所示的三种水流流态研究表明，竖缝对主流区射流具有主要的导向作用，竖缝导向角度过大/小导致主流区位置偏向左/右侧边墙，主流区水流沿左/右边墙流动，会引起右/左侧回流区尺度过大，此水流流态不利于鱼类上溯；而合理的导向角度促使主流区绝大部分处于休息池横向中间位置，主流区两侧分布着两侧对称、等尺度的回流区，待洄游鱼类从下游竖缝游入休息池内，可在流速甚小的回流区内进行充分休憩，恢复体力后又较易感应到主流区水流流动，可自由游出回流区而沿主流区逆流穿过上游竖缝，继续其上溯过程。为了捕捉竖缝导向角度精确的合理取值范围，需要对休息池主流区与回流水的力学特性进行进一步的数据定量研究。

在各数学模型中，从休息池上游隔板背水面起，从上游至下游每隔 0.2 m 截取一条横断线，至下游隔板背水面为止共截取 26 条横断线。在数值模拟计算结果中，提取每条横断线上最大流速的横坐标 x_i 与纵坐标 y_i，并将其转化为量纲为一值 y_i/B 与 x_i/L，其中 B 为休息池宽度 2.0 m，L 为休息池长度 5.0 m。由最大流速的量纲为一值可得到休息池最大流速位置分布曲线 $y_i/B \sim x_i/L$，但由于数学模型数值模拟结果繁多，不可能全部给出，为了使图形清晰、线条分明，同时良好地反映最大主流位置分布规律，在图 9.18 中仅给出具有代表性的竖缝导向角度为 21°～28° 与 45° 的休息池最大流速位置分布曲线。

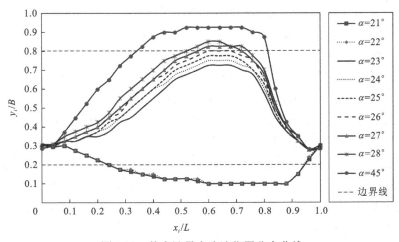

图 9.18　休息池最大流速位置分布曲线

由图 9.18 可知，对于竖缝导向角度为 21°～22° 的休息池而言，最大流速位置分布曲线相似，即随着 x_i/L 值在 0～1.0 增加的过程中，y_i/B 值呈先缓慢减小、再保持不变、后快速增加的变化规律，当 x_i/L 值在 0.28～0.92 时，y_i/B 值均在 0.2 以下；对于竖缝导向角度为 23°～26° 的休息池而言，最大流速位置分布曲线呈先增加、后减小的变化规律，在 x_i/L 值为 0～1.0 增加的过程中，y_i/B 值始终保持在 0.2～0.8；对于竖缝导向角度为 27°～28° 与 45° 的休息池而言，最大流速位置分布曲线呈先增加、再保持不变、后减小的变化规律，当竖缝导向角度为 27°、28° 与 45° 休息池的 x_i/L 值分别处于 0.60～0.68、0.52～0.76 与 0.36～0.80 时，y_i/B 值均在 0.8 以上。

上游常规水池水流通过竖缝以射流形式通过上游竖缝流入休息池，在纵向流动过程中，射流断面不断扩散，断面流速在休息池内部绝大部分处于递减状态，但射流断面中心位置流速始终保持断面流速最大值，而回流区流速基本小于主流区流速，因此横断面的最大流速基本为主流区中心线位置的流速，最大流速位置分布曲线基本上处于休息池主流区的中心线位置，从一定程度上反映了主流区分布情况。通过不同导向角度的最大流速沿程分布曲线变化规律研究表明，当竖缝导向角度在 22° 及以下时，竖缝射流是向右侧偏转的，而当竖缝导向角度在 23° 及以上时，竖缝射流偏向左侧，可见竖缝对射流向左或右导向的角度拐点在 22°～23°；竖缝导向角度在 23°～45° 时，角度越大，主流区偏向左侧的程度越明显。

在图 9.15、图 9.16 与图 9.17 中，主流区在横向上具有一定宽度 B_z，其值约为 0.8 m，转化为量纲为一值 B_z/B 为 0.4，由于最大主流位置分布曲线处主流区的中心线位置，则最大主流位置分布曲线至两侧边缘的距离 $B_z/2$ 约为 0.4 m，转化为量纲为一值 $B_z/2B$ 约为 0.2，若主流区水流沿左/右侧边墙流动，则最大主流位置分布曲线的横坐标值 y_i 应在 1.6～2.0 m/0～0.4 m，量纲为一值 y_i/B 应在 0.8～1.0/0～0.2，因此在本小节中，若 y_i/B 值超过 0.8 或低于 0.2，将主流区水流考虑成沿左侧边墙或右侧边墙流动，而 y_i/B 值适中处于 0.2～0.8 时，则将主流区考虑成基本居于休息池的横向中间部分。通过对最大流速沿程分布曲线的变化规律的研究表明，当竖缝导向角度为 23°～26° 时，休息池的主流区基本居于横向中间位置；当竖缝导向角度小于 23° 时，主流区水流出现沿右侧边墙流动的现象；当竖缝导向角度大于 26° 时，出现沿左侧边墙流动的现象。

在数学模型中，选取休息池上游竖缝中心断面为研究对象，提取中心断面上各节点的流速，并得到其算术平均值，即竖缝断面平均流速 1.0 m/s。对于不同的数学模型数值模拟结果，提取截取的每条横断线上的最大流速 V_{imax}，并转化为量纲为一值 V_{imax}/V_a，其中 V_a 为竖缝断面平均流速。根据最大流速量纲为一值 V_{imax}/V_a 及其相应纵坐标量纲为一值 x_i/L，得到休息池的最大流速沿程分布曲线 $V_{imax}/V_a \sim x_i/L$。但竖缝导向角度为 1°～45° 的休息池最大流速沿程分布曲线较多，为了图形清晰、线条分明，同时良好地反映最大流速衰减规律，在此仅给出竖缝导向角度为 21°～28° 与 45° 的休息池最大流速沿程分布曲线，如图 9.19 所示。

由图 9.19 可知，休息池的最大流速沿程分布曲线相似，即随着 x_i/L 值在 0～1.0 增大的过程中，V_{imax}/V_a 值呈快速增加—逐渐降低—缓慢增加—缓慢降低—快速增加的变化规律；对于竖缝导向角度为 21°～28°/29° 的休息池而言，当 x_i/L 值为 0.04 时，V_{imax}/V_a 值达到最大值 1.20～1.29/1.36；对于竖缝导向角度为 21°～22° 的休息池而言，当 x_i/L 值为 0.92 时，V_{imax}/V_a 值达到最小值 0.53；对于竖缝导向角度为 23°～28° 的休息池而言，当

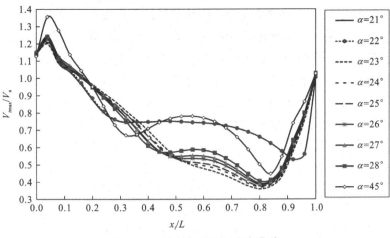

图 9.19　最大流速沿程分布曲线

x_i/L 值为 0.80 时，V_{imax}/V_a 值达到最小值 0.36～0.40；对于竖缝导向角度为 45°的休息池而言，x_i/L 值为 0.84 的 V_{imax}/V_a 值最小，其值为 0.45；对于竖缝导向角度≤22°、23°～26°与 27°～45°的休息池而言，最大流速沿程分布曲线上最大值为最小值的 2.3 倍、3.2～3.3 倍与 3.2 倍以下。

　　水流从上游竖缝射流进入休息池，主流区水流断面沿程在横向上扩散，由于断面动量通量保持不变，引起竖缝断面流速衰减，但断面中心位置的流速始终保持最大值，所以最大流速沿程分布曲线从一定程度上反映了主流区流速沿程变化规律。通过图 9.19 显示的最大流速沿程分布曲线研究表明，主流区流速在休息池中游大部分处于衰减状态，而竖缝导向角度为 23°～26°的休息池主流区衰减效果最为明显，见表 9.7。

表 9.7　不同休息池回流区的参数列表

导向角度	回流区	旋转方向	V_{cmax}/V_a	B_c/B	L_c/L	$B_c/B×L_c/L$	L_c/B_c
22°	左侧	逆时针	0.39	0.94	0.78	0.73	3.01
	右侧	顺时针	0.35	0.22	0.21	0.04	2.64
23°	左侧	逆时针	0.52	0.41	0.63	0.26	1.64
	右侧	顺时针	0.34	0.75	0.66	0.50	2.85
24°	左侧	逆时针	0.50	0.44	0.59	0.26	1.83
	右侧	顺时针	0.34	0.77	0.64	0.49	2.98
25°	左侧	逆时针	0.50	0.42	0.60	0.25	1.75
	右侧	顺时针	0.35	0.73	0.64	0.47	2.83
26°	左侧	逆时针	0.52	0.40	0.62	0.25	1.61
	右侧	顺时针	0.36	0.79	0.64	0.51	3.08
45°	左侧	逆时针	0.64	0.25	0.62	0.15	1.00
	右侧	顺时针	0.47	0.82	0.77	0.63	2.68

　　休息池的主要作用是为洄游鱼类提供休憩空间，而回流区内水流流速低于或接近洄游鱼类的感应流速，利于鱼类休息，因此对于休息池而言，回流区的水力特性研究显得异常重要。回流区水流流速若超过目标鱼的感应流速，则目标鱼无法在回流区内休憩，达不到促使鱼类恢复体力的作用，因此回流区的最大流速成为重要的水力学指标；另外回流区的尺度不宜过大，因为过大的回流区使得鱼类迷失方向，导致鱼类恢复体力后感应不到主流水流流动而无法自由游出回流区，因此回流区的横向长度与纵向长度也是回流区需要控制的水力学指标；由回流区的横向长度与纵向长度得出的影响域、长宽比可反映回流区的影响范围与形状。从回流区尺度及流速的角度出发，将以最大流速、横向长度、纵向长度、影响域、长宽比为载体研究回流区的水力特性。

　　针对图 9.11、图 9.12 与图 9.13 所显示的数值模拟计算结果，竖缝导向角度为 1°～45° 的休息池水流流场分为三类，由于数值模拟结果数据繁多，不可能全部给出，在此仅给出具有代表性数学模型的回流区水力学指标。具体选择方式为：在 1°～22° 范围内选择 22° 作为研究对象，27°～45° 范围内选择 45° 作为研究对象，而在 23°～26° 范围内，水流流态良好，故全部作为研究对象。在数学模型中，分别提取竖缝导向角度为 22°、23°、24°、25°、26°、45° 的休息池回流区的计算数据，导入 Tecplot 图形处理软件中，通过流速筛选技术可得到回流区最大流速 V_{cmax}，并将其转化为量纲为一值 V_{cmax}/V_a，其中 V_a 为竖缝断面平均流速 1.0 m/s；在水流流场中显示流函数线，通过流函数的区别可测量出回流区的边缘坐标，进而得到回流区的横向长度 B_c 与纵向长度 L_c，并将其转化为量纲为一值 B_c/B 与 L_c/L，其中 B 与 L 分别为休息池宽度 2.0 m 与长度 5.0 m，通过尺度可得到回流区的影响域 $B_c/B×L_c/L$ 与长宽比 L_c/B_c。由数值模拟结果处理得到 V_{cmax}/V_a、B_c/B、L_c/L、$B_c/B×L_c/L$、L_c/B_c 见表 9.7。

　　由表 9.7 可知，休息池左/右回流区水流逆/顺时针缓慢旋转流动；当竖缝导向角度为 22° 时，左、右侧回流区水流流速量值 V_{cmax}/V_a 均小于 0.35～0.39；当竖缝角度为 23°、24°、25°、26° 时，左侧回流区最大流速量值 V_{cmax}/V_a 为 0.50～0.52，左侧回流区流速量值均小于 0.34～0.36；当竖缝导向角度为 45° 时，左侧回流区的流速量纲为一值小于 0.64，右侧回流区的最大流速量值 V_{cmax}/V_a 为 0.47；当竖缝导向角度分别为 22°、23°～26° 与 45° 时，左侧回流区横向长度量值分别为 0.94、0.40～0.44、0.25，纵向长度量值分别为 0.78、0.59～0.63、0.62，右侧回流区横向长度量值分别为 0.22、0.73～0.79、0.82，纵向长度量值分别为 0.21、0.64～0.66、0.77；当竖缝导向角度分别为 22°、23°～26° 与 45° 时，左侧回流区影响域分别为 0.73、0.25～0.26、0.15，右侧回流区影响域分别为 0.04、0.47～0.51、0.63；当竖缝导向角度分别为 22°、23°～26° 与 45° 时，左侧回流区长宽比分别为 3.01、1.61～1.83、1.00，右侧回流区长宽比分别为 2.64、2.83～3.08、2.68。

　　通过回流区的水力学指标列表研究表明，当竖缝导向角度≤22°或≥26°时，休息池内产生两个尺度相差悬殊的回流区，大回流的影响域为小回流的 4～18 倍，大回流的影响域可占休息池平面面积的 63%～73%；当竖缝导向角度为 23°～26° 时，休息池右侧回流区影响域约为左侧的 2 倍，左、右回流区的相差尺度得到缩小；当竖缝导向角度在 45° 以内时，回流区内的流速基本相似。

　　休息池的水流结构分布主流区与回流区,通过主流区与回流区的水力特性研究表明,当竖缝导向角度为 23°～26° 时,主流区水流基本居于休息池横向中间 60% 区域内流动,主流区流速衰减效果良好;主流区两侧回流区的相差尺度减小到最低值,回流区内流速可利于洄游鱼类休憩,从洄游鱼类休憩空间与自由出入的角度出发,将上游竖缝导向角度从 45° 调整到 23°～26°,可使休息池的水流流态得到较大的改进,改进后的水流流态有利于洄游鱼类充分休憩,待鱼类恢复体力后能够促使其自由游出休息池,继续完成上溯过程,提高了鱼道的过鱼效率。

9.2.5　增设整流导板改进措施研究

　　主流区水流过度偏向左侧而沿左侧边墙流动,导致主流区右侧回流区尺度过大,不利于鱼类上溯。为了改进休息池的水流流态,可通过在左侧边墙设置整流导板,以将主流区位置调整至休息池横向中间位置,并促使左、右侧回流区尺度的相差值减小。整流导板的墩头宜设置为半圆形,以避免鱼类碰撞到墩头而遭受较大的伤害,同时保证水流流场平滑;整流导板的宽度应该与隔/导板宽度相同,以保证鱼道水槽内设置的细部结构宽度一致;但整流导板的长度及位置需要根据休息池相应的水力特性进行优化研究。

　　将采用二维数学模型对休息池进行水力特性改进研究。为了避免所研究休息池的水流流态受上下游边界设置条件的影响,将在休息池上游设置三级常规水池,下游设置两级常规水池,并从上游至下游依次将常规水池标记为 1#～5#,数学模型平面布置如图 9.20 所示。

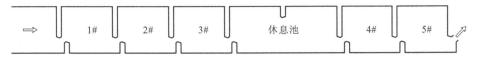

图 9.20　休息池的二维数学模型平面布置

　　在数学模型内,剖分网格的形式与精密度直接影响数值模拟结果的可靠性,一般而言,将数学模型内部分成精细的结构性四边形网格可得到较为真实的数值计算结果,但考虑到图 9.20 所示的数学模型中存在不规则的部分,不可能全部将其剖分为结构性四边形网格,因此在上游边界与第 1# 常规水上游隔板迎水面之间的部分、上游导板背水面与下游隔板迎水面之间的部分剖分为 0.05 m 结构性四边形网格;考虑到竖缝部分尺度较小,故在竖缝部分剖分 0.02 m 结构性四边形网格;在上游隔板迎水面与下游导板背水面之间的部分(除竖缝部分外)、整流导板与右侧边墙之间的部分存在不规则的形状,因此在其内部剖分成非结构性的三角形网格,为了适应已完成的网格之间的平滑过渡,在靠近竖缝部分的三角形网格长度接近 0.02 m,在靠近常规水池与休息池内部的网格长度接近 0.05 m。数学模型的网格分布如图 9.21 所示。

图 9.21　数学模型的网格分布

　　将剖分网格的数学模型导入 Fluent 计算软件中，并在其内部选择 k-ε（RNG）模型的非稳定一阶隐式格式；将上游边界设置为速度进口，均匀来流速度设置为 0.15 m/s，以保证竖缝断面平均流速为 1.0 m/s；同时，由于出口边界为第 5# 常规水池的下游竖缝，因此将出口边界设置为速度进口，速度设置为-1.0 m/s，以保证数学模型的流量平衡。数值计算采用压强-速度耦合 SIMPLE，算法的松弛因子设置值对迭代计算的稳定收敛具有重要的影响作用，一般情况下，松弛因子的设置值越小，越容易收敛，但迭代计算所需时间会增加，综合考虑迭代计算的收敛与所需时间之间的相互制约，将算法的松弛因子参数值设置为默认值；对于模型的连续性、速度分量等参数的残差值而言，残差越小，模拟效果越具有可靠性，但不利于迭代计算收敛，为了保证数值计算结果的可信性，同时尽量减少计算时间，将各参数的残差值设置为 1×10^{-5}；时间步长直接影响迭代计算收敛性，若时间步长设置较大，时间步长与空间步长的比值超过某一值，将导致迭代计算发散，因此将时间步长设置为 0.01 s，同时将每个时间步长内的最大迭代次数设置为 20次。数值模拟计算的边界条件与初始条件参数值见表 9.8。

表 9.8　数值模拟计算的边界条件与初始条件参数值列表

名称	类型	参数	数值
上游边界	速度进口	速度	0.15 m/s
下游边界	速度进口	速度	-1.0 m/s
压强-速度耦合 SIMPLE	松弛因子	压强	0.3
		密度	1.0
		体积力	1.0
		动量	0.7
		紊动能	0.8
		紊流耗散率	0.8
		紊流黏度	1.0
残差	数值	连续性	1×10^{-5}
		横向速度	1×10^{-5}
		纵向速度	1×10^{-5}
		k 值	1×10^{-5}
		ε 值	1×10^{-5}
时间步长	数值	Δt 值	0.01 s
每个时间步长内最大迭代次数	数值	N_{max} 值	20

　　依据休息池不利水流流态特性，将整流导板应布置在左侧边墙上，以保证主流区能通过整流导板的阻挡作用而转移到休息池横向中间位置。但整流导板的长度与设置在左侧边墙的位置均为未知，为了探索整流导板设置在休息池上游、中游、下游部分的水流流态的特性，同时保证整流导板长度不宜过长的条件下，建立了 6 个数学模型，休息池设置整流导板长度与位置的情况分别为：0.25 m 的整流导板设置在距上游隔板背水面1.5 m 位置处、0.50 m 的整流导板设置在距上游隔板背水面 1.5 m 位置处、0.25 m 的整流导板设置在距上游隔板背水面 2.0 m 位置处、0.50 m 的整流导板设置在距上游隔板背水面 2.0 m 位置处、0.25 m 的整流导板设置在距上游隔板背水面 2.5 m 位置处、0.50 m 的整流导板设置在距上游隔板背水面 2.5 m 位置处。经过数值模拟计算稳定收敛后，将 6 种数学模型的数值模拟结果显示在图 9.22～图 9.27 中。

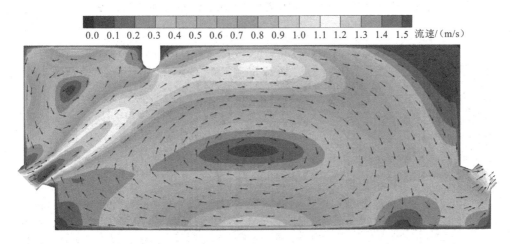

图 9.22　0.25 m 整流导板设置在距上游隔板 1.5 m 的水流流场

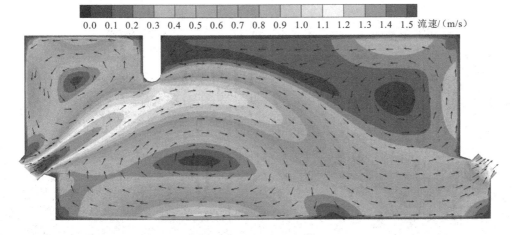

图 9.23　0.50 m 整流导板设置在距上游隔板 1.5 m 的水流流场

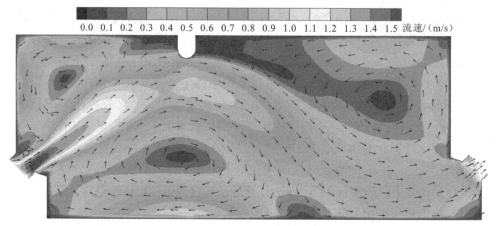

图 9.24　0.25 m 整流导板设置在距上游隔板 2.0 m 的水流流场

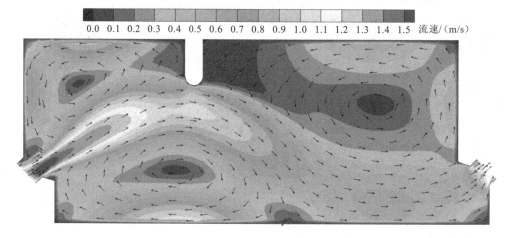

图 9.25　0.50 m 整流导板设置在距上游隔板 2.0 m 的水流流场

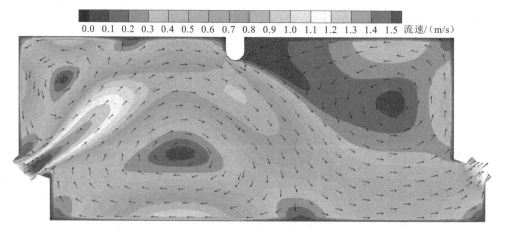

图 9.26　0.25 m 整流导板设置在距上游隔板 2.5 m 的水流流场

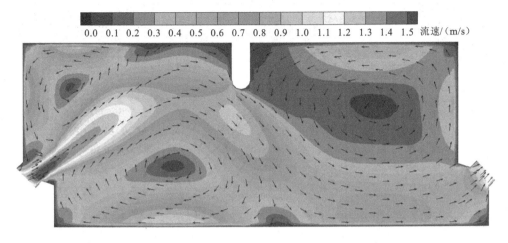

图 9.27　0.50 m 整流导板设置在距上游隔板 2.5 m 的水流流场

　　由图 9.22 可知，0.25 m 整流导板设置在距上游隔板背水面 1.5 m 处的位置，休息池的主流区水流仍存在沿左侧边墙流动的现象，主流区左、右侧回流区相差的尺度较为悬殊，水流流态并未得到较好的改进。

　　由图 9.23～图 9.27 可知，休息池设置整理导板后，主流区水流均不同程度向横向中间位置移动，主流区两侧分布着三个回流区，回流区之间尺度的相差值得到减小，主流区水流沿程呈递减趋势，主流区左侧上游与右侧回流区内水流流速较左侧下游回流区大；竖缝部分、主流区大部分与回流区主体部分的流速分别为 0.9～1.1 m/s、0.5～0.8 m/s 与 0～0.4 m/s。

　　通过对不同数学模型计算结果的研究表明，除短整流导板设置在靠近上游隔板的情况外，其他情况设置整流导板的水流流态均得到不同程度的改进，但需要说明的是，添加整流导板后，主流区两侧的回流区数量由原来的两个增加至三个，不同回流区尺度的相差值得到缩小。为了能够定量地研究水流流态的特性，需要对数值模拟结果的主流区与回流区进行水力特性对比研究。

　　在每个数学模型中，从休息池上游隔板背水面起，每隔 0.2 m 截取一条横断线，到下游隔板背水面为止，共截取 26 条横断线。提取每条横断上最大流速的横向坐标 y_i 与纵向坐标 x_i，并将其转化为量纲为一值 y_i/B 与 x_i/L，其中 B 为休息池宽度 2.0 m，L 为休息池长度 5.0 m。由各数学模型最大流速的横坐标与纵坐标量纲为一值得到最大流速位置分布曲线 $y_i/B \sim x_i/L$，如图 9.28 所示。

　　在图 9.28 中，0.25～1.5 m 表示整流导板长度为 0.25 m，设置在左侧边墙上距上游隔板背水面距离为 1.5 m 的位置，以此类推。水流从上游竖缝以射流形式流入休息池，在沿程流动过程中，射流断面不断扩散，射流流速不断减小，但射流断面中心位置流速始终保持断面最大值，且主流区流速大于回流区流速，因此横断线上最大值即为休息池主流区射流断面中心位置流速，最大流速位置分布曲线在一定程度上反映了主流区位置分布规律。

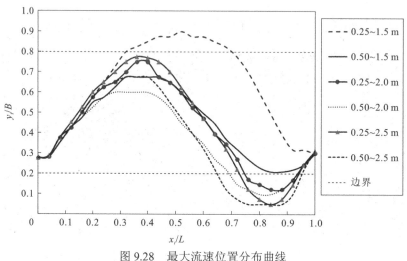

图9.28 最大流速位置分布曲线

由图 9.28 可知，0.25 m 整流导板设置在距上游隔板背水面距离为 1.5 m 位置处，最大流速位置分布曲线呈先增大、后减小的变化规律，其他 5 种整流导板设置方式的最大流速位置分布曲线变化规律相似，即先增加、后减小、再增加的变化趋势；对于 0.25 m 整流导板设置在距上游隔板背水面距离为 1.5 m 位置而言，x_i/L 值处于 0.32～0.68 的范围内，y_i/B 值均超过了 0.8；而 0.50 m 整流导板设置在距上游隔板背水面距离为 1.5 m 的情况，y_i/B 值始终处于 0.2～0.8；对于整流导板设置情况为 0.25～2.0 m、0.50～2.0 m、0.25～2.5 m 与 0.50～2.5 m 的情况，其 x_i/L 值分别处于 0.76～0.92、0.72～0.92、0.76～0.92 与 0.68～0.92 的范围内，y_i/B 值均低于 0.2。

最大流速量值的 y_i/B 值超过 0.8 或低于 0.2，表明主流区水流沿左侧边墙或右侧边墙流动。通过 6 种数学模型的最大流速位置分布曲线研究表明，仅有 0.50 m 整流导板设置在左侧边墙上距上游隔板背水面距离为 1.5 m 的位置处，主流区始终处于休息池横向中间位置，对于 0.25 m 整流导板设置在距上游隔板背水面 1.5 m 处，主流区水流出现沿左侧边墙流动，其余 4 种情况，均出现不同程度上沿右侧边墙流动的现象。

根据数值模拟结果，在数学模型中提取竖缝中心断面的流速，并进行算术平均化，得到竖缝断面平均流速 1.18 m/s。从数值计算结果中，提取每条截取横断线上的最大流速 V_{imax} 及相应纵坐标值 x_i，并将其分别转化为量纲为一值 V_{imax}/V_a 与 x_i/L，其中 V_a 与 L 分别代表竖缝断面平均流速 1.18 m/s 与休息池长度 5.0 m，从 6 种数学模型得到最大流速沿程分布曲线 $V_{imax}/V_a \sim x_i/L$，如图 9.29 所示。

水流从上游竖缝以射流形式进入休息池，射流断面随主流区水流流动而沿程增加，断面动量通量保持不变，引起断面水流流速递减，但射流断面中心位置流速始终保持最大值，且主流区水流流速大于回流区，因此横断线上的最大流速为射流断面中心位置流速，最大流速沿程分布曲线在一定程度上反映了主流区水流流速的变化规律。由图 9.29 可知，6 种数学模型的最大流速沿程分布曲线的变化规律相似，基本呈先增大、后逐渐减小、再快速增加的变化趋势；对于 6 种数学模型的休息池而言，当 x_i/L 值为 0.04 时，

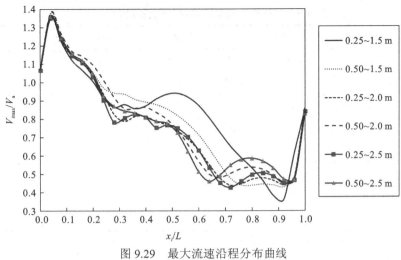

图 9.29　最大流速沿程分布曲线

V_{imax}/V_a 值达到最大值 1.35～1.38 左右；当 0.25 m 整流导板设置距上游隔板背水面 1.5 m 位置处时，x_i/L 值为 0.92 时的 V_{imax}/V_a 值最小，达到 0.36 左右；对于 0.50 m、0.25 m、0.50 m、0.25 m 与 0.50 m 整流导板分别设置在距上游隔板背水面 1.5 m、2.0 m、2.0 m、2.5 m 与 2.5 m 位置处时，x_i/L 值分别为 0.92、0.92、0.92、0.92 与 0.96 时的 V_{imax}/V_a 值最小，分别达到 0.43、0.44、0.45、0.45 与 0.47。

通过最大流速沿程分布曲线研究表明，对于 0.25 m、0.50 m、0.25 m、0.50 m、0.25 m 与 0.50 m 整流导板分别设置在距上游隔板背水面 1.5 m、1.5 m、2.0 m、2.0 m、2.5 m 与 2.5 m 位置处时，休息池最大流速分布曲线上，最大流速与最小流速的比值分别约为 3.72、3.14、3.08、2.96、3.02 与 2.86 倍，可见休息池主流区水流流速衰减效果均显著。

休息池内回流区水流流速小于或接近洄游鱼类的感应流速，使得鱼类在回流区内得到良好的休憩，待鱼类恢复体力后，能够自由游出回流区，逆主流区水流流向游出休息池，继续完成上溯过程，因此休息池回流区的水力特性研究显得尤为重要。

回流区内流速若超过鱼类的感应流速，基于鱼类逆水流游动的天性，可能会导致鱼类不能在休息池内休憩，休息池不能发挥相应的功能，回流区内最大流速是重要的水力学指标之一；回流区的尺度不宜过大，因为大尺度回流区使得鱼类不能感应到主流区水流流动，恢复体力的鱼类无法自由游出回流区，导致鱼类大量聚集在休息池内，降低了鱼道的过鱼效率，回流区的横向长度、纵向长度及相应的影响域与长宽比也是重要的水力学指标。

将 6 种数学模型的数值模拟计算结果导入 Tecplot 图形处理软件中，通过流速筛选功能便可得到回流区内的最大流速 V_{cmax}，并将其转化为量纲为一值 V_{cmax}/V_a，其中 V_a 为竖缝断面平均流速 1.18 m/s；采用流函数线显示出回流区的边界，通过坐标显示功能可得到回流区的边界坐标，从而得到回流区的横向长度量纲 B_c/B 与纵向长度量纲 L_c/L；通过横、纵向长度可得到回流区的影响域 $B_c/B \times L_c/L$ 与长宽比 L_c/B_c。6 种数学模型中各回流区的水力学指标见表 9.9。

表 9.9 不同数学模型回流区的水力学指标列表

数学模型	回流区	旋转方向	V_{cmax}/V_a	B_c/B	L_c/L	$B_c/B \times L_c/L$	L_c/B_c
0.25～1.5 m	上游左侧	逆时针	0.78	0.25	0.63	0.16	2.48
	右侧	顺时针	0.80	0.33	1.91	0.64	5.71
0.50～1.5 m	上游左侧	逆时针	0.74	0.26	0.61	0.16	2.34
	右侧	顺时针	0.86	0.25	1.45	0.36	5.85
	下游左侧	逆时针	0.35	0.27	1.59	0.43	5.92
0.25～2.0 m	上游左侧	逆时针	0.77	0.25	0.72	0.18	2.88
	右侧	顺时针	0.83	0.27	1.41	0.38	5.25
	下游左侧	逆时针	0.42	0.28	1.36	0.38	4.86
0.50～2.0 m	上游左侧	逆时针	0.79	0.26	0.88	0.23	3.39
	右侧	顺时针	0.87	0.22	1.26	0.28	5.59
	下游左侧	逆时针	0.47	0.29	1.35	0.39	4.70
0.25～2.5 m	上游左侧	逆时针	0.77	0.26	0.60	0.16	2.28
	右侧	顺时针	0.82	0.29	1.32	0.38	4.59
	下游左侧	逆时针	0.36	0.29	1.12	0.32	3.90
0.50～2.5 m	上游左侧	逆时针	0.78	0.31	0.71	0.22	2.30
	右侧	顺时针	0.85	0.27	1.19	0.32	4.41
	下游左侧	逆时针	0.42	0.30	1.12	0.34	3.72

注：0.25～1.5 m 表示 0.25 m 整流导板距上游隔板背水面距离为 1.5 m 处。

由表 9.9 可知，对于 6 种数学模型而言，主流区左/右侧回流区水流逆/顺时针旋转流动，上游左侧与右侧回流区流速较大，最大流速量量纲值 V_{cmax}/V_a 分别达到 0.74～0.79 与 0.80～0.87，下游回流区流速相对较小，内部流速量纲为一值不超过 0.35～0.47；上游左侧回流区横向长度量纲处于 0.25～0.31，纵向长度量纲值均较小，处于 0.60～0.72；右侧与下游左侧回流区纵向长度量纲均处于 0.22～0.33，横向长度相对较大，处于 1.12～1.91；上游左侧回流区影响域处于 0.16～0.23，右侧与下游左侧处于 0.28～0.64；上游左侧回流区形状比为 2.30～2.88 的范围内，右侧与下游左侧处于 3.70～5.85。

通过休息池回流区的水力特性研究表明，上游左侧与右侧回流区流速相对较大，下游右侧回流区流速甚小，除 0.25 m 整流导板设置在距上游隔板背水面 1.5 m 的情况外，其他 5 种数学模型的回流区之间的尺度差值均得到不同程度的减小。

采用在边墙上设置整流导板的方法，对休息池水流流态进行了改进研究，根据 6 种不同的数学模型数值模拟结果对比研究，表明将 0.50 m 整流导板设置在左侧边墙上，且距上游隔板背水面 1.5 m 后，休息池内主流区基本居于横向中心部分流动，主流区水流流速衰减效果显著；主流区两侧分布着三个回流区，下游左侧回流区内流速甚小，右侧与下游左侧回流区尺度相接近；相对于其他设置整流导板的措施而言，此水流流态改进效果最佳，利于洄游鱼类充分休憩，待恢复体力后，可自由游出回流区，继续完成上溯过程，提高了鱼道，尤其是整体长度较长的竖缝式鱼道的过鱼效率。

9.2.6　休息池结构布置综合分析

通过数值模拟计算方法与物理模型试验技术对休息池水流流动特性进行的研究，针对出现的不利水流流态，提出了调整导向角度与增设整流导板的改进措施，并研究了改进流场的水力特性，得出以下结论。

（1）在休息池原结构中，主流区水流出现沿左侧边墙流动的不利现象，主流区水流流速整体上呈衰减趋势，衰减效果显著，在主流区两侧分布着两个尺度相差悬殊的回流区，回流区的影响范围占休息池平面面积的80%左右，回流区内流速从中心向边缘递增，中心流速甚小，趋近于0。

（2）数值模拟的休息池中层平面水流流场得到了物理模型试验的验证，数值模拟与物理模型之间的误差基本在10%以内，说明两者结果较为吻合，由数学模型剖分网格形式及 k-ε（RNG）模型相应参数通过压强-速度耦合 SIMPLE，得到的数值模拟结果具有较高的可信度。

（3）在休息池原结构中，当上下游边界水深恒定为 2.0 m 时，竖缝断面平均流速约为 0.87 m/s。

（4）休息池内水流主要表现为平面流动，垂向上的流速甚小，其值不足水平流速的7%，因此休息池内水流具有显著的平面二元特性。

（5）当休息池上游竖缝的导向角度在 23°～26° 的范围内，主流区主要居于休息池横向中间60%范围内，主流区水流流速衰减效果良好，主流区两侧回流区尺度较为相近，内部水流流速相对较小，有利于洄游鱼类充分休憩与自由游出。

（6）将 0.50 m 整流导板设置左侧边墙距上游隔板背水面1.5 m 位置处，休息池主流区水流基本居于横向中间部分流动，主流区水流流速衰减效果显著，主流区两侧分布着三个回流区，下游左侧回流区流速甚小，右侧与下游左侧回流区尺度较为相似，有利于洄游鱼类休憩，且恢复体力后，其尺寸方便鱼类自由游出，继续完成上溯过程。

9.3　90° 转 弯 段

9.3.1　90° 转弯段的结构与分类

竖缝式鱼道转弯段的作用：一方面实现水流流向发生变化，另一方面为过鱼对象提供休憩空间。在竖缝式鱼道工程设计中，通常将休息池长度设计为常规水池长度的2倍，以促使休息池内形成尺度相对较大的休憩空间与流速较小的流动水流，方便洄游鱼类进行充分休憩。基于休息池的设计理念，将 90° 转弯段长度（除转弯部分外）设计为常规水池长度的 2 倍，即上下游部分长度分别与常规水池等长；转弯部分为 1/4 圆，圆心为内墙转折点，半径为鱼道宽度，90°转弯段的基本结构如图 9.30 所示。

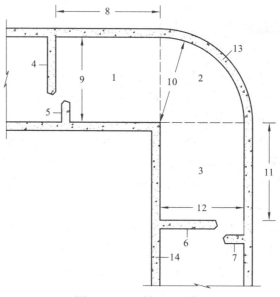

图 9.30　90°转弯段结构

1. 上游部分；2. 转弯部分；3. 下游部分；4. 上游隔板；5. 上游导板；6. 下游隔板；7. 下游导板；8. 上游部分长度；9. 上游部分宽度；10. 转弯部分宽度；11. 下游部分长度；12. 下游部分宽度；13. 外侧边墙；14. 内侧边墙

　　参照图 9.30 所示的 90°转弯段基本结构，根据上下游导板的位置，将 90°转弯段分为 4 类：内内型，即上下游导板均设置在内侧边墙；内外型，即上游导板设置在内侧边墙上，下游导板设置在外侧边墙上；外内型，即上游导板设置在外侧边墙上，下游导板设置在内侧边墙上；外外型，即上下游导板均设置在外侧边墙上。在实际竖缝式鱼道工程设计过程中，可基于鱼道进、出口的隔板与导板设计位置，灵活调节 90°转弯段上下游隔板与导板的设置位置。

9.3.2　计算内容与工况

　　90°转弯段内水流流向发生变化，引起其内部多处产生水流紊动现象，因此转弯段内水流所含水力信息较为丰富。为了便于全面研究 90°转弯段内水流流场分布规律，将采用三维数值模拟方法对转弯段内水流流场进行计算研究，以分析其内部水流流动的水力特性。鉴于 90°转弯段分为 4 种类型，将选取工程上使用频率较高的内外型 90°转弯段作为研究对象，其细部结构平面布置如图 9.31 所示。

　　为了避免 90°转弯段的水流流场受上下游边界设置条件的影响，在其上下游分别设置了三级常规水池。在数学模型中（见图 9.31），内外型 90°转弯段分为上游、转弯与下游三部分，上游部分长度与宽度分别为 2.5 m 与 2.0 m；转弯部分为 1/4 圆，圆半径为 2.0 m；下游部分长度与宽度分别为 2.5 m 与 2.0 m；导板长度与宽度分别为 0.5 m 与 0.2 m；上

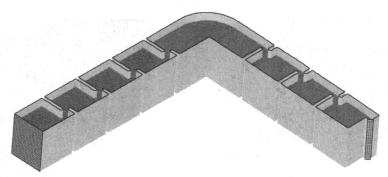

图 9.31　内外型 90°转弯段数学模型的网格分布

下竖缝长度与宽度分别为 0.1 m 与 0.3 m；上下竖缝的导向角度为 45°；内、外侧边墙高度设置为 2.5 m；底板采用平坡。

　　数学模型中网格的整体质量将影响数值计算时间与模拟结果的科学性，一般而言将数学模型剖分成精细的结构性六面体网格，将减少计算机的迭代计算时间，同时所得到的数值模拟结果具有较好的可信度。但在内外型 90°转弯段数学模型中，存在局部不规则区域，导致不可能将数学模型全部剖分成结构性六面体网格，综合考虑剖分网格形式、计算时间与模拟结果之间的相互影响关系，在水流进口边界至最上游常规水池上游隔板迎水面之间的部分、各常规水池内上游导板背水面与下游隔板迎水面之间的部分、各竖缝部分、转弯段内上游导板背水面至下游隔板迎水面之间的部分（除转弯部分外）剖分成结构性六面体网格，网格长度为 0.05 m；数学模型内剩余部分被剖分成结构性与非结构性相结合的四面体网格，网格长度为 0.05 m，数学模型的网格分布如图 9.31 所示。

　　数学模型通过 Fluent 计算软件进行数值模拟研究，在计算软件中选用 k-ε（RNG）模型与压强-速度耦合 SIMPLE 算法。在数值模拟计算过程中，上游边界设置为压力进口，水深设置为 2.0 m；下游边界设置为压力出口，水深设置为 2.0 m；数学模型顶端边界设置为压强进口，相对压强值设置为 0，即将顶端边界设置为敞口的，空气可以自由出入。压强-速度耦合 SIMPLE 算法的松弛因子采用默认值，迭代计算的残差值设置为 10^{-4}，时间步长设置为 0.01 s，每个时间步长内最大计算次数设置为 20 次。

　　为了全面研究转弯段表层、中层、底层水流流场分布规律，将在数学模型中截取相对水深为 0.2、0.5 与 0.8 的平面，即所截平面距底板高程的高度与水深之比分别为 0.2、0.5 与 0.8，将计算收敛后各平面上节点的流速导入 Tecplot 图形处理软件中，得出平面流场的速度矢量云图，如图 9.32～图 9.35 所示。

　　由图 9.32～图 9.34 可知，内外型 90°转弯段内表层、中层、底层平面水流流场分布较为相似，即水流通过上游竖缝以射流形式流入转弯段内，主流区水流基本上紧贴外侧边墙流动；主流区水流流速从上游至下游呈先减小、再增加的变化规律，从中心线至两边缘逐渐减小；主流区流速绝大部分保持在 0.4～0.8 m/s 的范围内；主流区两侧分布着两个回流区，左侧回流区尺度过小，而右侧回流区尺度过大，贯穿转弯段的上游、转弯与下游部分；回流区内水流流速从其中心至边缘呈逐渐增加的趋势，中心流速甚小，趋近于 0；回流区内水流流速大致在 0～0.3 m/s 的变化范围内。

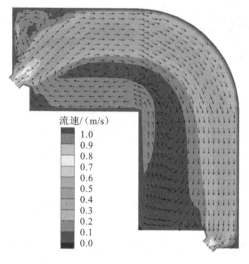

图 9.32　内外型 90° 转弯段表层流速分布

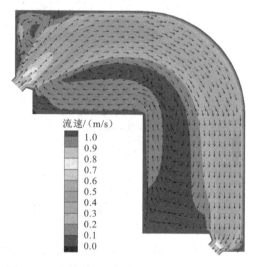

图 9.33　内外型 90° 转弯段中层流速分布

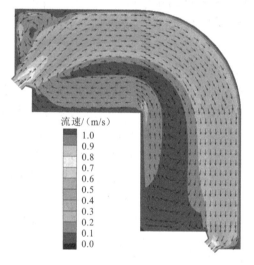

图 9.34　内外型 90° 转弯段底层流速分布

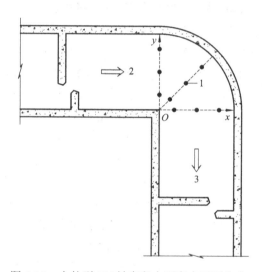

图 9.35　内外型 90° 转弯段内研究点平面分布

O. 坐标原点；1. 研究点；2. 水流方向；3. 水流方向

　　在天然河流中，当水流通过弯道时，会出现弯段环流现象，而在内外型 90° 转弯段内，水流在转弯部分实现转弯，必然会出现环流现象，即水流在转弯部分存在相对较大的垂向流速。为了研究内外型 90° 转弯段内的垂向流速，将提取其内部节点的流速，但由于流速数据量繁多，在此不可能全部给出，仅给出具有代表性节点的流速分量值。

　　以转弯段内墙顶端转折点为原点，垂直于上游隔板且指向外侧边墙的方向作为 x 轴正方向，平行于上游隔板且指向外侧边墙的方向作为 y 轴正方向。在内外型 90° 转弯段内，截取经过原点且与 x 轴相交为 0、45°、90° 的三个垂面，垂面与表层、中层、底层平面相交 9 条横截线，在每条横截线上截取三个点，其距原点的距离与转弯部分宽度之比分别为 1/4、1/2 与 3/4，因此在转弯部分的表层、中层、底层平面上各选取了 9 个点作为研究对象，研究点平面分布如图 9.35 所示。

在数值模拟结果中，分别提取研究点的坐标 (x, y, z) 与相应速度 (u, v, w)，并分别将其转化为量纲为一值 $(x/l, y/B, z/h)$ 与 $(u/u_0, v/u_0, w/u_0)$，其中 l、B、h、u_0 分别为 90° 转弯段的长度、宽度、水深、竖缝断面平均流速，内外型 90° 转弯段的流速分布情况见表 9.10。

表 9.10 内外型 90° 转弯段的流速分布

x/B	y/B	z/B	u/u_0	v/u_0	w/u_0	$\lvert w\rvert/\sqrt{u^2+v^2}$
0.0000	0.2000	0.2000	−0.1528	0.0888	−0.0077	0.0435
0.0000	0.2000	0.5000	−0.1447	0.0493	−0.0025	0.0163
0.0000	0.2000	0.8000	−0.1385	0.0392	−0.0004	0.0027
0.0000	0.5000	0.2000	0.1492	−0.0645	0.0130	0.0801
0.0000	0.5000	0.5000	0.1340	−0.0643	0.0053	0.0358
0.0000	0.5000	0.8000	0.1544	−0.0722	0.0014	0.0082
0.0000	0.8000	0.2000	0.4051	−0.0654	−0.0019	0.0047
0.0000	0.8000	0.5000	0.4269	−0.0567	0.0035	0.0081
0.0000	0.8000	0.8000	0.3857	−0.0599	−0.0024	0.0062
0.1414	0.1414	0.2000	−0.0671	0.1060	−0.0068	0.0540
0.1414	0.1414	0.5000	−0.0637	0.0729	−0.0032	0.0325
0.1414	0.1414	0.8000	−0.0630	0.0648	−0.0001	0.0010
0.3535	0.3535	0.2000	0.1400	−0.1545	0.0070	0.0334
0.3535	0.3535	0.5000	0.1283	−0.1567	0.0032	0.0157
0.3535	0.3535	0.8000	0.1284	−0.1529	0.0001	0.0005
0.5657	0.5657	0.2000	0.2335	−0.2398	0.0020	0.0058
0.5657	0.5657	0.5000	0.2550	−0.2474	0.0009	0.0026
0.5657	0.5657	0.8000	0.2160	−0.2179	0.0003	0.0011
0.2000	0.0000	0.2000	−0.0282	0.1060	−0.0061	0.0558
0.2000	0.0000	0.5000	−0.0266	0.0834	−0.0030	0.0341
0.2000	0.0000	0.8000	−0.0264	0.0740	−0.0001	0.0016
0.5000	0.0000	0.2000	0.0292	−0.1617	−0.0030	0.0180
0.5000	0.0000	0.5000	0.0290	−0.1697	−0.0039	0.0226
0.5000	0.0000	0.8000	0.0271	−0.1518	0.0002	0.0014
0.8000	0.0000	0.2000	0.0549	−0.3597	0.0008	0.0022
0.8000	0.0000	0.5000	0.0620	−0.3650	−0.0015	0.0041
0.8000	0.0000	0.8000	0.0536	−0.3205	−0.0019	0.0060

由表 9.10 可知，w/u_0 值均小于 0.013；垂向流速与水平流速之比 $|w|/\sqrt{u^2+v^2}$ 值均小于 0.08。因为内外型 90° 转弯段的转弯部分内出现环流现象较为突出，所以转弯部分内研究点的垂向流速相对较大。通过研究点的流速分量值分布规律，说明 90° 转弯段内垂向流速的绝对值相对较小，最大值约为竖缝断面平均流速的 0.013 倍；而相对于水平流速而言，垂向流速不足其 0.08 倍。通过分析可见，90° 转弯段内水流流动缓慢，水流流经转弯部分所表现出的环流现象不甚明显，相对于水平流速而言，垂向流速可忽略不计。

9.3.3　90°转弯段水力特性与改进

通过对内外型 90° 转弯段的水力特性研究表明，水流通过 90° 转弯段使得流速方向发生改变，但由于其水流流动缓慢，使得经过转弯段而发生的环流现象不甚明显，水流流动表现出较强的平面二元特性，所以在本小节中将采用平面二维数学模型对 4 种类型的 90° 转弯段水流流动进行数值模拟。

为了避免 90° 转弯段的水流流场受上下游边界设置条件的影响，将在转弯段上下游分别设置三级常规水池，转弯段与常规水池细部结构与尺寸见三维数学模型平面布置如图 9.30 所示。在二维数学模型中，剖分网格的总体质量将影响计算机迭代时间与数值模拟结果的可靠性，一般而言，将二维数学模型剖分成结构性四边形网格，将使网格数量降低与质量提高，促使计算时间缩短，数值模拟结果逼真。但由于竖缝式鱼道内局部存在不规则结构，导致不可能全部将二维数学模型剖分为结构性四边形网格，从考虑模型结构、网格质量与数值模拟结果可信度之间的相互影响角度出发，将模型进口与最上游常规水池上游隔板迎水面之间的部分、各竖缝部分、各常规水池内上游导板背水面与下游隔板迎水面之间的部分、90° 转弯段上游导板背水面与下游隔板迎水面之间的部分（除转弯部分之外）剖分成结构性四面体网格；数学模型剩余部分剖分为结构性与非结构性相结合的三角形网格；竖缝与其附近部分的网格边长设置为 0.02 m，其余部分网格边长设置为 0.05 m。内外型二维数学模型的网格分布如图 9.36 所示。

90° 转弯段二维数学模型采用 Fluent 计算软件进行数值模拟，在数学模型中选用 k-ε（RNG）模型与压强-速度耦合 SIMPLE。在计算过程中，将上游边界设置为速度进口，均匀流速设置为 0.15 m/s，以保证竖缝断面平均流速为 1.0 m/s；下游边界设置为流速出口，流速设置为-1.0 m/s；耦合 SIMPLE 的松弛因子采用软件中的默认值；迭代计算的残差值设置为 10^{-5}；时间步长设置为 0.01 s，每个时间步长内最大计算次数设置为 20 次。待数值计算稳定收敛后，将 4 种类型 90° 转弯段的流场数据导入 Tecplot 图形处理软件中，经处理显示出速度矢量云图，如图 9.37～图 9.40 所示。

由图 9.37～图 9.40 可得：

（1）在内内型与内外型 90° 转弯段中，水流从上游竖缝以射流形式流入转弯段中，主流区水流基本上紧贴外侧边墙流动；主流区水流流动从上游至下游呈先减小、后增加的变化规律，从中心线至两侧边缘逐渐减小；主流区流速绝大部分保持在 0.4～1.1 m/s

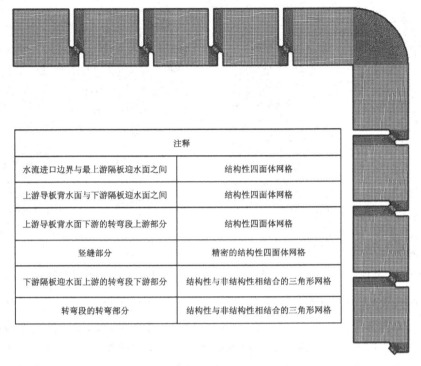

注释	
水流进口边界与最上游隔板迎水面之间	结构性四面体网格
上游导板背水面与下游隔板迎水面之间	结构性四面体网格
上游导板背水面下游的转弯段上游部分	结构性四面体网格
竖缝部分	精密的结构性四面体网格
下游隔板迎水面上游的转弯段下游部分	结构性与非结构性相结合的三角形网格
转弯段的转弯部分	结构性与非结构性相结合的三角形网格

图 9.36　内外型数学模型的网格分布

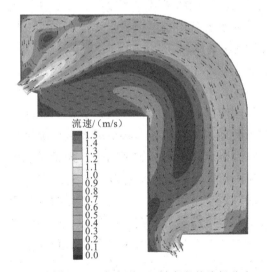

图 9.37　内内型 90° 转弯段的流场分布

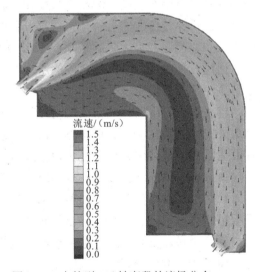

图 9.38　内外型 90° 转弯段的流场分布

的变化范围内；在主流区两侧分布着两个回流区，但两者尺度相差甚远，左侧回流区尺度过小，而右侧回流区尺度过大，贯穿转弯段的上游部分、转弯部分与下游部分；回流区内水流流动从中心至边缘逐渐增加，中心流速甚小，趋近于 0；回流区内流速基本在 0.4 m/s 以下。

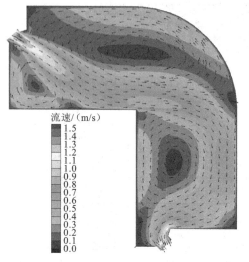

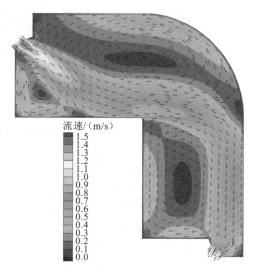

图 9.39　外内型 90° 转弯段的流场分布　　　图 9.40　外外型 90° 转弯段的流场分布

（2）在外内型与外外型 90° 转弯段内，水流从上游竖缝以射流形式流入转弯段，主流区水流在上游部分紧贴内侧边墙流动，在转弯部分由内侧边墙流向外侧边墙，在下游部分紧贴外侧边墙流动；主流区水流流速从上游至下游呈先减小、后增加的变化规律，从中心线至两侧逐渐增加；主流区水流流速基本保持在 0.4～1.1 m/s 的范围内；主流区两侧分布着三个回流区，回流区尺度相差较大，上游左侧回流区尺度较小，而右侧回流区甚大，贯穿转弯段的上游与转弯部分；回流区内水流从中心至边缘呈逐渐增加的变化趋势，中心流速甚小，趋近于 0；回流区内水流流速基本在 0.4 m/s 以下。

通过对 4 种类型 90° 转弯段的水流流场分布表明，主流区水流基本紧贴边墙流动，导致主流区两侧均出现了尺度过大或过小的回流区，若过鱼对象从下游竖缝游入转弯段内，容易误入尺度较大的回流区内进行休憩，但回流区尺度过大，导致鱼类在回流区内迷失方向，且消耗较大的自身体力，随着鱼类不断地误入回流区，将造成大量鱼类聚集在回流区内，最终引起整体过鱼效率降低，达不到竖缝式鱼道的过鱼功能。为了避免鱼道过鱼效率下降的不良效果，需要对 4 种类型 90° 转弯段的结构进行改进研究。

针对 90° 转弯段内出现的不利水流流态，通过调整上游竖缝式导向角度与增设整流导板措施对不利流态进行改进系列研究，但对于调整上游竖缝导向角度方案，水流改进效果不甚明显，仅介绍采用增设整流导板措施改进 90° 转弯段内出现的不利水流流态。

为了改善 90° 转弯段内水流流态，需要对增设整流导板的结构、长度与设置位置等参数进行优化研究。90° 转弯段布置不同参数组合的整流导板后，通过对其水力特性进行对比研究，得到了 4 种类型 90° 转弯段较好的水流流态，相应的具体布置方式如下。

（1）对于内内型 90° 转弯段，在其外侧边墙上设置两块整流导板，整流导板迎水面与上游隔板背水面之间的距离分布为 1.00 倍与 1.25 倍常规水池宽度。

（2）对于内外型 90° 转弯段，在其外侧边墙上设置一块整流导板，整流导板迎水面与上游隔板背水面之间的距离为 1.00 倍常规水池宽度。

（3）对于外内型 90° 转弯段，在其内侧边墙上设置一块整流导板，整流导板迎水面与上游隔板背水面之间的距离为 1.15 倍常规水池宽度；在其外侧边墙上设置一块整流导板，整流导板迎水面设置在弯段部分与下游部分的连接处。

（4）对于外外型 90° 转弯段，在其内侧边墙上设置一块整流导板，整流导板迎水面与上游隔板背水面之间距离为 1.20 倍常规水池宽度；在其外侧边墙上设置一块整流导板，整流导板迎水面设置在弯段部分与下游部分的连接处。

（5）在 4 种类型的 90° 转弯段内所增设的整流导板，其长度均为 1/4 倍常规水池宽度，水池宽度与导板宽度相同，墩头均采用 1/2 圆形。

在 4 种类型 90° 转弯段内分别增设上述合理的整流导板后，在 Gambit 软件中建立数学模型，因为数学模型中存在局部不规则区域，不可能将其全部剖分为结构性四边形网格，所以将数学模型划分为几个区域，在规则区域内剖分为结构性四边形网格，在不规则区域内划分为结构性与非结构性相结合的三角形网格。剖分网格的数学模型导入 Fluent 软件中进行计算，待迭代计算稳定收敛后，将转弯段内网格节点数据导入 Tecplot 图形处理软件中，调试流速颜色条与流速矢量的参数，并隐藏等流速区域的包络线，分别得到 4 种类型 90° 转弯段的流速矢量云图，如图 9.41～图 9.44 所示。

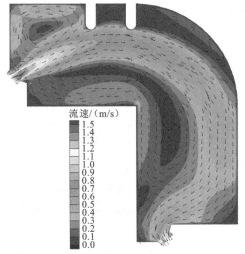
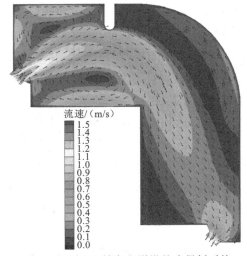

图 9.41　内内型 90° 转弯段增设整流导板后的　　图 9.42　内外型 90° 转弯段增设整流导板后的
流场分布　　　　　　　　　　　　　　　　流场分布

由图 9.41～图 9.44 可得：

（1）在内内型 90° 转弯段内增设两块整流导板后，主流区在上游与转弯部分基本居中，在下游部分出现轻微贴外侧边墙的现象；主流区水流流速从上游至下游呈先减小、后增大的变化规律，从中心线至两侧边缘逐渐减小；主流区绝大部分流速基本处于 0.4～1.1 m/s 的变化范围内；主流区两侧分布着 4 个尺度不等的回流区，左侧三个回流区尺度相对较小，而右侧回流位于上游部分与转弯部分的局部区域，其内部有两个回流中心；回流区内水流流速从边缘至中心呈逐渐减小的趋势，中心流速甚小，趋近于 0；回流区流速基本在 0.4 m/s 以下。

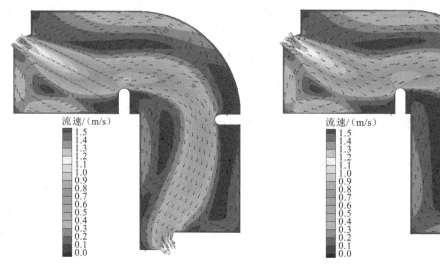

图 9.43　外内型 90° 转弯段增设整流导板后的　　图 9.44　外外型 90° 转弯段增设整流导板后的
　　　　　流场分布　　　　　　　　　　　　　　　　　　　流场分布

（2）在内外型 90° 转弯段增设一块整流导板后，主流区基本居中，主流区水流从上游至下游呈先降低、后增加的趋势，从中心线至两侧边缘逐渐减小；主流区水流流速绝大部分处于 0.3～1.1 m/s 的区域内；主流区两侧分布着三个尺度相当的回流区，回流区内水流从中心至边缘呈逐渐增加的趋势，中心流速甚小，趋近于 0；左侧处于上游部分与右侧回流区内，边缘流速相对较大，约为 0.5 m/s，而右侧回流区内水流流速整体较小，基本小于 0.2 m/s。

（3）在外内型 90° 转弯段内增设两块整流导板后，主流区大致位于中间位置，主流区水流流速从上游至下游呈先缓慢减小、后快速增加的趋势，其中在整流导板附近出现局部稍稍增加的现象；主流区流速大部分处于 0.5～1.1 m/s 的变化范围内；主流区两侧分布着 4 个尺度不等的回流区，左侧回流尺度较右侧回流区尺度大；回流区内水流流速从中心至边缘呈逐渐增加趋势，中心流速甚小，趋近于 0；回流区内流速基本小于 0.4 m/s。

（4）在外外型 90° 转弯段内增设两块整流导板后，主流区在上游部分、转弯部分与下游大部分大致居中，在靠近下游竖缝附近出现稍稍贴外侧边墙的现象；主流区水流流速从上游至下游呈先变小、后增加的趋势，其中在整流导板墩头附近出现稍稍增加的现象；主流区流速基本处于 0.6～1.1 m/s 的范围内；主流区两侧分布着 4 个回流区，左侧上游回流区尺度较大，而左侧下游回流区尺度甚小；回流区内水流流速从中心至边缘呈逐渐增加的现象，中心流速趋近于 0；位于上游部分的回流区边缘流速较大，约为 0.5 m/s，而下游回流内整体流速不高，基本均在 0.2 m/s 以下。

通过以上分析表明，90° 转弯段内增设合理的整流导板后，主流区基本居中，主流区两侧分布着多个回流区，大回流区尺度减小，位于下游部分的回流区内整体流速较小，基本小于竖缝断面平均流速的 0.2 倍，为鱼类提供了良好的休憩空间。

以上通过流速矢量云图对 4 种类型 90° 转弯段增设整流导板前后的水力特性进行了定性分析，为了更加准确地研究转弯段的水流流场特性，将从数学模型中提取转弯段内网格节点的流速分量值，并根据流速数据定量研究水流流场分布规律，重点介绍主流区的水力特性对比研究。

待水流流场迭代计算稳定收敛后，在数学模型提取数据的具体方式为：以未增设整流导板的内内型 90° 转弯段为例，如图 9.45 所示，将 A 点作为坐标原点，AB 方向作为 y 轴方向，BD 方向作为 x 轴方向，其中 AB 在上游隔板背水面上，BD 处于内内型 90° 转弯的纵向中心线上，因此 A、B、C、D 点坐标分别为（0，0）、（0，1）、（l，0）与（l，1），l 为内内型 90° 转弯的长度；在内内型 90° 转弯的数学模型中，将上游隔板背水面为起点，在上下游部分每隔 0.25 m 截取一条横断线，在转弯部分每隔 18° 截取一条横断线，共截取 26 条横断线（图 9.45 中用虚线表示），横断线分布情况如图 9.45 所示。

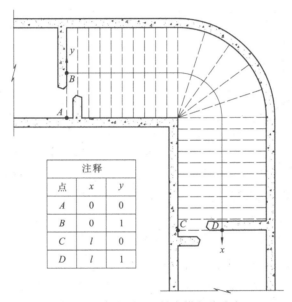

图 9.45　内内型 90° 转弯横断线分布

在 Fluent 计算软件中，提取每条横断线上网格节点的坐标值 (x, y) 及速度 V，筛选每条横断线上的最大流速 V_{max} 及相应的坐标值 (x_i, y_i)，并将其分别转化为量纲为一值 V_{max}/u_0、x_i/l 与 y_i/B，其中 u_0、l 与 B 分别为竖缝断面平均流速 1.0 m/s、转弯段长度与宽度。得到结果见最大流速位置分布曲线 $y_i/B \sim x_i/l$ 与沿程分布曲线 $V_{max}/u_0 \sim x_i/l$，分别如图 9.46、图 9.47 所示。

通过对 90° 转弯段内水流流场的定性研究表明，主流区内水流流速均大于回流区流速，而主流区射流断面中心线位置流速最大，因此横断线上最大流速为主流区射流断面中心线位置的流速，而最大流速位置分布曲线为主流区中心线，一定程度上反映了主流区的分布情况。由图 9.46 可知，①在内内型 90° 转弯段内，当 x_i/l 值为 0.52～0.88 时，y_i/B 值超过 0.9，而增设整流导板后，y_i/B 值均处于 0.29～0.85；②在内外型 90° 转弯段内，当 x_i/l 值为 0.52～0.92 时，y_i/B 值超过 0.9，而增设整流导板后，y_i/B 值均处于 0.25～

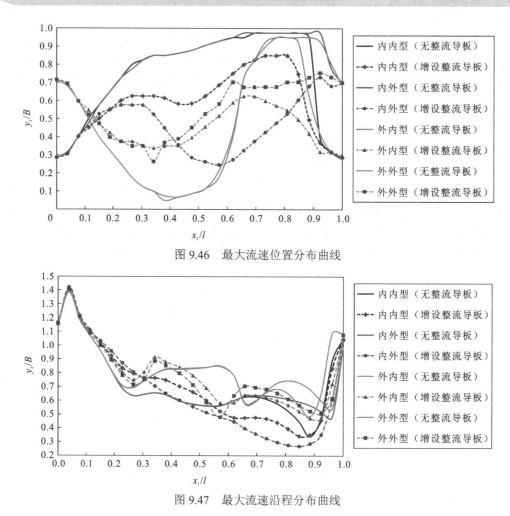

图 9.46　最大流速位置分布曲线

图 9.47　最大流速沿程分布曲线

0.70；③在外内型 90° 转弯段内，当 x_i/l 值为 0.34~0.47 时，y_i/B 值低于 0.1，且当 x_i/l 值为 0.73~0.84 时，y_i/B 值均超过 0.9，而增设整流导板后，y_i/B 值均处于 0.30~0.71；④在外外型 90° 转弯段内，当 x_i/l 值为 0.34~0.48 时，y_i/B 值低于 0.1，且当 x_i/l 为 0.73~0.92 时，y_i/B 值均超过 0.9，而增设整流导板后，y_i/B 值均处于 0.26~0.75。

在 4 种类型 90° 转弯段内增设整流导板前后的水流流场中，主流区在横向上具有一定宽度 B_z，其值约为 0.8 m，转化为量纲为一值 B_z/B 为 0.4，而最大主流位置分布曲线处于主流区的中心向位置，则最大主流位置分布曲线两侧边缘的距离 $B_z/2$ 约为 0.4 m，转化为量纲为一值 $B_z/2B$ 约为 0.2，若主流区水流沿外/内侧边墙流动，则最大主流位置分布曲线的横坐标值 y_i 应在 1.6~2.0 m/0~0.4 m，量纲为一值 y_i/B 应在 0.8~1.0/0~0.2，因此在本小节中，若 y_i/B 值超过 0.8 或低于 0.2 时，将主流区水流考虑成沿外侧边墙或内侧边墙流动，而 y_i/B 值适中处于 0.2~0.8 时，则将主流区考虑成基本居于 90° 转弯段的横向中间部分。因此，在 4 种类型 90° 转弯段内，主流区均出现紧贴两侧边墙流动，而增设整流导板后，主流区居于转弯段的中间部分（内内型 90° 转弯段主流区在下游部分出现稍稍贴外侧边墙的现象），使转弯段的水流流态得到改善。

　　根据以上研究表明，最大流速位置分布曲线基本为主流区中心线，因此最大流速沿程分布曲线则为主流区中心流速沿程变化规律，一定程度上反映了主流区流速的变化规律。由图 9.47 可知，4 种类型 90° 转弯段增设整流导板前后，最大流速沿程分布曲线变化规律基本相似，即流速量值 $V_{\max}/u_0$ 呈先短距离快速增加、再长距离缓慢降低、后短距离快速增加的变化规律；4 种类型 90° 转弯段增设整流导板前后，最大流速沿程分布曲线上的最大值约为 1.40；对于内内型、内外型、外内型与外外型 90° 转弯段，其最大流速沿程分布曲线上的最小值分别为 0.34、0.48、0.48 与 0.58，增设整流导板后，最大流速沿程分布曲线上的最小值分别为 0.34、0.27、0.47 与 0.47；内内型、内外型、外内型与外外型 90° 转弯段内主流区流速在长距离缓慢降低的过程中，衰减率分别约为 76%、66%、66% 与 59%，增设整流导板后，衰减率分别为 76%、81%、66% 与 66% 左右。

　　通过最大流速沿程分布曲线研究表明，4 种类型 90° 转弯段在增设整流导板前后，主流区中心线上流速衰减率均在 59% 以上，说明衰减效果良好，而对于内外型 90° 转弯段内增设一块合理的整流导板后，衰减率达到 81%，衰减效果最为显著。

　　9.2 节介绍了增设整流导板前后，4 种类型 90° 转弯段主流区流场特性的对比研究情况，将重点对比分析回流区水流流动的水力特性。

　　回流区为过鱼对象提供休憩空间，但若回流区内水流流速较强，会迫使鱼类随着漩涡转动，非但不能使鱼类进行良好的休憩，同时对鱼类自身造成伤害；若回流区尺度过大，游入其中的鱼类会迷失方向，导致大量鱼类聚集在回流区内，最终导致鱼道的过鱼效率降低，因此回流区的尺度与流速是 90° 转弯段水力特性的重要指标。4 种类型 90° 转弯段增设整流导板前后的回流区分布如图 9.48～图 9.55 所示。

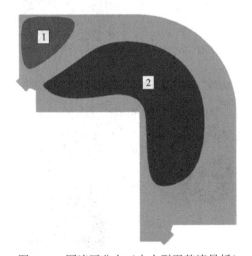 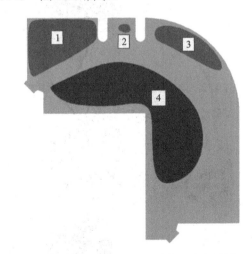
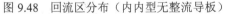

　　图 9.48　回流区分布（内内型无整流导板）　　　图 9.49　回流区分布（内内型增设整流导板）

　　在数学模型中，提取 90° 转弯段内网格节点的坐标、流速、流函数等数据，导入 Tecplot 图形处理软件中，利用等流函数显示云图可显示出回流区的边缘，并通过数据坐标显示得到回流区的 x 轴长度 B_c 与 y 轴长度 l_c，并将其转化为量纲为一值 B_c/B 与 l_c/B（B 为 90° 转弯段宽度），并由此得出回流区的影响域 $B_c/B \times l_c/B$，用以表示回流区的尺度；在 Tecplot

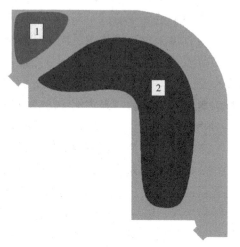

图 9.50　回流区分布（内外型无整流导板）

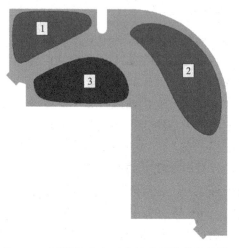

图 9.51　回流区分布（内外型增设整流导板）

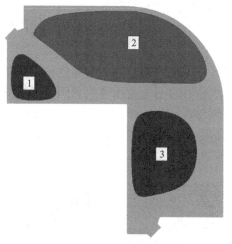

图 9.52　回流区分布（外内型无整流导板）

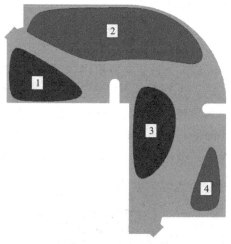

图 9.53　回流区分布（外内型增设整流导板）

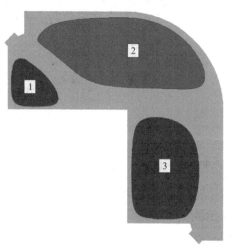

图 9.54　回流区分布（外外型无整流导板）

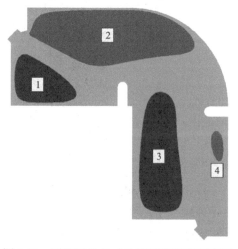

图 9.55　回流区分布（外外型增设整流导板）

图形处理软件中，通过数据筛选功能可将回流区内最大流速 V_{cmax} 显示出来，并将其转化为量纲为一值 V_{cmax}/V_a（V_a 为竖缝断面平均流速），用以作为回流区内流速的控制指标。将 4 种 90° 转弯段增设整流导板前后回流区的各项指标列于表 9.11。

表 9.11　90° 转弯段回流区的水力学指标

90° 转弯段	序号	l_1/B	l_2/B	$B_c/B \times l_c/B$	V_{cmax}/V_a
内内型（无整流导板）	1	0.664	0.664	0.441	0.600
	2	1.867	1.701	3.174	0.375
内内型（增设整流导板）	1	0.745	0.650	0.484	0.563
	2	0.277	0.193	0.053	0.094
	3	0.873	0.609	0.531	0.188
	4	1.769	1.411	2.496	0.281
内外型（无整流导板）	1	0.635	0.641	0.407	0.563
	2	1.843	1.892	3.486	0.281
内外型（增设整流导板）	1	0.900	0.658	0.592	0.469
	2	1.247	1.515	1.889	0.188
	3	1.141	0.530	0.604	0.563
外内型（无整流导板）	1	0.624	0.661	0.412	0.563
	2	2.131	0.911	1.940	0.375
	3	0.806	1.101	0.887	0.469
外内型（增设整流导板）	1	0.984	0.664	0.633	0.563
	2	1.993	0.687	1.369	0.375
	3	0.496	1.086	0.538	0.281
	4	0.427	0.983	0.420	0.188
外外型（无整流导板）	1	0.615	0.659	0.405	0.563
	2	2.062	0.867	1.787	0.469
	3	0.782	1.137	0.889	0.375
外外型（增设整流导板）	1	0.774	0.612	0.473	0.563
	2	1.809	0.575	1.039	0.375
	3	0.557	1.375	0.766	0.188
	4	0.224	0.662	0.148	0.188

由图 9.48～图 9.55 与表 9.11 可得：

（1）在内内型 90° 转弯段内，分布着两个回流区，大、小回流区的影响域分别为 3.174

与 0.441，最大流速分别为 0.375 与 0.600；在增设整流导板后，回流区数量增加至 4 个，序号为 1~4 的回流区影响域分别为 0.484、0.053、0.531 与 2.496，最大流速值分别为 0.563、0.094、0.188 与 0.281。

（2）在内外型 90° 转弯段内，分布着两个回流区，大尺度回流区的影响域为小尺度回流区的 8.6 倍，而内部最大流速为小尺度回流区的 50%；在增设整流导板后，回流区数量增加至三个，序号分别为 1~3 的回流区影响域分别为 0.592、1.889 与 0.604，最大流速分别为 0.469、0.188 与 0.563。

（3）在外内型 90° 转弯段内，分布着三个回流区，最大尺度回流区的影响域为 1.940，而其内最大流速为 0.375；增设整流导板后，回流区数量增加至 4 个，最小回流区尺度为 0.538，内部最大流速为 0.281。

（4）在外外型 90° 转弯段内，分布着三个回流区，最小尺度回流区的影响域为 0.405，而内部最大流速为 0.563；增设整流导板后，回流区数量增加至 4 个，最大尺度回流区的影响域为 1.039，其内部最大流速为 0.375。

通过表 9.11 所示的回流区水力学指标表明，4 种类型 90° 转弯段增设整流导板后，回流区数量均有所增加，大尺度回流区的影响域均不同程度地减小，内部流速也出现降低现象。水流流场经过调整后，回流区尺度与流速更适合鱼类休憩，同时也有利于鱼类恢复体力后自由游出回流区，并逆主流区水流流动方向游出转弯段，有助于提高鱼道的过鱼效率。

9.3.4 物理模型试验数据与数值模拟结果对比分析

对 4 种类型 90° 转弯段的水力特性进行研究，并根据其内部出现的不利于鱼类上溯的水流流态，提出了增设整流导板措施进行改善水流流态研究，为了验证数值模拟结果的科学性，在比尺为 1∶10 的整体物理模型中，对内外型与外内型 90° 转弯段增设整流导板前后的水流流场进行测量，物理模型试验设施如图 9.56 所示。在物理模型中，转弯段上下游部分长度与宽度分别为 0.25 m 与 0.20 m，上下游竖缝长度与宽度分别为 0.01 m 与 0.03 m，导向角度为 45°，转弯部分为 1/4 圆形，圆心为内墙转折点位置，圆半径为 0.02 m，水深为 0.2 m。

图 9.56 竖缝式鱼道整体物理模型试验设施

　　以上游隔板背水面为起点，在上下游部分每隔 0.025 m 截取一个横断面，在转弯部分每隔 30° 截取一个横断面，共截取 24 个横断面。在每个横断面上，截取三条横断线，其距底板高程为水深的 0.2 倍、0.5 倍与 0.8 倍。在每条横断线上，以内侧边墙为起点，每隔 0.02 m 选取一个测点，即每条横断线上存在 19 个测点。测点流速通过 P-EMS 电磁流速仪进行测量，将测量的相同平面位置的三个测点的流速平均化，并将平均值转化为量纲为一值，得到内外型与外内型 90° 转弯段增设整流导板后的最大流速量值位置分布。

　　内外型与外内型 90° 转弯段的水力特性通过二维数值模拟进行研究，将物理试验测量的表层、中层、底层平面流速平均化，将平均值与数值模拟结果进行对比。由图 9.57 可知，内外型与外内型 90° 转弯段的最大流速分布趋势相似，说明主流区的分布位置相近，因此数值模拟结果与物理模型试验数据吻合良好，数值模拟结果具有较高的可信性。

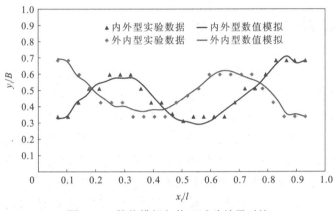

图 9.57　数值模拟与物理试验结果对比

9.3.5　90° 转弯段结构布置综合分析

　　通过数值模拟与模型试验相结合的方法，对 4 种类型 90° 转弯段的水力特性进行了研究，并根据其内部出现的不利于过鱼对象上溯的水流流态，提出了增设整流导板的改进措施，使得水流流态得到一定程度的改善，得出以下研究结论。

　　（1）90° 转弯段内水流流动缓慢，水流经过转弯部分时所表现出的环流现象不甚明显，相对于水平流速而言，垂向流速甚小，可忽略不计，转弯段内水流流动具有较强的二元特性。

　　（2）在 90° 转弯段内，主流区水流基本紧贴边墙流动，主流区水流从上游至下游呈先变小、后增加的变化规律；主流区两侧分布着两或三个回流区，但存在尺度过大回流区出现的现象，回流区内水流流速从中心至边缘呈逐渐增加的趋势，中心流速甚小，趋近于 0。

　　（3）针对水流流态不利于过鱼对象上溯的问题，提出了增设整流导板的改进措施，结果表明主流区基本居于转弯段的中间部分，主流区水流流速衰减效果较为明显。

　　（4）在 4 种类型 90° 转弯段内添加合理的整流导板后，回流区数量均有所增加，且大尺度回流区的影响域在一定程度上得到减小，内部流速较原来结构有所降低。

（5）数值模拟计算结果与物理模型试验数据吻合良好，说明数值模拟结果具有较高的可信度。

（6）对于内外型 90°转弯段内增设一块整流导板后，主流区基本居于转弯段中间 55%的范围内，主流区水流流速衰减率达到 81%，上游部分的两个回流区尺度较为合适，而转弯部分的回流区流速甚小，可为洄游鱼类提供良好的休憩空间，因此水流流态改善效果最为显著，在实际工程鱼道设计中推荐使用。

9.4   180°转弯段

9.4.1   180°转弯段结构与分类

在竖缝式鱼道中设置 180°转弯段，不仅实现鱼道中水流流向发生 180°转向，同时也为上溯中的鱼类提供休憩空间。若在竖缝式鱼道中设置顺直段休息池，通常将其长度设计为常规水池的两倍，以便在休息池内形成尺度相对较大的休憩空间与水流流速相对较小的上溯通道。基于休息池的水力特性机理，将 180°转弯段上游隔板背水面沿中心线至下游隔板背水面的长度（除转弯部分外）设计成常规水池的两倍，180°转弯段细部结构分布如图 9.58 所示。180°转弯段分为三部分：上游部分、转弯部分与下游部分，其中上下游部分长度与常规水池长度相当；转弯部分为 1/2 圆，圆心处于内侧边墙转折点处，半圆边长为一倍常规水池宽度；底板采用平坡。

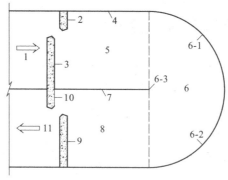

图 9.58   180°转弯段细部结构分布

1、11. 水流方向；2. 上游导板；3. 上游隔板；4. 外侧边墙；5. 上游部分；6. 转弯部分；6.1. 转弯外侧边墙 1/4 处；

6.2. 转弯外侧边墙 3/4 处；6.3. 内侧边墙转折点；7. 内侧边墙；8. 下游部分；9. 下游隔板；10. 下游导板

基于 180°转弯段的基本设计结构，根据上下游导板的设置位置，可将其分为 4 种类型：内内型，即上下游导板均设置在内侧边墙上；内外型，即上游导板设置内侧边墙上，下游导板设置在外侧边墙上；外内型，即上游导板设置在外侧边墙上，下游导板设置在内侧边墙上；外外型，即上下游导板均设置在外侧边墙上。在实际竖缝式鱼道设计过程中，可根据鱼道进、出口的导板与隔板的设置位置，灵活调整上下导板与隔板的相对位置。

9.4.2　计算内容与工况

为了全面研究 180° 转弯段内水流流场特性，将选用外内型 180° 转弯段为研究对象，建立三维数学模型，对转弯段内的水流进行数值模拟计算研究。为了避免所研究外内型 180° 转弯段的水流流场受上下游边界设置条件的影响，将在其上下游各设置三级常规水池，从上游至下游依次编号为 1#、2#、3#、4#、5# 与 6#，数学模型平面布置如图 9.59 所示。

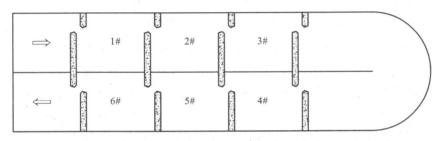

图 9.59　外内型 180° 转弯段数学模型

在如图 9.59 所示的数学模型中，水流进口边界至第 1# 常规水池上游导板背水面距离为 2.5 m，进口段宽度为 2.0 m；竖缝长度与宽度分别为 0.3 m 与 0.1 m；常规水池长度与宽度分别为 2.5 m 与 2.0 m；导板长度与宽度分别为 0.5 m 与 0.2 m；隔板/导板墩头迎/背水面坡度为 1∶3，背/迎水面坡度为 1∶1；转弯段上游部分长度，即转弯段上游隔板背水面至内侧边墙转折点距离为 2.5 m，宽度为 2.0 m；转弯段转弯部分为 1/2 圆，半径为 2.0 m；转弯段下游部分长度，即内侧边墙转折点至下游导板迎水面之间的距离为 2.5 m，宽度为 2.0 m；水流出口边界至第 6# 常规水池下游隔板迎水面之间的距离为 2.5 m，宽度为 2.0 m；水流进口段、常规水池、水流出口段的底板坡度采用 0.02；外内型 180° 转弯段底板采用平坡；内、外侧边墙高度为 2.5 m；上下游边界条件设置为恒定水深 2.0 m。

将数学模型细部结构数据导入 Gambit 软件中，建立外内型 180° 转弯段整体模型。模型剖分网格的质量不但影响数值模拟计算时间，而且影响数值模拟结果的可信度。一般而言，在数学模型中剖分成结构性六面体网格，可减小网格节点数量，降低数值计算时间，而且可提高数值计算结果的可信度。但受模型体型的限制，不可能将其内部全部剖分成结构性六面体网格，综合考虑网格质量与数值模拟结果之间的相互影响关系，将在水流进口与第 1# 常规水池上游隔板迎水面之间的部分、竖缝部分、常规水池上游导板背水面与下游隔板迎水面之间部分、180° 转弯段内上游导板背水面至内侧边墙转折点之间的部分、180° 转弯段内下游隔板迎水面与内侧边墙转折点之间的部分、第 6# 常规水池下游导板背水面与水流出口之间的部分剖分成结构性六面体网格，网格边长为 0.05 m；将模型中剩余部分剖分成结构性与非结构性相结合的五面体网格，网格边长为 0.05 m。

数学模型中网格总量为 171 700，网格偏斜率均小于 0.38。数学模型内网格分布如图 9.60 所示。

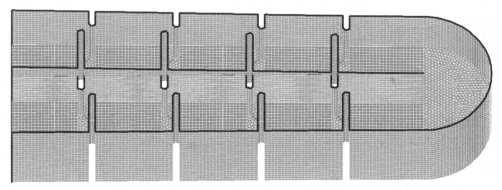

图 9.60　数学模型内网格分布

　　将剖分网格的数学模型导入 Fluent 软件，在计算软件中，选择非稳定流的一阶隐式格式；在多相流模型中，采用两相流 VOF 模型；在紊流模型中，选择 k-ε（RNG）模型；在多相流中将两相定义为空气与水；在 z 方向上的重力加速度定义为-9.81 m/s；将水流进口边界定义为压力进口，并将进口边界水深设置为恒定值 2.0 m；水流出口边界设置为压力出口，将出口水深设置为 2.0 m；顶端边界条件设置为压力进口，进口相对压力值设置为 0，即将顶端设置为敞口边界，空气可以自由出入；在软件计算过程中，采用压强-速度耦合的 SIMPLE，算法的松弛因子均为默认值；计算过程的各参数，如连续性、x 方向速度等，其残差值设置为 1×10^{-5}；时间步长采用 0.01 s，每个步长内的最大迭代次数设置为 20 次。

　　180°转弯段内水流所含水力信息较为丰富，为了全面研究转弯段内表层、中层、底层平面的流场分布情况，待迭代计算稳定收敛后，在数学模型中截取三个平面，其距地面高度与水深之比分别为 0.8、0.5 与 0.2。提取各平面内节点的坐标值与相应的流速，导入 Tecplot 图形处理软件中，用矢量云图显示流场分布规律，则表层、中层、底层平面的流场分布情况分别如图 9.61～图 9.63 所示。

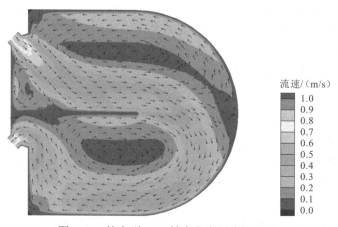

流速/（m/s）
1.0
0.9
0.8
0.7
0.6
0.5
0.4
0.3
0.2
0.1
0.0

图 9.61　外内型 180°转弯段表层流场分布

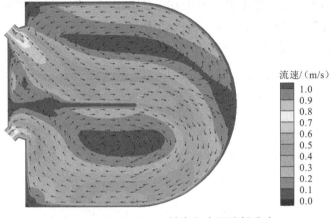

图 9.62　外内型 180° 转弯段中层流场分布

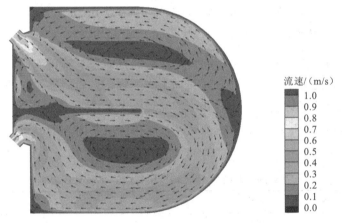

图 9.63　外内型 180° 转弯段底层流场分布

由图 9.61～图 9.63 可知，外内型 180° 转弯段内表层、中层、底层平面流场分布相似，即水流从上游竖缝以射流形式流入转弯段，主流区水流在上游部分紧贴内侧边墙流动，在转弯部分内从内侧边墙流向外侧边墙，导致在下游部分沿外侧边墙流动；主流区水流流速从上游至下游呈先减小、后增加的趋势，从中心线至两侧边缘逐渐减小，主流区流速基本保持在 0.3～1.0 m/s 的变化范围内；在主流区的两侧分布着三个回流区，上游部分右侧回流区尺度过小，而左侧回流区贯穿上游、转弯部分，其尺度过大；回流区流速从中心至边缘依次逐渐增加，中心流速甚小，趋近于 0；回流区流速基本在 0～0.2 m/s 范围内。

外内型 180° 转弯段的水流流场研究表明，主流区水流基本上紧贴两侧边墙流动，主流区两侧分布着尺度大小不等的回流区，其内部流速较小，可为洄游鱼类提供良好的休憩空间，但主流区左侧与下游部分右侧回流区尺度过大，当洄游鱼类误入其中进行休憩时，将迷失方向而不能自由游出回流区。

水流在外内型 180° 转弯段的转弯部分内实现 180° 转向，将会产生弯段环流现象，为了研究环流程度，选取具有代表性样点作为研究对象，样点平面分布如图 9.64 所示。

样点的选择方式如下：从上游部分与转弯部分交界面起，每隔 45° 截取一个横断面，至下游部分与转弯部分交界面为止，共截取 5 个横断面；横断面与表层、中层、底层平面相交 15 条横断线；在每条横断线 1/4、1/2、3/4 处分别截取一个样点，共截取 45 个样点。

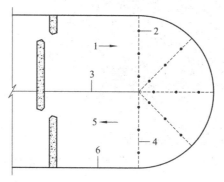

图 9.64　外内型 180° 转弯段内样点平面分布

1. 水流方向；2. 样点；3. 内侧边墙；4. 横断面；5. 水流方向；6. 外侧边墙

以底板上内墙转折点为原点，指向外侧边墙的方向为 y 轴正方向，与内侧边墙平行指向外侧边墙的方向为 x 轴正方向，竖直向上为 z 轴正方向。在建立的坐标系下，将计算结果中每个样点的坐标值(x, y, z)与相应的流速(u, v, w)转化为量纲为一值$(x/B, y/B, z/B)$与$(u/u_0, v/u_0, w/u_0)$，其中 B 为常规水池宽度，u_0 为竖缝断面平均流速。所得到的结果见表 9.12。

表 9.12　外内型 180° 转弯段样点流速量值分布

x/B	y/B	z/B	u/u_0	v/u_0	w/u_0	$|w|/\sqrt{u^2+v^2}$
0.00	0.20	0.20	0.52	−0.05	−0.01	1.2%
0.00	0.20	0.50	0.52	−0.05	0.00	0.9%
0.00	0.20	0.80	0.51	−0.05	−0.01	1.6%
0.00	0.50	0.20	0.09	−0.01	0.00	3.2%
0.00	0.50	0.50	0.09	−0.01	0.00	4.3%
0.00	0.50	0.80	0.09	−0.01	0.00	0.6%
0.00	0.80	0.20	−0.21	0.01	0.00	2.2%
0.00	0.80	0.50	−0.22	0.01	0.00	1.5%
0.00	0.80	0.80	−0.19	0.01	0.00	0.1%
0.15	0.15	0.20	0.55	−0.09	0.00	1.2%
0.15	0.15	0.50	0.55	−0.09	−0.01	1.2%
0.15	0.15	0.80	0.53	−0.09	−0.01	1.8%
0.35	0.35	0.20	0.20	0.01	−0.01	2.9%
0.35	0.35	0.50	0.19	0.01	0.00	2.0%
0.35	0.35	0.80	0.18	0.01	0.00	1.9%

续表

x/B	y/B	z/B	u/u_0	v/u_0	w/u_0	$|w|/\sqrt{u^2+v^2}$
0.55	0.55	0.20	−0.08	0.14	0.00	0.1%
0.55	0.55	0.50	−0.10	0.14	0.00	0.5%
0.55	0.55	0.80	−0.08	0.13	0.00	0.9%
0.20	0.00	0.20	0.49	−0.15	0.00	0.9%
0.20	0.00	0.50	0.50	−0.15	−0.01	1.2%
0.20	0.00	0.80	0.47	−0.15	−0.01	2.4%
0.50	0.00	0.20	0.36	−0.23	−0.01	1.9%
0.50	0.00	0.50	0.36	−0.23	0.00	0.3%
0.50	0.00	0.80	0.33	−0.22	0.01	3.1%
0.80	0.00	0.20	0.12	−0.06	0.00	3.4%
0.80	0.00	0.50	0.10	−0.05	0.00	3.6%
0.80	0.00	0.80	0.10	−0.05	0.00	1.9%
0.15	−0.15	0.20	0.16	−0.04	0.00	3.0%
0.15	−0.15	0.50	0.15	−0.04	0.00	1.7%
0.15	−0.15	0.80	0.16	−0.04	0.00	0.0%
0.35	−0.35	0.20	0.00	−0.15	0.00	3.3%
0.35	−0.35	0.50	0.00	−0.14	0.00	1.7%
0.35	−0.35	0.80	−0.01	−0.16	0.00	0.2%
0.55	−0.55	0.20	−0.22	−0.34	0.00	1.0%
0.55	−0.55	0.50	−0.22	−0.33	0.00	0.6%
0.55	−0.55	0.80	−0.20	−0.32	−0.01	1.8%
0.00	−0.20	0.20	0.14	−0.02	0.00	1.2%
0.00	−0.20	0.50	0.13	−0.02	0.00	0.6%
0.00	−0.20	0.80	0.13	−0.02	0.00	0.1%
0.00	−0.50	0.20	−0.08	−0.04	0.00	1.0%
0.00	−0.50	0.50	−0.09	−0.04	0.00	0.4%
0.00	−0.50	0.80	−0.09	−0.04	0.00	1.7%
0.00	−0.80	0.20	−0.45	−0.06	0.00	0.4%
0.00	−0.80	0.50	−0.45	−0.05	0.00	0.5%
0.00	−0.80	0.80	−0.43	−0.05	0.00	0.3%

注：负号表示流速方向与坐标轴正向相反。

由表 9.12 可知，转弯部分内样点的流速甚小，不足竖缝断面平均流速的 0.01；垂向流速与水平流速之比均在 3.6%以下。

水流在转弯部分实现 180° 转向,将发生较为明显的环流现象,但外内型 180° 转弯段样点的垂向流速分布表明,样点的垂向流速不及水平流速的 3.6%,垂向流速甚小,可忽略不计,转弯段内水流出现的环流现象不甚明显,因此以下将采用二维数学模型研究 4 种类型 180° 转弯段的水力特性。

9.4.3　180° 转弯段水力特性与改进研究

鉴于 180° 转弯段内发生的环流现象不甚明显,而水流流动所表现出的平面二元特性较为突出,因此将采用二维数学模型研究 4 种类型 180° 转弯段的水流流场分布规律。为了避免所研究转弯段内流场受上下游边界设置条件的影响,在 180° 转弯段上下游各设置两级常规水池,外外型 180° 转弯段二维数学模型如图 9.65 所示。

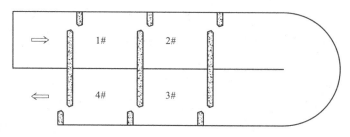

图 9.65　外外型 180° 转弯段二维数学模型

在数学模型中,剖分结构性四边形网格,将减小整体网格数量,且数值模拟结果具有较高的可信度。但竖缝式鱼道二维模型内局部不规则区域,将导致不可能将其全部剖分为结构性四边形网格,综合考虑网格质量与数值模拟结果科学性之间的相互影响,将水流进口至第 1# 常规水池上游隔板迎水面之间的部分、竖缝断面部分,常规水池内上游导板背水面至下游隔板迎水面之间的部分、转弯段内上游部分与下游部分剖分为结构性四面体网格,竖缝断面部分网格边长为 0.02 m,其他部分网格边长为 0.05 m;将隔板迎水面与导板背水面之间的部分(除竖缝部分外)、转弯段内转弯部分剖分为结构性与非结构性相结合的三角形网格,靠近竖缝部分的网格边长设置为 0.02 m,其余部分设置为 0.05 m,外外型 180° 转弯段数学模型内剖分的网格分布如图 9.66 所示。

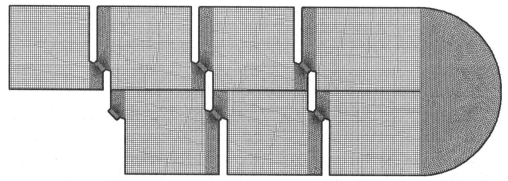

图 9.66　外外型 180° 转弯段数学模型内剖分的网格分布

　　将剖分网格的数学模型导入 Fluent 软件中，在计算软件中，选择非稳定流的一阶隐式格式；在紊流模型中，选取 k-ε（RNG）模型；水流进口选用速度进口，米流速度设置为 0.15 m/s，以保证竖缝断面平均流速为 1.0 m/s；下游边界设置为速度进口边界，速度设置为-1.0 m/s；在计算过程中，选用压强-速度耦合 SIMPLE，算法的松弛因子选用默认值，且压强、动量、紊流能量与耗散率计算均采用一阶迎风格式；在迭代计算中，各参数的残差值均选用 1×10^{-5}，以保证计算收敛与计算结果的可靠性；时间步长选用 0.01 s，每个时间步长内最大迭代次数设置为 20 次。待迭代计算稳定收敛后，将 4 种类型 180° 转弯段内各节点的坐标值与相应的流速导入 Tecplot 图形处理软件中，通过速度矢量云图显示出水流流场的分布，分别如图 9.67～图 9.70 所示。

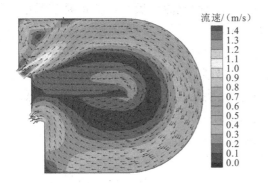

图 9.67　内内型 180° 转弯段水流流场分布

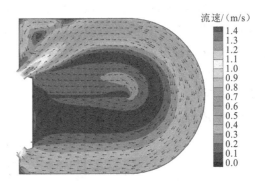

图 9.68　内外型 180° 转弯段水流流场分布

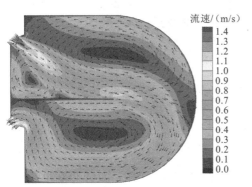

图 9.69　外内型 180° 转弯段水流流场分布

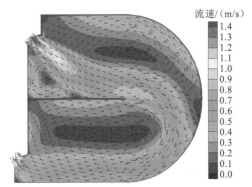

图 9.70　外外型 180° 转弯段水流流场分布

　　由图 9.67～图 9.70 可知，水流通过上游竖缝以射流形式进入 180° 转弯段内，主流区水流出现紧贴边墙流动，在主流区两侧出现大尺度回流流动现象；主流区水流流速从上游至下游呈先减小、后增加的变化规律，在横向上由中心至两侧递减；回流区中心位置的流速甚小，趋近于 0，而越靠近边缘，流速越大；主流区流速基本保持在 0.3～1.0 m/s，而回流区流速甚小，绝大部分在 0.2 m/s 以下。

　　主流区水流紧贴边墙流动，导致大尺度的回流区出现，而洄游鱼类从下游竖缝游入转弯段，容易误入其内部进行休憩，由于回流区流速甚小，且尺度过大，造成洄游鱼类恢复体力后，因失去方向感而无法游出回流区，随着过鱼对象不断游入大尺度回流区，引起 180° 转弯段内聚集大量鱼类，直接造成鱼道的过鱼效率降低，为了避免不利现象发生，将分别对 4 种类型 180° 转弯段进行结构改进研究。

　　为了调整主流区水流流动的合理位置，通过调整上游竖缝导向角度与增设整流导板的措施对 180° 转弯段的水力特性进行了一系列研究，研究结果表明，改变上游竖缝导向角度对改善主流区位置的效果不甚明显，而通过在 180° 转弯段内增设若干合理的整流导板可促使其产生有利于洄游鱼类上溯的水流流场。在此将重点介绍通过增设整流导板改进 180° 转弯段内水流流态的研究成果。

　　在 180° 转弯段内设置整流导板可改进其水流流态，但整流导板的长度、设置位置及数量将成为需要重点研究的参数，经过一系列探索研究，得出了较为合理的参数值。4 种类型 180° 转弯段内增设整流导板的形式如下。

　　（1）如图 9.71 所示的内内型 180° 转弯段内增设 4 块整流导板，具体布置形式为：导板 P_1 的长度与 180° 转弯段宽度 B 之比 P_1/B 为 0.375，导板 P_1 距离上游交接处长度 L_1 与 180° 转弯段宽度 B 之比 L_1/B 为 0.5；导板 P_2 设置在内侧边墙转折处，其长度与 180° 转弯段宽度 B 之比 P_2/B 为 0.5；导板 P_3 设置在转弯外侧边墙 1/2 处，其长度与 180° 转弯段宽度 B 之比 P_3/B 为 0.375；导板 P_4 设置在下游交接处，其长度与 180° 转弯段宽度 B 之比 P_4/B 为 0.25；导板 P_1、P_2、P_3、P_4 均采用 1/2 圆形墩头。

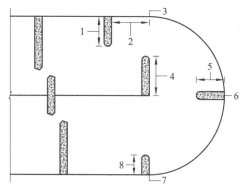

图 9.71　内内型 180° 转弯段内整流导板分布

1. P_1；2. L_1；3. 上游交接处；4. P_2；5. P_3；6. 转弯外侧边墙 1/2 处；7. 下游交接处；8. P_4

　　（2）如图 9.72 所示的内外型 180° 转弯段内增设 5 块整流导板，具体布置形式为：导板 P_1 处于上游部分，且设置在内墙前缘，其长度与转弯段宽度 B 之比 P_1/B 为 0.5；导板 P_2 设置在转弯外墙 1/4 处，其长度与转弯段宽度 B 之比 P_2/B 为 0.375；导板 P_3 处于下游部分，其设置在内墙前缘，其长度与转弯段宽度 B 之比 P_3/B 为 0.375；导板 P_4 设置在转弯外墙 3/4 处，其长度与转弯段宽度 B 之比 P_4/B 为 0.375；导板 P_5 设置在下游部分，且与下游交接处的距离 L_5 与转弯段宽度 B 之比 L_5/B 为 0.45，其长度 P_5 与转弯段宽度 B 之比 P_5/B 为 0.375；导板 P_1、P_2、P_3、P_4、P_5 均采用 1/2 圆形墩头。

　　（3）如图 9.73 所示的外内型 180° 转弯段内增设三块整流导板，具体布置形式为：整流导板 P_1 设置在内侧边墙转折处，长度与 180° 转弯段宽度之比 P_1/B 为 0.5；整流导板 P_2 与 P_3 分别设置在外侧转弯外侧边墙 1/4 处与 3/4 处，长度与 180° 转弯段宽度之比 P_2/B 与 P_3/B 均为 0.25；整流导板 P_1、P_2 与 P_3 均采用 1/2 圆形墩头。

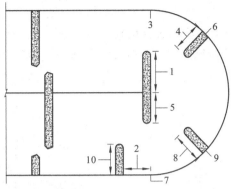

图 9.72　内外型 180° 转弯段内整流导板分布

1.P_1；2.L_5；3. 上游交接处；4.P_2；5.P_3；6. 转弯外侧边墙 1/4 处；7. 下游交接处；8.P_4；9. 转弯外侧边墙 3/4 处；10.P_5

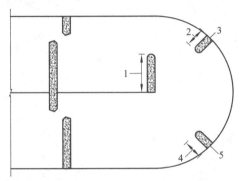

图 9.73　外内型 180° 转弯段内整流导板分布

1.P_1；2.P_2；3. 转弯外侧边墙 1/4 处；4.P_3；5. 转弯外侧边墙 3/4 处

（4）如图 9.74 所示的外外型 180° 转弯段内增设 4 块整流导板，具体布置形式为：导板 P_1 处于上游部分，且设置在内墙前缘，其长度与转弯段宽度 B 之比 P_1/B 为 0.5；导板 P_2 设置在转弯外墙 1/4 处，其长度与转弯段宽度 B 之比 P_2/B 为 0.375；导板 P_3 设置在转弯外墙 3/4 处，其长度与转弯段宽度 B 之比 P_3/B 为 0.375；导板 P_4 处于下游部分，且与下游交接处的距离 L_4 与转弯段宽度 B 之比 L_4/B 为 0.45，其长度 P_4 与转弯段宽度 B 之比 P_4/B 为 0.375；导板 P_1、P_2、P_3、P_4 均采用 1/2 圆形墩头。

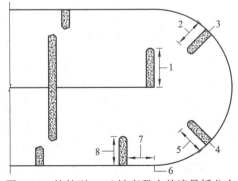

图 9.74　外外型 180° 转弯段内整流导板分布

1.P_1；2.P_2；3. 转弯外则边墙 1/4 处；4. 转弯外则边墙 3/4 处；5.P_3；6. 下游交接处；7.L_4；8.P_4

在 4 种类型 180°转弯段内增设若干整流导板后，建立二维数学模型，并通过 Fluent 计算软件对 180°转弯段内水流流动进行迭代计算。待计算稳定收敛后，在 Fluent 中提取转弯段内各节点的坐标及相应水流流速分量值，并将提取的数据导入 Tecplot 图形处理软件中，通过速度值与矢量显示处理得到 4 种类型 180°转弯段改进后的水流流场云图，如图 9.75～图 9.78 所示。

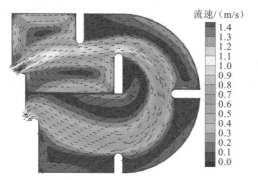

图 9.75　内内型 180°转弯内增设整流导板
后的水流流场

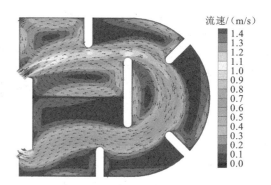

图 9.76　内外型 180°转弯内增设整流导板
后的水流流场

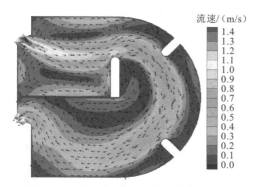

图 9.77　外内型 180°转弯内增设整流导板
后的水流流场

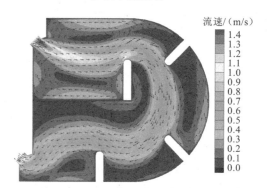

图 9.78　外外型 180°转弯内增设整流导板
后的水流流场

由图 9.75～图 9.78 可知，4 种类型 180°转弯段内增设整流导板后，主流区基本居中，在主流区两侧分布着多个回流区，回流区尺度不同程度地减小；主流区水流流速从上游竖缝至下游竖缝沿程表现出先减小、后增加的变化趋势，在横向上由中心线至两侧逐渐减小；回流区中心位置的流速甚小，但从中心至两侧流速递增；主流区流速基本保持在 0.4～1.0 m/s 的范围内变化，而回流区内水流流速普遍较小，绝大部分在 0.3 m/s 以下。

相对于内内型、内外型与外外型 180°转弯段而言，外内型 180°转弯段内增设整流导板的数量最少，且整流导板的长度也相对较小；其内部增设整流导板后，主流区水流在转弯下游部分的流速衰减效果最为明显，主流区两侧的回流区流速及其尺度均较为合理，因此在洄游鱼类进入改进后的外内型 180°转弯段内，可在下游部分的回流区内进行充分休息，也可沿流速较小的主流区水流进行上溯，主流区水流在转弯部分的流速接近我国大部分鱼类的喜爱流速，有利于鱼类在转弯部分顺利实现 180°转弯，而在上游部分的流场分布与常规水池相似,可促进鱼类适应在常规水池内上溯的水流流态。综合考虑洄游鱼类需在 180° 转弯段内实现休憩与 180° 转弯等行为的角度出发,外内型 180° 转弯段水流流场的改进效果较其他类型 180° 转弯段明显,推荐在实际工程鱼道中优先考虑使用。

　　为了研究 4 种类型 180° 转弯段内主流区的水力特性,将在转弯段内截取不同的横断线,以外内型 180° 转弯段为例,横断线的具体截取方式为: 如图 9.79 所示,以 180° 转弯段的中心线与上游隔板背水面交点为 x 轴的原点,指向下游隔板方向为 x 轴的正方向,在上游部分自原点起计,沿 x 轴正方向每隔 0.25 m 截取横断面,共计 11 个横断面,序号分别为 a—1、b—2、c—3、d—4、e—5、f—6、g—7、h—8、i—9、j—10、k—11;在转弯部分自横断面 k—11 起记,以 k 点为中心,沿顺时针方向每隔 18° 截取横断面,共计 11 个横断面,序号分别为 k—11、k—12、k—13、k—14、k—15、k—16、k—17、k—18、k—19、k—20、k—21;在下游部分自横断面 k—21 起记,沿 x 轴正方向每隔 0.25 m 截取横断面,共计 11 个横断面,序号分别为 k—21、j—22、i—23、h—24、g—25、f—26、e—27、d—28、c—29、b—30、a—31。其中,k—11 为上游部分与转弯部分的重叠横断面,k—21 为转弯部分与下游部分的重叠横断面。

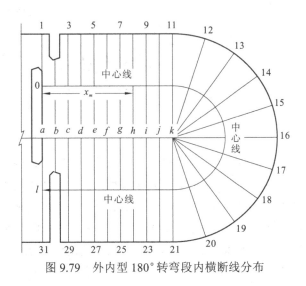

图 9.79　外内型 180° 转弯段内横断线分布

　　在 Fluent 计算软件中,提取每个横断线上各节点的流速分量值,并筛选出最大流速 V_{max},将其转化为量纲为一值 $V_{max}/U_{平均}$,其中 $U_{平均}$ 为竖缝断面平均流速;将每条横断线上最大流速所处的位置距外侧边墙长度记为 y_i,并转化为量纲为一值 y_i/B,B 为 180° 转弯段宽度;将每条横断线沿中心线距 0 点长度为 x_i,并将其转化为量纲为一值 x_i/l,其中 l 为 180° 转弯段的总长度。根据转化后的量纲为一量,可以得到 4 种类型 180° 转弯段水流流场改进前后的最大流速位置分布曲线 $y_{max}/B \sim x_i/l$ 与最大流速沿程分布曲线 $V_{max}/U_0 \sim x_i/l$,分别如图 9.80、图 9.81 所示。

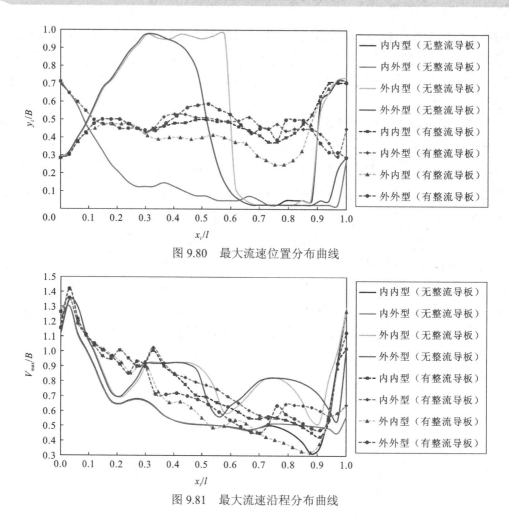

图 9.80　最大流速位置分布曲线

图 9.81　最大流速沿程分布曲线

由图 9.80 可知：①对于内内型 180° 转弯段，当 x_i/l 值为 0.44～0.88 时，y_i/B 值低于 0.1，而在内内型 180° 转弯段内设置 4 块整流导板后，y_i/B 值基本处于 0.38～0.71；②对于内外型 180° 转弯段而言，当 x_i/l 值在 0.44～0.97 时，y_i/B 值均低于 0.1，而在内外型 180° 转弯段内增设 6 块整流导板后，y_i/B 值保持在 0.29～0.71 的范围内变化；③对于外内型 180° 转弯段，当 x_i/l 值在 0.28～0.58 的范围内，y_i/B 值均高于 0.9，而当 x_i/l 值在 0.65～0.88 时，y_i/B 值低于 0.1，但当在外内型 180° 转弯段内增设三块整流导板后，y_i/B 值基本处于 0.25～0.71；④对于外外型 180° 转弯段，当 x_i/l 值在 0.27～0.41 时，y_i/B 值均超过 0.9，当 x_i/l 值处于 0.60～0.94 时，y_i/B 值均低于 0.1，而当在外外型 180° 转弯段内增设 4 块整流导板后，y_i/B 值基本处于 0.29～0.59。

水流从上游竖缝以射流形式流入 180° 转弯段内，在沿程流动的过程中，射流断面不断变大，而射流断面中心位置流速适中保持断面最大值，且主流区水流流速均大于回流区内水流流速，因此横断线上最大流速基本为主流区中心位置的流速，即最大流速位置分布曲线与主流区的中心线基本吻合，由此可见，最大流速位置分布曲线在一定程度上反映了主流区的分布情况。

　　由 180° 转弯段内流场分布云图可知,主流区具有一定宽度,其值约为 0.8 m,与 180° 转弯段宽度的比值为 0.4,而最大流速位置分布曲线与主流区的中心线较为吻合,因此最大流速位置分布曲线至主流区两侧边缘的距离与 180° 转弯段宽度之比为 0.2,若主流区水流沿外/内侧边墙流动,则最大流速位置分布曲线的 y_i/B 值应高于 0.8/低于 0.2。由 4 种类型 180° 转弯段的最大流速位置分布曲线可知,y_i/B 值均出现高于 0.9 或低于 0.1 的现象,表明主流区水流紧贴外侧边墙或内侧边墙流动,而在 180° 转弯段内增设若干整流导板后,最大流速位置分布曲线的 y_i/B 值位于 0.2～0.8,表明主流区基本位于 180° 转弯段的中间 60% 部分的范围内。

　　由图 9.81 可得:①对于 4 种类型 180° 转弯段,最大流速沿程分布曲线的变化规律基本相似,大致呈先增加、后减小、再增加的变化规律,但内外型和外外型 180° 转弯段的最大流速沿程分布曲线在转弯部分出现若干突然增加的现象;②当 x_i/l 值为 0.1～0.9 时,内内型、内外型、外内型与外外型 180° 转弯段的最大流速沿程分布曲线的衰减率约为 76%、65%、61% 与 60%,当在其内部增设整流导板后,最大流速沿程分布曲线的衰减率分别为 68%、60%、78% 与 67% 左右。

　　综上,最大流速位置分布曲线与主流区中心线较为吻合,最大流速沿程分布曲线从一定程度上反映了主流区水流流速沿程分布规律。4 种类型 180° 转弯段的最大流速沿程分布规律表明,180° 转弯段的主流区水流流速在上游竖缝附近出现短暂而快速的增加,而在中间 90% 范围内,水流流速基本处于递减状态,而在下游竖缝附近,射流断面收缩,水流流速突然增加。对于在 180° 转弯段增设整流导板前后,主流区内水流流速衰减效果均较为显著,其中外内型 180° 转弯段在内部增设三块整流导板后,主流区水流流速衰减率最大,其值为 78%,表明水流流速在 180° 转弯段下游部分衰减了 78% 左右。

　　180° 转弯段的作用除实现鱼道内水流流向实现 180° 转向外,另一个重要作用是为洄游鱼类提供良好的休憩场所,而在竖缝式鱼道内,回流区则是有利于洄游鱼类休憩的区域。但回流区的尺度不宜过大,因为过大尺度回流区将导致鱼类在其内部失去方向感,无法游出回流区,此外,回流区内的流速应小于或接近过鱼对象的感应流速,若回流区内水流流速超过过鱼对象的感应流速,则引起洄游鱼类在回流区内不停游动,耗散鱼类大量体力,甚至对其自身造成伤害。为了促使回流区的水力特性适应洄游鱼类的游泳行为,回流区的横向长度、纵向长度、影响域与最大流速将成为回流区水力特性研究的重点监控指标。

　　在 Fluent 计算软件中,将 4 种类型 180° 转弯段内各计算节点的坐标值、流速分量值与流函数值提取出来,导入 Tecplot 图形处理软件中,得到 4 种类型 180° 转弯段改进前后的回流区分布,分别如图 9.82～图 9.89 所示。利用等流函数值的不同,将明显区分出主流区与回流区,通过回流区的坐标显示将得到回流区的横向长度 l_1 与纵向长度 l_2,并将其转化为量纲为一值 l_1/B 与 l_2/B,而横向长度与纵向长度的乘积 $l_1/B×l_2/B$ 将作为回流区的影响域。通过在 Tecplot 图形处理软件中流速筛选功能,将得到每个回流区内最大流速 V_{cmax},并将其转化为量纲为一值 $V_{cmax}/U_{平均}$,这 4 种类型 180° 转弯段内回流区的横向长度、纵向长度、影响域与最大流速见表 9.13。

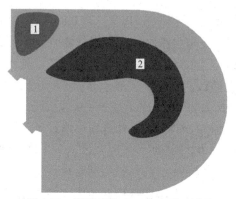

图 9.82　回流区分布（内内型改进前）

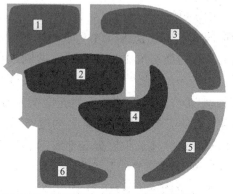

图 9.83　回流区分布（内内型改进后）

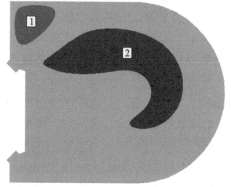

图 9.84　回流区分布（内外型改进前）

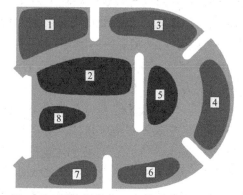

图 9.85　回流区分布（内外型改进后）

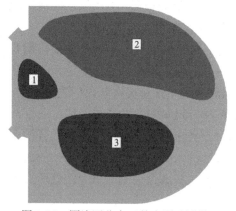

图 9.86　回流区分布（外内型改进前）

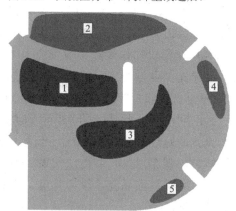

图 9.87　回流区分布（外内型改进后）

由表 9.13 可得：①对于内内型 180°转弯段，最大尺度回流区的影响域为 2.79，在内内型 180°转弯段内增设整流导板后，回流区的数量由 2 个增加至 6 个，回流区的影响域大部分处于 1.0 以下，仅有一个回流区的横向长度为 1.99，其影响域达到 1.89；②对于内外型 180°转弯段，出现回流区的最大影响域为 2.81，而回流区内部流速量值均小于 0.38，当在其内部增设整流导板后，回流区数量由 2 个增加至 8 个，回流区的影响域均小于 0.64，上游部分的回流区内最大流速量值为 0.56 左右，转弯部分流速量值在 0.38～0.45，下游部分流速量值均小于 0.27；③对于外内型 180°转弯段，回流区数量为三个，最大尺

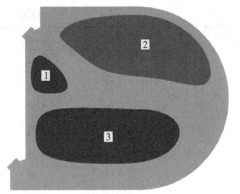

图 9.88　回流区分布（外外型改进前）

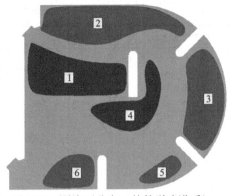

图 9.89　回流区分布（外外型改进后）

度回流区的影响域为 2.09，最大流速量值为 0.64，当在其内部增设三个整流导板后，回流区数量从 3 个增加至 5 个，最大尺度回流区的影响域降低至 0.89，回流区内流速量值普遍小于 0.45；④对于外外型 180° 转弯段，其内部出现三个回流区，最大尺度回流区的影响域为 2.48，最大流速量值为 0.66，而当在外外型 180° 转弯段内增设整流导板后，回流区数量增加至 6 个，回流区尺度均小于 1.36，回流区内流速量值均小于 0.47。

表 9.13　180° 转弯段回流区的水力学指标

180° 转弯段	序号	l_1/B	l_2/B	$B_c/B \times l_c/B$	V_{cmax}/V_a
内内型 （无整流导板）	1	0.67	0.64	0.43	0.40
	2	1.98	1.41	2.79	0.13
内内型 （有整流导板）	1	0.82	0.67	0.55	0.57
	2	1.21	0.48	0.58	0.56
	3	1.99	0.95	1.89	0.26
	4	1.17	0.93	1.09	0.25
	5	0.99	0.94	0.93	0.19
	6	0.97	0.48	0.47	0.20
内外型 （无整流导板）	1	0.67	0.65	0.44	0.38
	2	1.99	1.41	2.81	0.12
内外型 （有整流导板）	1	0.82	0.66	0.54	0.56
	2	1.21	0.48	0.58	0.56
	3	1.15	0.51	0.59	0.38
	4	0.41	0.82	0.34	0.45
	5	0.51	1.28	0.64	0.27
	6	0.49	0.98	0.48	0.19
	7	1.14	0.50	0.57	0.22
	8	0.76	0.36	0.27	0.26

180° 转弯段	序号	l_1/B	l_2/B	$B_c/B \times l_c/B$	V_{cmax}/V_a
外内型 （无整流导板）	1	1.00	0.52	0.52	0.64
	2	2.32	0.90	2.09	0.46
	3	1.22	0.79	0.96	0.44
外内型 （有整流导板）	1	1.16	0.42	0.49	0.43
	2	1.78	0.50	0.89	0.45
	3	1.24	0.43	0.53	0.26
	4	1.83	0.24	0.44	0.19
	5	0.62	0.22	0.14	0.16
外外型 （无整流导板）	1	0.66	0.65	0.43	0.66
	2	2.12	1.17	2.48	0.46
	3	1.82	0.80	1.46	0.39
外外型 （有整流导板）	1	1.79	0.46	0.82	0.47
	2	1.15	0.51	0.59	0.42
	3	1.54	0.88	1.36	0.21
	4	0.52	1.31	0.68	0.28
	5	1.00	0.51	0.51	0.13 0.27
	6	0.71	0.41	0.29	0.27

通过对 4 种类型 180° 转弯段的回流区水力学指标分析表明，在未增设整流导板前，180° 转弯段内均出现大尺度回流区，其影响域为 2.09~2.81，说明回流区的影响范围与常规水池面积的两倍相当，当洄游鱼类误入类似尺度的回流区内，极易造成鱼类迷失方向，导致鱼类聚集在回流区内，大大降低了竖缝式鱼道的过鱼效率，而在 180° 转弯段内增设若干整流导板后，回流区的影响域大部分降低到 0.8 以下，表明回流区的影响范围与常规水池的回流区面积相当，可适合洄游鱼类充分休憩与自由游出；而回流区内的流速分布规律表明，上游部分的回流区内流速较大，转弯部分与下游部分回流区流速较小，可为洄游鱼类提供良好的休憩空间。相对于内内型、内外型与外外型 180° 转弯段而言，外内型 180° 转弯段内增设整流导板后，下游部分的流速普遍较小，可大区域地为鱼类提供休憩空间，更有利于洄游鱼类恢复体力，同时回流区尺度更容易促使鱼类感应主流区的水流流向，以避免在回流区内迷失方向，因此可更有利于提高鱼道的过鱼效率。

9.4.4　外内型 180° 转弯段物理模型试验

本小节对 180° 转弯段的水流流场进行了数值模拟，并针对其不利流态，提出了改进措施，为了验证数值模拟研究结果的可靠性，在比尺为 1∶10 的整体物理模型中对内外型 180° 转弯段的水流流场进行了验证试验研究，物理模型试验设施如图 9.90 所示。在物理模型中，180° 转弯段的上游部分、下游部分的长度与宽度分别为 0.25 m 与 0.20 m，上竖缝、下竖缝的长度与宽度分别为 0.01 m 与 0.03 m，导向角度为 45°，转弯部分为 1/4 圆形，圆心在内侧边墙的转折点位置，圆半径分别为 0.20 m，水深为 0.20 m。

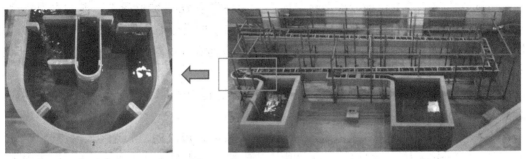

图 9.90　外内型 180° 转弯段的物理模型试验设施

　　在试验过程中，从上游隔板背水面起，在上下游部分每隔 0.025 m 截取一个横断面，在转弯部分每隔 18° 截取一个横断面，至下游隔板背水面为止，共截取 26 横断面。而在距鱼道底板高度为 0.04 m、0.10 m 与 0.16 m 的底层、中层、表层平面与截取的 26 横断面相交为 78 横断线，在每条横断线上以内墙为起点，每隔 0.02 m 选取一个样点，测量每个样点的流速。测点流速通过 P-EMS 电磁流速仪进行测量，将测量的相同平面位置的三个测点的流速平均化，并将平均值转化为量纲为一值，得到外内型 180° 转弯段的最大流速位置分布曲线，如图 9.91 所示。

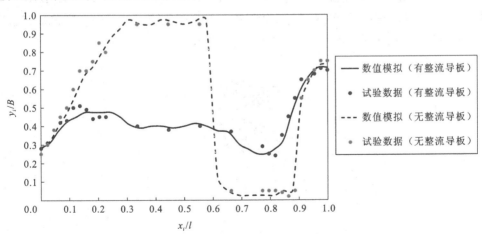

图 9.91　最大流速位置分布曲线的数值模拟与试验数据

　　由于外内型 180° 转弯段的水力特性通过二维数学模型进行研究，将物理模型试验测得的表层、中层、底层平面相应位置的流速平均化，将数值模拟结果与试验平均数据进行对比研究。由图 9.91 可知，外内型 180° 转弯段在其内部增设整流导板前后，最大流速位置分布曲线的变化规律相似，表明主流区的位置分布相近，数值模拟结果与物理模型试验数据吻合较好，即通过二维数学模型对 4 种类型 180° 转弯段的水力特性与改进研究结果具有较高的可靠性。

9.4.5　180° 转弯段结构布置综合分析

通过数值模拟技术与物理模型试验研究了 4 种类型 180° 转弯段内水流的水力特性,并根据出现的不利于洄游鱼类上溯的水流流态提出了增设整流导板的有效措施,将针对 4 种类型 180° 转弯段内增设整流导板前后的水流流场进行了对比研究,并得出了以下研究结论。

(1) 在水流通过 180° 转弯段实现 180° 转向的过程中,表现出的环流现象不甚明显,而平面二元特性较为显著。

(2) 在 180° 转弯段内,主流区水流绝大部分紧贴边墙流动,主流区水流流速从上游至下游表现出先减小、后增加的变化规律,其值基本保持在 0.3~1.0 m/s 的变化范围内。

(3) 在 180° 转弯段内,主流区两侧出现大尺度的回流区,各回流区内中心位置流速甚小,趋近于 0,回流区流速从中心至边缘呈递增趋势,其值基本在 0.2 m/s 以下。

(4) 在 4 种类型 180° 转弯段内增设若干整流导板后,主流区基本位于 180° 转弯段的中间 60% 部分的范围内,主流区流速衰减率均在 60% 以上,而主流区两侧回流区的数量增加,回流区尺度不同程度地减小,回流区内最大流速接近或小于常规水池内回流区的最大流速。

(5) 相对于内内型、内外型与外外型 180° 转弯段而言,外内型 180° 转弯段内增设整流导板的数量最少,且整流导板的长度相对较小,改进后的主流区流速衰减效果最为明显,主流区两侧的回流区尺度与流速接近或小于常规水池回流区的相应值,其水流改善效果最为显著,可在实际鱼道工程中优先考虑使用。

(扫一扫,见本章彩图)

第 10 章 鱼道进口与出口布置

10.1 引　言

　　进口处的集诱鱼效果直接关系着过鱼设施的运行效果乃至成败，是过鱼设施布置中最为关键也是难度最大的技术环节，无论是鱼道还是升鱼机莫不如此。从国内外已建过鱼设施工程的运行实践看，过鱼设施进口通常布置于水电站尾水渠附近，利用鱼类的趋流性进行集诱鱼。但由于其与环境流场在几何尺度上存在巨大差异，为"针孔"工程，导致集诱鱼效果往往比较有限，有的工程甚至是失败的。主要原因在于目前国内外针对过鱼设施进口集诱鱼技术开展的相关研究工作甚少，尤其欠缺系统的基础性研究成果。

　　过鱼设施进口的集诱鱼效果不仅取决于进口位置的合理选择与水动力学条件，而且与过鱼对象的游泳能力和生活习性密切相关，因此需要从水力学与鱼类行为学相结合的角度出发开展相关研究。

　　本章首先介绍了适用于鱼道进口与出口位置选择的流场信息分区分级方法，结合实际工程案例，提出了若干鱼道工程进口与出口的布置方法与优化技术，其中包括自适应水位变动的鱼道进口与出口布置、尾水渠集鱼廊道优化布置、利用水电站尾水布置鱼道进口等新技术。

10.2　鱼道进口与出口位置选择的分析方法

10.2.1　依托工程概况

　　JC 水电站是雅鲁藏布江中游桑日—加查河段的第 5 级开发工程，位于雅鲁藏布江中游河段加查县城以上约 5 km 处，位于 ZM 水电站下游 6 km 处，下游与冷达水电站衔接。JC 水库正常蓄水位以下库容为 0.288 7 亿 m³，调节库容为 0.052 3 亿 m³，具有日调节性能。JC 水电站为混凝土重力坝，装机容量为 360 MW，正常蓄水位为 3 246.00 m，坝顶高程为 3 249.00 m，最大坝高为 87.0 m，主要建筑物由挡水建筑物（混凝土重力坝）、泄水建筑物（溢流表孔和冲砂底孔）、消能防冲建筑物、引水发电厂房建筑物等组成。

　　JC 水电站鱼道由进口、池室、休息池、出口、观测室、补水系统、闸门、防护栏及附属设施等部分组成。鱼道池室形式选用垂直竖缝式，池室竖缝断面克流流速取 1.1 m/s，池室长度为 3.0 m，池室宽度为 2.4 m，竖缝宽度为 0.3 m，池间落差为 0.062 m，鱼道坡度为 2%。为确保鱼道进口有较大流速吸引鱼类，设置补水系统对鱼道进口补水，最大补水流量为 3 m³/s，鱼类通过鱼道进口逆流而上，进入鱼道槽身段，游至鱼道出口处，从而到达上游库区。加查水电站鱼道布置在河床左岸，全长为 2 200.54 m。JC 水电站为二等工程，考虑鱼道通过坝肩，为主要建筑物，鱼道按二级建筑物设计。鱼道布置了 1#～5# 进口，其中 1#～4# 分别位于尾水渠左、右两侧的导墙两端，其进口底板高程分别为 3 202.00 m、3 203.50 m、3 204.50 m 和 3 206.50 m，5# 进口位于坝轴线下游 750 m 处河道左岸，鱼道进口利用水电站尾水诱鱼，还需增设必要诱鱼措施，通过水泵向进口处喷水，吸引鱼类进入。鱼道出口布置于大坝上游，为适应过鱼时段库水位的变幅，设置两个鱼道出口，其底高程分别为 3 241.00 m 和 3 243.00 m，顶高程均为 3 249.00 m。

根据水生生态调查结果，本工程调查江段无国家 I 级、II 级保护鱼类，但有西藏自治区级野生动物鱼类，同时也被列入《中国濒危动物红皮书》的鱼类一种，即尖裸鲤 1 种；列入《中国物种红色名录》5 种，即巨须裂腹鱼、异齿裂腹鱼、拉萨裂腹鱼、尖裸鲤、黑斑原鮡；雅鲁藏布江特有鱼类 6 种，即拉萨裂腹鱼、巨须裂腹鱼、异齿裂腹鱼、双须叶须鱼、尖裸鲤、黑斑原鮡。因此，本工程主要保护对象为拉萨裂腹鱼、巨须裂腹鱼、异齿裂腹鱼、双须叶须鱼、尖裸鲤、黑斑原鮡共 6 种鱼类。其中，异齿裂腹鱼、巨须裂腹鱼和拉萨裂腹鱼等具有一定的短距离生殖洄游习性，并且资源量较大，是受工程阻隔影响最大的鱼类。根据文献资料研究，主要过鱼对象异齿裂腹鱼、巨须裂腹鱼游泳能力如表 10.1 所示。

表 10.1　工程所在河段典型鱼类游泳能力试验成果

鱼类名称	感应流速/(m/s)		临界游速/(m/s)		突进游速/(m/s)		持续游泳时间/min		
	范围	平均值	范围	平均值	范围	平均值	0.8 m/s	1.0 m/s	1.2 m/s
异齿裂腹鱼	0.06～0.13	0.10	0.77～1.29	0.97	1.02～1.59	1.29	≥60	25～35	10～15
巨须裂腹鱼	0.04～0.13	0.08	0.78～1.22	0.97	0.89～1.49	1.20	≥60	18～21	7～15

10.2.2　数学模型与网格划分

鱼道进口一般布置在经常有水流下泄、鱼类洄游路线及鱼类经常聚集的区域，并尽可能靠近鱼类能上溯到达的最前沿，即阻碍鱼类上溯的障碍物附近。鉴于下游流场复杂，通过物理模型试验难以捕捉详尽的流场结构，且耗时费力，因此本研究采用数值模拟方法对水电站下游河道进行数值模拟，分析流速、流场结构等水力特性，以选择适宜区域布置鱼道进口。

对于复杂的紊流场研究，在一定程度上依赖于准确的数值模拟结果。根据流体力学理论，满足连续介质假设的流体运动可以用 Navier-Stokes 方程准确计算。厂房上下游水体内紊动剧烈，并伴有漩涡和回流，下游地形复杂，水流具有较强的各向异性。在 RNG κ-ε 模型中，通过修正紊动黏度，能够很好地模拟强旋流或带有弯曲壁面的流动。因此，本小节将基于 Fluent 软件平台，结合用户自定义函数（user defined function，UDF），采用雷诺方程（Reynolds equation）、N-S 方程（Navier-Stoke equation）和 RNG κ-ε 紊流计算模型，对水电站下游流场进行三维精细模拟。

计算区域包括厂房尾水出口、尾水渠、海漫和下游河道，全长约 1.0 km，如图 10.1 所示。图 10.1 中人工建筑物及河道天然地形建模采用原型数据资料，x 坐标与坝轴线垂直，y 坐标与坝轴线平行，z 坐标代表高程。定义尾水管末端断面即尾水渠首部断面为 $x=0$ 断面，尾水渠右边墙为 $y=0$ 断面，z 方向以尾水管末端底板为 0 断面，如图 10.1 所示。

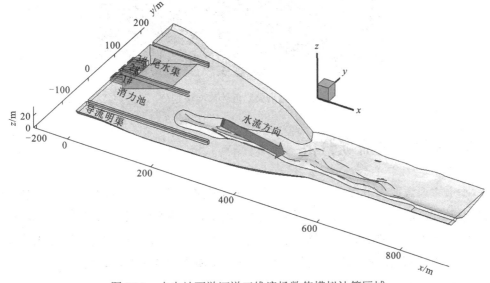

图 10.1　水电站下游河道三维流场数值模拟计算区域

计算中上游采用速度进口边界条件，以保证恒定的入流流量。出口假设为充分发展的紊流，且各变量均取零梯度条件，从而消除下游对上游水流的影响。水电站在同一水位下，由于下游水位波动较小，为提高计算效率，故本文选取刚性楼盖假定模拟自由水面。固壁边界规定为无滑移边界条件，采用标准壁函数作为近壁区与充分发展紊流区之间的桥梁。

水电站下游由于河道地形复杂，计算过程中综合考虑计算效率，网格采用混合网格，包括结构化网格和非结构化网格两种类型。考虑到结构网格的优越性，在网格划分过程中优先采用结构化网格。电站尾水洞出口水流流速较大，尾水渠内紊动剧烈，该区域为重点关注区域，采用收敛性较好的结构网格划分，x 方向和 y 方向节点间距为 1.0～2.0 m，z 方向节点间距为 0.5～1.0 m。下游河道内，受边坡开挖等影响，较难形成结构化网格，且下游流速较低，紊动较弱，因此下游网格以非结构化网格为主，x 方向和 y 方向节点间距为 3～5 m，z 方向节点间距为 1～2 m，计算区域内网格单元总数 100 多万个。局部计算网格划分如图 10.2 所示。

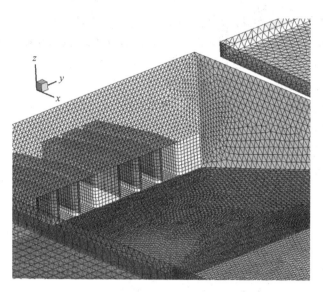

图 10.2　尾水渠附近计算网格划分

10.2.3　河道下游流场分析

本小节主要选取水下 1.0 m 位置平面流场为研究分析对象，纵剖面图则选取左侧工作机组中轴线断面为代表断面，这是考虑到水电站右岸地形受限，鱼道方案初步设计为左岸鱼道布置方案。图示结果中颜色及标示数值代表 x、y、z 方向矢量流速合成值大小。在通常情况下，随着发电机组运行数量的不同，下游水位的不同，进而上下游产生的水位落差不同，因此通常需要设计多个鱼道进口来满足上下游水位落差需要。受篇幅限制，本小节仅选取三台机组全部发电运行工况进行示例分析，即研究该水位落差条件下鱼道进口布置方案。

图 10.3 为三台机组全部开启工况下尾水渠及下游平面流场情况。计算结果表明，当三台机组全部开启时，尾水渠内表层流速以负向流速为主，且最大回流流速达到 1.6 m/s。1∶4 反坡末端流速为 2.3～2.5 m/s，右侧区域流速略大于左侧区域流速。水流出渠后，左岸附近流速约为 1.5 m/s，桩号（0+650.0）m 下游断面平均流速约为 1.8 m/s，左岸岸边流速为 0.9 m/s 左右。图 10.4 为三台机组在运行工况下，左侧机组中轴断面尾水渠纵剖面图流场情况。计算结果表明，当三台机组全部运行时，受剪切作用，机组上方形成回流，表面为负向流速，尾水渠末端为正向流速。

综上所述，当水电站发电机组运行时，尾水渠内流态较为复杂，存在不同程度的竖向环流或横向回流；尾水渠下游左岸附近最大流速为 1.5 m/s，最小流速为 0.8 m/s；受天然地形条件影响，桩号（0+550.0）m 下游河道内流速较大，断面平均流速最大可达 1.8 m/s，最小为 1.0 m/s 左右，但左岸岸边流速相对较小，为 0.3～0.9 m/s。

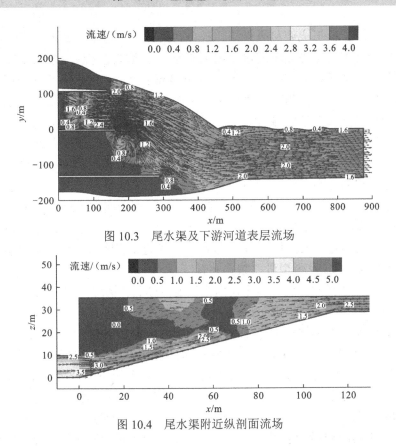

图 10.3　尾水渠及下游河道表层流场

图 10.4　尾水渠附近纵剖面流场

10.2.4　鱼道进口位置分析

　　水生生物对水流的察觉对它们在河流中辨别方向起着决定性作用，通过对西藏自治区典型裂腹鱼（体长约 200～500 mm）的游泳能力进行试验研究，主要过鱼对象游泳能力较为相似，可感知到与主流差为 0.04～0.13 m/s 的流速，临界游泳速度为 0.77～1.29 m/s，突进游泳速度为 0.89～1.59 m/s。由此可知，主要过鱼对象临界游泳速度为 0.77～1.29 m/s，而过鱼对象能够感知与主流差为 0.04～0.13 m/s 的流速，也就是说，当河道内流速不高于 1.2 m/s 时，鱼类可以通过水流感知到鱼道进口，同时有文献通过现场调研指出裂腹鱼对平均流速的需求主要集中于 0.4～1.2 m/s，由此可知，流速小于 1.2 m/s 的区域均适宜布置鱼道进口。

　　0.4～0.8 m/s 流速带在鱼类喜好流速范围内，该区域内水流流速与鱼道进口出流流速能够形成明显吸引流，在过鱼对象正向趋流性的反应下，鱼类将聚集于此并较易于察觉到鱼道进口，因此该区域作为鱼道进口优选布置区域。然而受河道地形的影响，下游河道流态复杂，若仅限于寻找河道内限定区域布置进口，则后期施工难度较大，受地形限制可能难以布置。为此，将 0～0.4 m/s 和 0.8～1.2 m/s 流速带作为鱼道进口备选布置区域，从而为后期鱼道进口位置具体选址和施工条件提供便利。0.8～1.2 m/s 流速带虽同样在过鱼对象喜好流速范围内，但该区域内布置鱼道进口时，由过鱼对象可感知流速差可知，鱼道进口出流未能形成明显吸引流，诱鱼效果稍差，在该区域内布置鱼道进口时，需要采用一定的补水措施提高鱼道进口出水流速，进而满足过鱼对象的感知流速，因此该区域仅可作为鱼道进口备选布置区域 I。0～0.4 m/s 流速带内水流流速较低，该流速带非过鱼对象喜好流速，但因为鱼道进口出流可以在该区域内形成明显吸引流，所以将该区域作为鱼道进口备选布置区域 II。1.2～1.5 m/s 流速带内流速大于过鱼对象的临界流速，鱼类难以在此聚集，过鱼效率较低，若前述优选和备选区域受条件限制均无法布置鱼道进口，则该区域内布置鱼道进口需结合声学、光学等其他诱鱼设施辅助，因此将该区域作为鱼道进口备选布置区域 II III。大于 1.5 m/s 流速带内流速高于过鱼对象的突进游泳速度，该区域内禁止布置鱼道进口。鉴于此，将下游河道内流速分为 5 个流速带，分别为 0～0.4 m/s、0.4～0.8 m/s、0.8～1.2 m/s、1.2～1.5 m/s 及大于 1.5 m/s，5 个流速带的含义分别为鱼道进口备选区域 II、鱼道进口优选布置区域、鱼道进口备选区域 I、鱼道进口备选区域 II III 及鱼道进口禁止布置区域。

　　图 10.5 为工况下尾水渠附近及下游河道流速区域划分情况。图示桩号（0+550.0）m 下游为天然河道段，计算结果表明，当三台机组运行时，河道内为高流速带，平均流速大于 1.5 m/s，洄游鱼类无法由河道中央上溯。但数据分析表明，受天然地形影响，河道左岸存在低流速带，因此鱼类可以穿过下游窄深河道沿岸边自由上溯至尾水渠下游附近，故本小节以尾水渠附近流态特性为主要研究对象，拟将鱼道进口位置调整至尾水渠附近，且鱼道进口应布置在岸边，与主要流向平行，以便鱼类不改变方向就能游入。同时，鱼道的入口不应离障碍物下游太远，以防止洄游鱼类难以找到鱼道进口，降低过鱼效率。研究过鱼对象的突进游泳速度最大达到 1.5 m/s 左右，可以短时间内穿过高流速上溯至障碍物附近，因此河道内流速大于 1.5 m/s 区域为过鱼对象洄游路线的屏障，鱼类无法通过。同时，根据鱼类洄游习性，漩涡、水跃和回流等流态均有可能将洄游鱼类困住，从而导致无法寻找到鱼道进口，因此漩涡、水跃和回流等流态可以作为鱼类洄游路线的另一道屏障。

　　由图 10.5 可知，在发电机组满发运行时，尾水渠末端一定范围内合成流速均大于 1.5 m/s；除此之外，在发电机组不满发工况下，通过模拟研究可知，尾水渠末端流速仍高于 1.5 m/s，即洄游鱼类难以由下游继续上溯至尾水渠内。同时，结合图 10.5 可知，尾水渠右侧存在大范围回流区域，该区域的鱼类无法聚集，而将沿主流方向向左侧聚集。

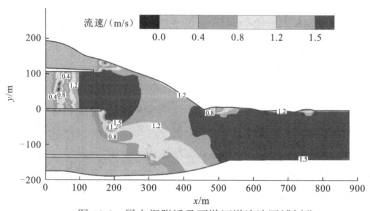

图 10.5　尾水渠附近及下游河道流速区域划分

根据流速区域划分图可以发现，洄游鱼类沿左岸上溯，穿过局部高流速区可以上溯至尾水渠末端附近，为具体确定鱼道进口适宜布置位置，本小节列举了尾水渠下游附近岸边流速情况，如表 10.2 所示。表 10.2 中，灰色显示区域为负流速区域，即回流区域，该区域不适宜设置鱼道进口。由表 10.2 可知，上溯鱼类沿左岸上溯至桩号（0+200）m，上游存在回流区域，故该桩号可以作为过鱼对象上溯路径的屏障。桩号（0+220）m 下游，河道内流速均高于 1.1 m/s，达到过鱼对象的突进游泳速度，鱼类难以在此区域聚集。左岸桩号（0+200）m～（0+210）m 区域，该区域内岸边流速为 0.4～0.8 m/s，符合研究过鱼对象的持续游泳速度，且该桩号岸边流态稳定，流速较为均匀，适宜布置鱼道进口。除此之外，在该区域内布置鱼道进口，可采用适当补水进行诱鱼，为补水量最小区域，同时符合鱼道入口不能离障碍物太远的设计原则。鉴于以上分析，建议将鱼道进口布置于左岸桩号（0+200）m～（0+210）m 离岸 10 m 范围以内，但该鱼道进口仅适用于三台机组运行时鱼类上溯，而其他进口位置选择则需根据其他机组运行工况综合考虑而定。除此之外，建议在尾水渠首部，即发电机组上方增加备用鱼道进口，这是由于发电机组出流能够形成诱鱼水流，当鱼类上溯至尾水渠末端区域，部分游泳能力较强的鱼类能够迅速穿过高流速带上溯至尾水渠内。但根据前文流场分析，尾水渠内存在不同程度的回流和环流，上溯鱼类在此区域难以找到鱼道进口，因此该处鱼道进口仅建议为备用进口。

表 10.2 尾水渠下游左岸附近流速　　　　（单位：m/s）

离岸距离/m	桩号													
	(0+140) m	(0+150) m	(0+160) m	(0+170) m	(0+180) m	(0+190) m	(0+200) m	(0+210) m	(0+220) m	(0+230) m	(0+240) m	(0+250) m	(0+260) m	(0+270) m
1	0.14	0.37	-0.80	-1.41	-1.35	-0.64	0.30	0.85	1.11	1.27	1.36	1.40	1.42	1.34
2	0.16	0.40	-0.90	-1.46	-1.38	-0.55	0.38	0.90	1.15	1.31	1.40	1.45	1.47	1.41
4	0.16	0.40	-0.98	-1.51	-1.36	-0.50	0.48	0.95	1.18	1.33	1.42	1.47	1.48	1.46
6	0.14	0.42	-1.04	-1.53	-1.32	-0.50	0.60	1.01	1.21	1.35	1.43	1.48	1.50	1.48
8	0.14	0.40	-1.03	-1.48	-1.19	0.49	0.76	1.08	1.23	1.36	1.45	1.49	1.51	1.50
10	0.16	0.41	-1.01	-1.37	-0.99	0.56	0.90	1.16	1.26	1.38	1.46	1.50	1.51	1.50
12	0.16	0.42	-0.93	-1.12	-0.76	0.72	1.06	1.24	1.31	1.40	1.47	1.51	1.52	1.50
14	0.14	0.42	-0.86	-0.76	0.58	0.94	1.19	1.32	1.36	1.43	1.49	1.51	1.52	1.50
16	0.14	0.40	-0.72	-0.31	0.64	1.17	1.28	1.38	1.38	1.45	1.50	1.52	1.52	1.50
18	0.14	0.41	-0.60	0.25	0.82	1.36	1.36	1.42	1.42	1.47	1.51	1.52	1.52	1.50
20	0.14	0.39	0.60	0.75	1.03	1.51	1.42	1.45	1.46	1.49	1.52	1.52	1.52	1.50
22	0.15	0.40	0.71	1.25	1.24	1.64	—	—	—	—	—	—	—	—
24	0.16	0.45	0.95	1.62	1.53	1.71	—	—	—	—	—	—	—	—
26	0.19	0.46	1.12	1.68	1.85	—	—	—	—	—	—	—	—	—
28	0.22	0.48	1.18	1.68	2.12	—	—	—	—	—	—	—	—	—
30	0.26	0.50	1.20	1.94	—	—	—	—	—	—	—	—	—	—
32	0.34	0.53	1.22	—	—	—	—	—	—	—	—	—	—	—
34	—	0.67	1.65	—	—	—	—	—	—	—	—	—	—	—
36	—	1.33	—	—	—	—	—	—	—	—	—	—	—	—

10.2.5　成果归纳

本节以 JC 水电站为例，基于鱼类行为学和水力学分析了水电站鱼道进口位置选择方法，得出如下结论。

（1）雅鲁藏布江鱼类资源丰富，根据流域鱼类资源及其生物学、生态学特点，将江内鱼类分为 4 类，并将异齿裂腹鱼、巨须裂腹鱼和拉萨裂腹鱼作为主要过鱼对象，同时兼顾其他鱼类。

（2）通过分析水电站过鱼对象的游泳行为指标发现，河道内流速小于 1.2 m/s 的区域为鱼道进口适宜布置区域；同时，根据鱼类游泳能力及产生吸引流效果，提出将水电站下游河道内区域划分为鱼道进口优选布置区域（0.4～0.8 m/s）、鱼道进口备选布置区域Ⅰ（0.8～1.2 m/s）、鱼道进口备选布置区域Ⅱ（0～0.4 m/s）、鱼道进口备选布置区域ⅡⅢ（1.2～1.5 m/s）和鱼道进口禁止布置区域（大于 1.5 m/s）。

（3）通过对水电站下游流场进行三维精细模拟，结果表明，左岸岸边存在低流速带，上溯鱼类可以沿岸边低流速带顺利上溯至尾水渠附近，而尾水渠末端流速大于过鱼对象突进游泳速度，鱼类难以继续上溯至尾水渠内；桩号（0+200）m 上游存在回流区域，为过鱼对象上溯路径的屏障；桩号（0+220）m 下游岸边流速均高于 1.1 m/s，鱼类难以在此区域聚集；考虑到流速和回流屏障等，同时桩号（0+200）m～（0+210）m 范围流速符合鱼道进口优选布置区域要求，建议在此区域布置进口；考虑到一些上溯能力较强的鱼类，建议在机组上方增加布置备用鱼道进口。建议的鱼道进口布置方案如图 10.6 所示。

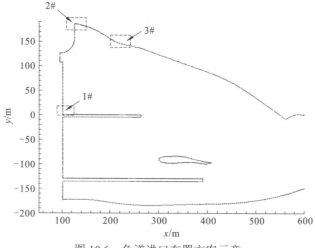

图 10.6　鱼道进口布置方案示意

10.3　自适应水位变动的鱼道进口布置方法

10.3.1　依托工程概况

DG 水电站位于西藏自治区山南地区桑日县境内，水电站坝址控制集水面积为 157 407 km²，多年平均流量 1 010 m³/s。DG 水电站的开发任务为发电，电站装机容量为 660 MW，安装 4 台 165 MW 的混流式水轮发电机组。水库正常蓄水位为 3 447 m，水库正常蓄水位以下库容约 0.552 8 亿 m³，具有日调节性能。枢纽建筑物主要包括混凝土重力坝、引水发电系统、开关站等。拦河大坝为碾压混凝土重力坝，坝顶高程为 3 451 m。引水发电系统共有 4 条，均采用单管单机引水形式，进水口采用坝式进水口布置，进水口底板高程为 3 408.5 m，进水口前沿总宽为 106 m。坝后式发电厂房主要建筑物包括主厂房、上下游副厂房、安装场、升压开关站、尾水渠等。安装间布置在主厂房右侧岩体开挖形成的窑洞内，升压站、开关站布置在厂坝之间。

生态流量泄放孔布置于右岸 15#坝段，位于厂房坝段右侧，进口位于 1#排沙廊道的冲沙漏斗范围内，进水口底板高程为 3 413.0 m，高于排沙廊道进口底板 30 m，也较水电站进水口底板 3 408.5 m 高 4.5 m。在不需要泄放生态流量时，生态流量泄放孔进口的事故检修闸门处于关闭状态。当需要生态流量管泄放生态流量时，开启进口事故检修闸门和工作弧门下泄生态流量，并可通过出口弧门控制下泄流量。在水库死水位为 3 440 m 时，出口弧门全开，生态流量泄放孔最大下泄流量约 202.8 m³/s，满足生态流量要求。

根据河段鱼类资源调查结果，以及从生物学特性角度具有代表性考虑，并考虑下游梯级 ZM 水电站的主要过鱼对象及增殖放流对象，确定 DG 水电站过鱼设施的主要过鱼对象异齿裂腹鱼、拉萨裂腹鱼、巨须裂腹鱼和尖裸鲤 4 种鱼类，兼顾过鱼对象为双须叶须鱼、黑斑原鮡、黄斑褶鮡和拉萨裸裂尻鱼 4 种鱼类，以满足上述鱼类的短距离繁殖洄游和上下游基因交流要求。其中，异齿裂腹鱼、巨须裂腹鱼和拉萨裂腹鱼等具有一定的短距离生殖洄游习性，并且资源量较大，是受工程阻隔影响最大的鱼类。

10.3.2　结构设计

我国闸坝建筑物的上下游水头差通常较大，而根据我国鱼类的游泳能力而修建的鱼道底板坡度通常较缓，造成竖缝式鱼道的设计长度较长，根据地形地理条件一般将鱼道沿河岸修建，而鱼道进口常常布置在水工建筑物的下游河岸。当下游水位变幅较大，而鱼道单进口适应水深变化的幅度相对较小，造成较为严重的后果：①当水位较低时，进口水深较浅，而上游水位为正常工作水深，结果表明，进口水流流速超过洄游鱼类的临界游泳速度而使其不能游入；②当水位较高时，进口水深较深，而上游水位为正常工作水深，结果表明，进口水流流速低于洄游鱼类的感应流速，使鱼类不能感应进口水流流动而游入鱼道。为了避免鱼道单进口在水位变化过程中所出现的问题，通常将在竖缝式鱼道下游设置多个不同底板高程的鱼道进口，并在每个进口处设置闸门，以闸门启闭方式实现不同水位时运行不同鱼道进口的目的。但闸门启闭过程会引起鱼道内部水体流动紊乱，破坏了鱼道正常运行时合理的水流结构，在水流紊乱至恢复正常的时间内，不利于洄游鱼类上溯，甚至导致鱼类下行。水位不断变化导致进口闸门频繁切换，而闸门启闭引起的紊动水流恢复正常的累加时间较长，严重影响鱼道的正常运行。为了避免多进口闸门启闭对鱼道水流结构带来的影响，将提出一种无闸门控制、自适应水位变化的竖缝式鱼道进口布置方案。

　　如图 10.7 所示的自适应水位变化的进口平面布置形式，数段顺直竖缝式鱼道通过 180° 转弯段连接起来，在竖缝式鱼道水槽内相对设置导板与隔板，导板位于隔板的下游，导板与隔板之间形成竖缝；在 180° 转弯段内，一块较长整流导板设置在内墙前缘，两块较短整流导板分别设置在转弯边墙内壁的 1/4 处与 3/4 处。竖缝式鱼道进口段的细部结构尺寸为：常规水池长度为其宽度的 1.25 倍，底板坡度采用 0.02；隔板长度与厚度分别为常规水池宽度的 25% 与 10%；竖缝长度与宽度分别为常规水池宽度的 15% 与 5%；180°转弯段的上下游部分长度与宽度与常规水池相等，转弯部分为 1/2 圆形，其半径为常规水池宽度与内侧边墙厚度的 0.5 倍，180° 转弯段采用平坡底板；在 180° 转弯段内，较长整流导板长度与厚度分别为常规水池宽度的 50% 与 10%，较短整流导板长度与厚度分别为常规水池宽度的 25% 与 10%；内侧边墙与转弯边墙厚度为常规水池宽度的 25%；所有边墙（除 2#～6#进口外）、隔板与导板的顶面高程相等，其高程与水流经过的第一个 180°转弯段的转弯边墙顶面高程相等；第 1#进口段宽度为常规水池宽度，底板采用平坡；第 2#～6#进口为转弯边墙豁口，豁口长度为常规水池宽度的 15%～50%，豁口底面与所在 180° 转弯段的底板之间的高程差与鱼道工作水深相等。

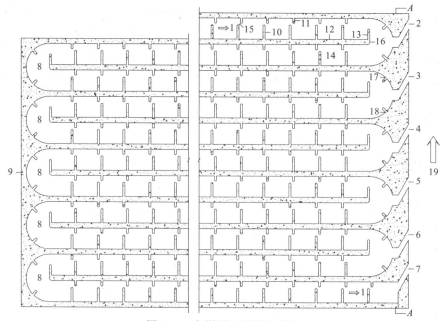

图 10.7　鱼道进口平面布置图

　　1. 水流方向；2. 6#进口；3. 5#进口；4. 4#进口；5. 3#进口；6. 2#进口；7. 1#进口；8. 180°转弯段；9. 转弯边墙；10. 隔板；11. 导板；12. 内侧边墙；13. 整流导板；14. 常规水池；15. 竖缝；16. 前缘；17. 转弯 1/4 处；18. 转弯 3/4 处；19. 河流流向；A. 横切面

根据图 10.7 与图 10.8 所示的竖缝式鱼道进口细部结构布置形式，对其运行过程中的水力学特性进行初步分析。

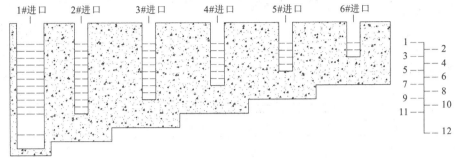

图 10.8　横切面 A—A 的高程图（数字表示高程）

（1）当水位处于高程 12 时，水位低于 2#～6#豁口底面高程，鱼道中水流全部从 1#进口流出，但此时 1#进口水深低于鱼道正常工作水深，造成 1#进口射流流速较大，其值 V_{12} 在设计鱼道进口时应控制在过鱼对象的临界游泳速度之内。

（2）当水位从高程 12 升至高程 11 的过程中，水位低于 2#～6#豁口底面高程，鱼道中水流全部从 1#进口流出，水位在升高的过程中，1#进口水深随之增加，但鱼道过流流量保持恒定，导致 1#进口的射流流速递减；水位在升至高程 11 时，1#进口射流流速 V_{11} 较 V_{12} 小。

（3）在水位从高程 11 升至高程 10 的过程中，水位低于 3#～6#豁口底面高程，鱼道中水流向 1#～2#进口，并且在 2#进口相邻的 180°转弯段内分为两股水流：一股从 2#进口流出，一股从 1#进口流出。从 1#进口流出的水体克服一系列隔板、导板与整流导板的阻挡作用而造成的能量损失较大，1#进口的流量逐渐减小，且水深逐渐增加，导致 1#进口水流流速逐渐降低，最终在水位升高至高程 10 时，水流流动极为缓慢；而从 2#进口流出的水体仅需克服 2#豁口摩擦阻力而造成的能力损失甚小，从 2#进口流出的水流流量逐渐增加，而 2#豁口水深也逐渐增加，导致 2#进口水流流速或逐渐增加或先增加后减小，最终在水位升高至高程 10 时，水流流速较大，其值 V_{10} 在设计鱼道进口时应控制在过鱼对象的感应流速与临界流速之间的范围内。

（4）在水位从高程 10 升至高程 9 的过程中，水位低于 3#～6#豁口底面高程，鱼道中水流几乎全部从 2#进口流速，随着水位升高引起 2#豁口水深继续增加，而鱼道水流的过流流量保持恒定，导致 2#进口水流流速逐渐减小，最终在水位升至高程 9 时，2#进口的水流流速 V_9 较 V_{10} 小，但在设计鱼道进口时应将 V_9 控制在过鱼对象的感应流速与临界流速之间的范围内。

（5）在水位从高程 9 升至高程 8 的过程中，1#～2#出口水流流量减小，3#出口水流流量增加，水流流速或逐渐增加或先增加后减小，最终达到 V_8；当水位从高程 8 升至高程 7 时，3#出口水流流量减小至 V_7，在设计鱼道进口时应将 V_8 与 V_7 控制在过鱼对象的感应流速与临界流速之间的范围内。因此，在水位从高程 9 升至高程 7 的过程中，3#进口的水流变化与 2#进口在第 3～4 项的变化过程相似。

（6）与 3#进口在水位从高程 9 升至高程 8 的变化规律相同，在水位分别从高程 7 升至高程 5、高程 5 升至高程 3、高程 3 升至高程 1 的过程中，4#、5#、6#进口水流变化重复 2#进口在第（3）～（4）的变化过程。

（7）在水位从高程 1 降至高程 12 的过程中，鱼道水流在 1#～6#进口的流动规律与其在水位上升过程中的流动规律互逆。

在水位从高程 12 升至高程 1 的过程中，1#～6#进口的水流流速变化情况见表 10.3。

表 10.3　鱼道进口水流流速变化列表

水位	1#进口	2#进口	3#进口	4#进口	5#进口	6#进口	诱鱼进口
12→11	$V_{12}{\to}V_{11}$	0	0	0	0	0	1#
11→10	$V_{11}{\to}$甚小	$0{\to}V_{10}$	0	0	0	0	1#→2#
10→9	甚小	$V_{10}{\to}V_9$	0	0	0	0	2#
9→8	甚小	$V_9{\to}$甚小	$0{\to}V_8$	0	0	0	2#→3#
8→7	甚小	甚小	$V_8{\to}V_7$	0	0	0	3#
7→6	甚小	甚小	$V_7{\to}$甚小	$0{\to}V_6$	0	0	3#→4#
6→5	甚小	甚小	甚小	$V_6{\to}V_5$	0	0	4#
5→4	甚小	甚小	甚小	$V_5{\to}$甚小	$0{\to}V_4$	0	4#→5#
4→3	甚小	甚小	甚小	甚小	$V_4{\to}V_3$	0	5#
3→2	甚小	甚小	甚小	甚小	$V_3{\to}$甚小	$0{\to}V_2$	5#→6#
2→1	甚小	甚小	甚小	甚小	甚小	$V_2{\to}V_1$	6#

通过对自适应水位变化的鱼道进口的水力学特性分析表明，图 10.7 所示的鱼道进口自适应闸坝建筑物下游水位变幅为高程 1 与高程 12 的落差值Δh，若设计竖缝式鱼道时闸坝建筑物下游水位变幅超过Δh，可根据自适应水位变化的进口布置形式灵活增加进口数量，反之减少进口数量。自适应水位变化的进口布置方式具有较强的技术优势：在水位变化过程中，鱼道水流自动调整至不同鱼道进口，并以有利于诱鱼水流的流速流出，避免了多进口闸门不停启闭时水力响应对鱼类洄游造成的不利影响；多进口集中布置，增加了竖缝式鱼道进口的诱鱼范围，有助于更多洄游鱼类感应鱼道进口水流流动，并游入鱼道主体中，有利于提高鱼道的过鱼效率；不需要机械控制，避免了因机械噪声而驱赶鱼类的可能性，同时节省了机械运行而需投入的运行经费。

如图 10.7 所示自适应水位变化的鱼道进口布置形式，其水力学特性仍需进行定量研究：①在水位从高程 12 升至高程 11 的过程中，鱼道水流从 1#进口出流流速的减小规律；②在水位从高程 11 升至高程 10 的过程中，鱼道水流从 1#进口出流流速的减小规律，从 2#进口出流流速的变化规律与V_{10}值大小；③在水位从高程 10 升至高程 9 的过程中，鱼道水流从 2#进口出流流速的减小规律；④在水位从高程 9 升至高程 8 的过程中，鱼道水流从 2#进口出流流速的减小规律与从 3#进口出流的变化规律相同。

10.3.3　物理模型试验结果及分析

DG 水电站鱼道工程下游水位变幅为 7 m，为适应不同下游水位条件下的过鱼需要，若按常规设计方法需设置 6 个鱼道进口，且各进口均需设置相应的控制闸门，以便在实际运行过程中根据水位变动情况随时进行切换操作。上述布置方案无疑会带来两方面的难题：一是鱼道进口设计困难，6 个鱼道进口沿左岸分散布置，且间距过大，容易错过最佳布置范围，且不利于鱼道进口段的集中诱鱼；二是运行困难，在实际运行中需要不断根据下游水位变动情况频繁切换控制闸门，会降低鱼道内部水流流态的稳定性，运行管理费用也会增加。

为克服传统方法的不足，本书提出了一种新型的鱼道进口段布置方案，其最大特点是采用折返式布置方式、可实现集中诱鱼、能自动适应下游水位变动且无须设置闸门。

图 10.9 为 DG 水电站左岸鱼道进口平面布置图，数段顺直段竖缝式鱼道通过 180°转弯段连接起来，在鱼道水槽内相对设置导板与隔板，导板位于隔板的下游，导板与隔板之间形成竖缝；在 180°转弯段内，一块 1.2 m 整流导板设置在内墙前缘，两块 0.6 m 整流导板分别设置在转弯边墙内壁的 1/4 处与 3/4 处。竖缝式鱼道进口段的细部结构尺寸为：常规水池长宽分别为 2.7 m 与 2.4 m，底板坡度采用 0.023；导板长度为 0.8 m；竖缝长宽分别为 0.1 m 与 0.3 m；180°转弯段的上下游部分长度和宽度与常规水池相等，转弯部分为 1/2 圆形，其半径为常规水池宽度与 1/2 倍内侧边墙厚度之和，180°转弯段底板坡度为 0；所有边墙（除 1#～5#进口外）、隔板与导板的顶面高程相等，其高程与水流经过的第一个 180°转弯段的转弯边墙顶面高程相等；第 6#进口段宽度为常规水池宽度，

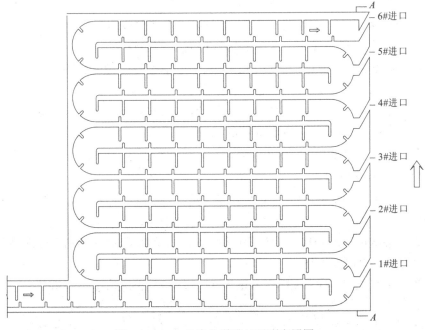

图 10.9　DG 左岸鱼道进口平面布置图

底板坡度为 0；第 1#~5#进口为转弯边墙豁口，豁口高度为 2.0 m，豁口长度为 3.0 m，宽度为 0.75 m；第 6#进口控制断面（过鱼口）宽度采用竖缝宽度，即 0.30 m。切面 A—A 的高程如图 10.10 所示。

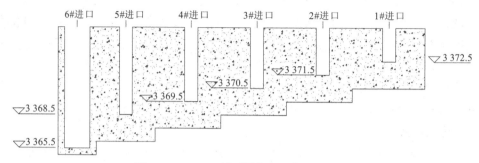

图 10.10　A—A 剖面图高程（单位：m）

由图 10.10 可知，1#~6#进口底板高程分别为 3 372.5 m、3 371.5 m、3 370.5 m、3 369.5 m、3 368.5 m、3 365.5 m，1#~5#进口相应 180° 转弯段底板高程分别为 3 370.5 m、3 369.5 m、3 368.5 m、3 367.5 m、3 366.5 m。

DG 水电站鱼道运行水深为 1.5~2.5m，以下分两种情况说明进口运行工况：①DG 水电站鱼道运行水深为 1.5~2.0 m 的运行工况；②DG 水电站鱼道运行水深为 2.0~2.5 m 的运行工况。依据图 10.9 与图 10.10 所示的 DG 水电站鱼道进口细部结构布置形式，当 DG 水电站鱼道运行水深为 1.5~2.0 m 时，其运行工况如下。

（1）在下游水位 3 367.0~3 368.5 m 运行时，鱼道内水深低于 1#~5#豁口底面高程，鱼道中水流只能从 6#进口流出，6#进口发挥作用。

（2）在下游水位 3 368.5~3 369.0 m 运行时，水位低于 1#~4#豁口底面高程，鱼道中水流流向 5#~6#进口，并且在 5#进口相邻的 180° 转弯段内分为两股水流：一股从 5#进口流出，一股从 6#进口流出。此时，5#与 6#进口均可进鱼。

（3）在下游水位 3 369.0~3 369.5 m 运行时，水位低于 1#~4#豁口底面高程，鱼道中水流几乎全部从 5#进口流出，5#进口发挥作用。

（4）在下游水位 3 369.5~3 370.0 m 运行时，5#~6#出口水流流量减小，4#出口水流流量增加。此时，4#与 5#进口均可进鱼。

（5）在下游水位 3 370.0~3 370.5 m 运行时，水位低于 1#~3#豁口底面高程，鱼道中水流几乎全部从 4#进口流出。

（6）在下游水位 3 370.5~3 371.0 m 运行时，4#~6#进口水流流量减小，3#进口水流流量增加。

（7）在下游水位 3 371.0~3 371.5 m 运行时，水位低于 1#~2#豁口底面高程，鱼道中水流几乎全部从 3#进口流出。

（8）在下游水位 3 371.5~3 372.0 m 运行时，3#~6#进口水流流量减小，2#进口水流流量增加。

（9）在下游水位 3 372.0~3 372.5 m 运行时，水位低于 6#豁口底面高程，鱼道中水流几乎全部从 2#进口流出。

（10）在下游水位 3 372.5～3 373.0 m 运行时，2#～6#进口水流流量减小，1#出口水流流量增加。

（11）在下游水位 3 373.0～3 374.0 m 运行时，鱼道中水流几乎全部从 1#进口流出。

当 DG 鱼道运行水深为 2.0～2.5 m 时，进口运行工况与水深为 1.5～2.0 m 的运行工况相似，不同之处在于运行过程中 1#进口处有余水流出形成"瀑布"，而 2#～5#进口处会出现间歇性"瀑布"，这样的水流流态显然有利于增强鱼道进口区域的集鱼与诱鱼效果。

物理模型比尺为 1∶5，模拟了三个鱼道进口，分别编号为 1#～3#，如图 10.11 和图 10.12 所示。

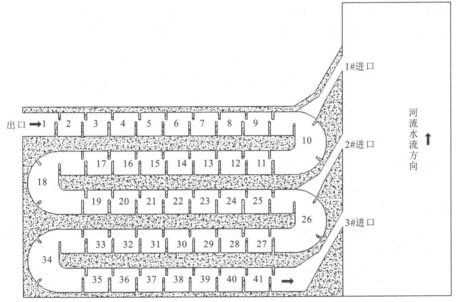

图 10.11　DG 水电站自适应水位鱼道进口模型平面图

图 10.12　DG 水电站鱼道进口物理模型

1. 上游 DG 鱼道运行水深为 1.75 m

在鱼道模型上游端鱼道水池水深为 1.75 m 条件下，逐步提升鱼道下游水位，量测了 1#~3#各进口处的水流流速与过流流量，试验结果表明：

（1）当 3#进口运行水深为 1.5 m 时，主进口为 3#，其水深与平均流速分别为 1.5 m 与 0.66 m/s；1#进口出现瀑布。

（2）当 3#进口水深为 2.0 m 时，主进口为 3#，其水深与平均流速分别为 2.0 m 与 0.58 m/s。

（3）当 3#进口水深为 3.05 m 时，主进口为 3#，3#进口水深与平均流速分别为 3.05 m 与 0.33 m/s，2#进口水深与平均流速分别为 0.05 m 与 0.98 m/s；2#进口出现瀑布。

（4）当 3#进口水深为 3.5 m 时，主进口为 2#，其水深与平均流速分别为 0.5 m 与 0.55 m/s；3#进口出流流量为入流流量的 29%；2#出口出现瀑布。

（5）当 3#进口水深为 4.0 m 时，主进口为 2#，2#进口水深与平均流速分别为 1.0 m 与 0.24 m/s，出流流量占总入流流量的 77%；3#进口流量为入流流量的 23%。

2. 上游 DG 鱼道水深为 2.35 m

在鱼道模型上游鱼道水池水深为 2.35 m 条件下，逐步提升鱼道下游水位，量测了 1#~3#各进口处的水流流速与过流流量，试验结果表明：

（1）当 3#进口水深为 2.0 m 时，主进口为 3#，其水深与平均流速分别为 2.0 m 与 0.95 m/s；1#进口出现瀑布。

（2）当 3#进口水深为 2.5 m 时，主进口为 3#，其水深与平均流速分别为 2.5 m 与 0.62 m/s；1#与 2#进口均出现瀑布。

（3）当 3#进口水深为 3.2 m 时，主进口为 3#或 2#，3#进口水深与平均流速分别为 3.2 m 与 0.23 m/s，2#进口水深与平均流速分别为 0.17 m 与 1.194 m/s；1#进口出现瀑布。

（4）当 3#进口水深为 3.5 m 时，主进口为 2#，其水深与平均流速分别为 0.5 m 与 0.78 m/s；3#进口出流流量为入流流量的 19.1%；1#出口出现瀑布。

（5）当 3#进口水深为 4.1 m 时，主进口为 2#或 1#，2#进口水深与平均流速分别为 1.1 m 与 0.27 m/s，1#进口水深与平均流速分别为 0.11 m 与 1.28 m/s；3#进口流量为入流流量的 7.9%。

（6）当 3#进口水深为 4.5 m 时，主进口为 1#，其水深与平均流速分别为 0.5 m 与 0.98 m/s；1#与 2#进口出流流量之和约为入流流量的 40.3%。

通过以上分析可知：①当 DG 水电站下游处于不同水位时，DG 水电站鱼道内大部分水流将自动从主进口流出，主进口的水深与流速适应过鱼对象对水流流速的要求；②当 DG 鱼道运行水深为 2.0~2.5 m 时，1#进口始终会出现瀑布现象，2#~5#进口出现间歇性的瀑布现象，有利于提高鱼道进口段的集诱鱼效果；③根据研究结果显示，进口段新的布置方案是可行的。

10.4　自适应水位变动的鱼道出口布置方法

　　鱼道出口是鱼道主体与上游水域连通的结构部分。当上游水域（水库）水位变动时将引起鱼道内的水面线及流速变化，尤其当上游水位升高时，鱼道内水面线为降水曲线，流速沿程加速，大于设计流速，超出过鱼对象的游泳能力，形成鱼类上溯的障碍。目前，国内常用的解决办法，为设置多个不同高程的鱼道出口，并根据上游水位变动，开启相应高程鱼道出口的闸门，该方法能够基本保障鱼道内的流速稳定，但是频繁开闭闸门令鱼道运行变得十分烦琐。国外的常用解决方法为：在不同高程设置多条鱼道，以适应上游水位的变动，该方法较好地解决了水力学相关的问题，但是工程造价则成倍增加。因此，如何设计出适应上游水位变化且经济、合理、有效的鱼道进口结构，是目前鱼道设计面临的难题之一。

　　本节针对该问题，提出一种适应鱼道出口水位变动的溢流方案来适应鱼道出口处水位的变动。其工作原理主要是：通过在鱼道水深变化处增设溢流段，溢流多余流量，从而保证鱼道内运行水深较浅时，鱼道内流速不增加。本节将对本设计方案进行水力特性数值计算，以验证本设计方案的合理性与有效性，为工程设计提供参考。

10.4.1　结构设计

　　本小节所提出的适应鱼道出口水位变动的溢流方案由常规池室段和溢流段组成。常规池室段按照运行水深又分为上游的深水段和下游的浅水段，溢流段在两者之间起到过渡调节作用，如图 10.13 所示。

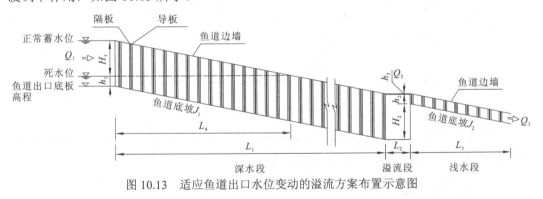

图 10.13　适应鱼道出口水位变动的溢流方案布置示意图

　　鱼道深水段和浅水段，运行水深存在较大差异，为保证两者水面平顺衔接，流速稳定，不产生加速水流，在溢流段两侧边墙设置了溢流口，溢流水深可暂时按照矩形薄壁堰的堰上水头公式进行估算。图 10.13 中各参数的含义及相互关系如下：

$$Q_1 = Q_2 + Q_3 \tag{10.1}$$

$$H_1 = H_2 \tag{10.2}$$

$$h_1 = h_2 + h_3 \tag{10.3}$$

$$L_1 \geqslant L_4 \tag{10.4}$$

$$L_4 = \frac{H_1}{J_1} \tag{10.5}$$

$$Q_2 = m_0 L_2 \sqrt{2g} h_3^{2/3} \tag{10.6}$$

$$m_0 = 0.403 + 0.053 \frac{h_3}{h_2 + H_2} + \frac{0.0007}{h_3} \tag{10.7}$$

式中：Q_1 为鱼道上游入流量；Q_2 为鱼道溢流段溢流量；Q_3 为鱼道下游出流量；H_1 为上游水位变幅；H_2 为溢流段底板落差；h_1 为鱼道最小运行水深；h_2 为鱼道浅水段水深；h_3 为溢流口的溢流水深（堰上水头）；J_1 为深水段的底坡；J_2 为浅水段的底坡；L_1 为深水段的长度；L_2 为溢流口的长度（堰宽）；L_3 为浅水段长度；L_4 为深水段的最小长度；m_0 为流量系数；$h_2 + H_2$ 为堰高。

10.4.2 数值模拟结果及分析

针对适应鱼道出口水位变动的溢流方案建立进行数字建模，模型总长约 80 m，深水段为 $x=0 \sim 57.85$ m，溢流段为 $x=57.85 \sim 59.90$ m，浅水段为 $x=59.90 \sim 80$ m。常规池室按照图 10.14 所示结构进行建立，水池长度 $L=2.05$ m，宽度 $B=2.0$ m，竖缝宽度 $b=0.3$ m，导板长度 $P=0.67$ m，竖缝导向角度 $\theta=45°$，底坡 $J=2.76\%$。

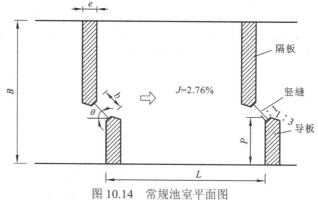

图 10.14 常规池室平面图

溢流段设计为鱼道双侧边墙溢流，溢流长度均为一倍池长（2.05 m），预留溢流水深（h_3）为 0.15 m，消耗上游水位变幅（H_1）为 1 m，如图 10.15 所示。

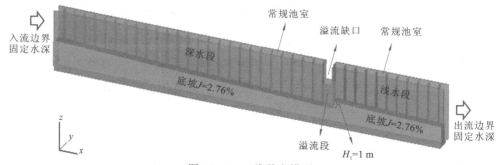

图 10.15 三维数字模型

竖缝式鱼道的竖缝处流速是决定鱼类能否成功通过鱼道池室的关键。对溢流段的上下游各 4 个竖缝的流速分布进行研究,竖缝编号自上游开始,依次为 Slot 1～8(图 10.16),其中 Slot 4 和 Slot 5 分别是紧邻溢流段上下游的竖缝。

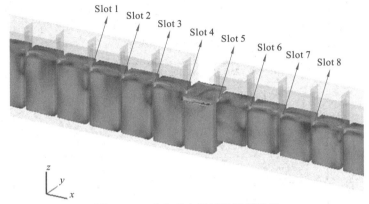

图 10.16　重点研究区域及竖缝编号

研究工况,上游深水段运行水深为 3.5 m,下游浅水段运行水深为 2.5 m,通过溢流段进行调节,保障水面线衔接平顺,从而保障深水段和浅水段的竖缝流速量值相当,不会出现水流加速的情况,保证鱼道内过鱼通道的连续性。

鱼道上游第一个池室横断面为模型入口,鱼道下游最末一级池室横断面为模型出口,溢流段两侧边墙预留的溢流口亦为水流出口。模型入口设置为 3.5 m 水深,模型出口设置为 2.5 m 水深,模型溢流口设置为自由出流。固壁边界满足无滑移条件,水面为自由表面。

模型采用嵌套加密的矩形网格,水平方向,竖缝附近网格尺寸约为 0.01 m,其余部位网格尺寸 0.01～0.05 m 不等,垂直方向,网格尺寸为 0.05 m,网格总数约为 680 万。

1. 正常运行工况

针对上述工况进行数值计算,重点关注常规池室与溢流段相接处的水力特性,主要包括边墙溢流情况,关键竖缝处的流速分布及水面线分布等。

研究结果表明,溢流段能够满足流量调节的要求,水面线平稳衔接,未出现明显的水面线突然变化,水面线在溢流口处略高于溢流边墙,如图 10.17 所示。对其水深进行分析,可知深水段的水深稳定在 3.5 m 左右,浅水段的水深稳定在 2.5 m 左右,溢流段在两者之间起到过渡作用,水深约为 3.5 m,如图 10.18 所示。

对溢流段进行分析,自上游分别选取在池长 1/2 处(58.8 m)和 3/4 处(59.3 m)两个断面,提取其流速分布。溢流段的水深高于边墙,向两侧溢流,溢流水深约为 0.13 m,如图 10.19 所示。

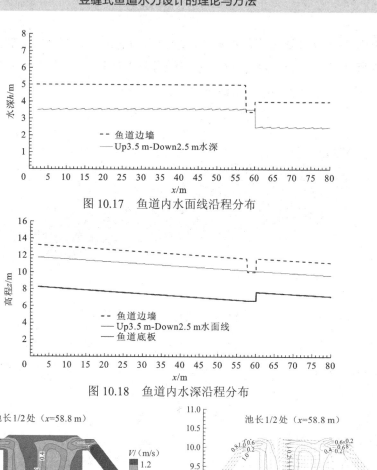

图 10.17   鱼道内水面线沿程分布

图 10.18   鱼道内水深沿程分布

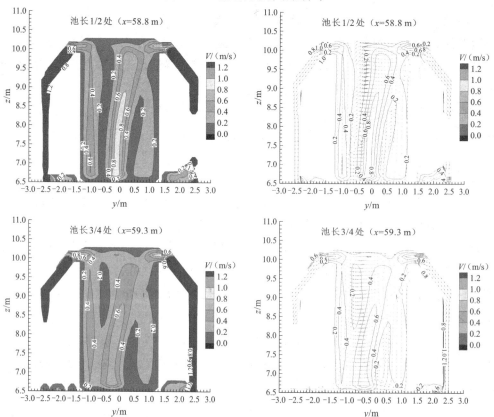

图 10.19   溢流段典型剖面流速分布（自上游向下游方向视角）

　　对溢流段上下游各 4 个竖缝的流速分布进行分析。Slot1 和 Slot2 的流速分布基本相同，竖缝右侧的流速稍大，约 1 m/s；Slot3 竖缝底部流速略有增大，Slot4 竖缝上部流速略有增大；溢流段下游的 4 个竖缝，Slot4～8 的流速分布基本相同，竖缝右侧的流速稍大，约 1 m/s，与溢流段上游的竖缝流速相比尚未出现加速现象，达到了预期效果。各竖缝流速分布如图 10.20 所示。

　　通过以上分析可知：

　　（1）所提出适应鱼道出口水位变动的溢流方案具有较好的调整鱼道水流流量、适应上游水位变动的作用。

　　（2）鱼道出口内各池室竖缝的流速可得到有效控制，约 1 m/s，可在鱼道内保持完整连续的过鱼通道。深水段各竖缝处流速分布相似，量值接近；溢流段上下游竖缝处流速分布略有差异，但流速量值相当；浅水段各竖缝处流速并无增加。

　　（3）该鱼道出口设计，保持了鱼道水体的连通性，且无须其他调整措施，适用于多种水位变幅的工况，溢流段可根据上游水位变幅适当调整溢流边界长度，始终保持整个鱼道内流速稳定合理，满足过鱼要求。

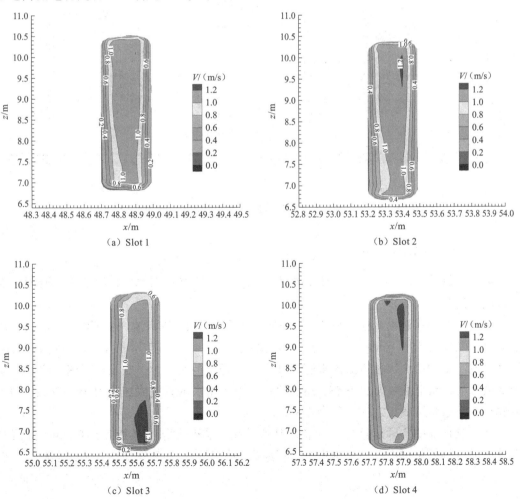

（a）Slot 1　　　　　　　　　　　　　（b）Slot 2

（c）Slot 3　　　　　　　　　　　　　（d）Slot 4

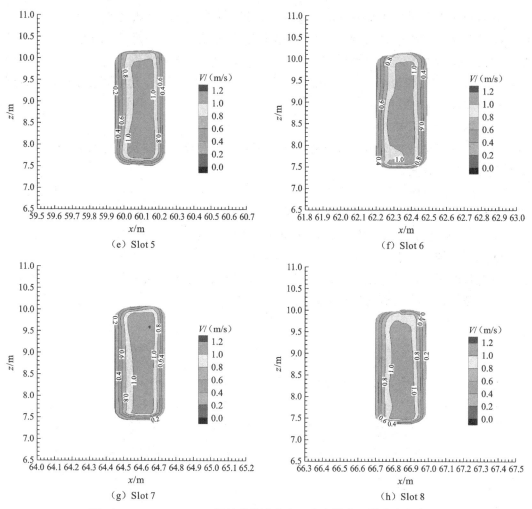

图 10.20　Slot 1～Slot 8 竖缝处流速分布（自上游向下游方向视角）

2. 上游来流不足工况

本次计算的目的主要是为了验证在上游来流水深不足的情况下，溢流段下游侧鱼道是否能够满足过流要求。

建立进行数字建模，模型总长约 145 m，上游模拟 50 级水池，长度约为 110 m，对应模型 x 坐标为 55～165 m，自上游起池室编号为 1～50；调节池长 4.3 m，约为两倍的池室长度，单侧溢流，预留溢流水深为 0.15 m，调节池底坡为平底设计；调节池下游模拟 8 级水池，池室编号为 51～58。溢流段调节池上下游的鱼道底坡均为 $J=2.76\%$，调节池底板与下游鱼道底板之间高差为 1.5 m。

结合该鱼道的实际运行情况，选择典型工况，最小上游来流水深为 0.5 m，溢流段调节池下游侧的鱼道出口为自由出流，三维数字模型及边界条件如图 10.21 所示。

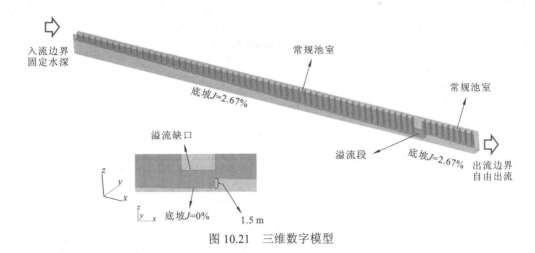

图 10.21　三维数字模型

针对上述工况进行数值计算，重点关注各池室内水面线的变化。计算结果表明，当上游来流水深为 0.5 m 时，计算所得水面线为典型的壅水曲线（M1 曲线）。池内平均水深在第 1～18 级池均保持不变，自第 19 级池至第 50 级池，平均水深开始逐渐加大，并在溢流段调节池处达到最大，约为 1.92 m。溢流段调节池下游的池室可以正常过流，平均水深约为 0.4 m。计算结果如图 10.22～图 10.24 所示，具体数值见表 10.4。

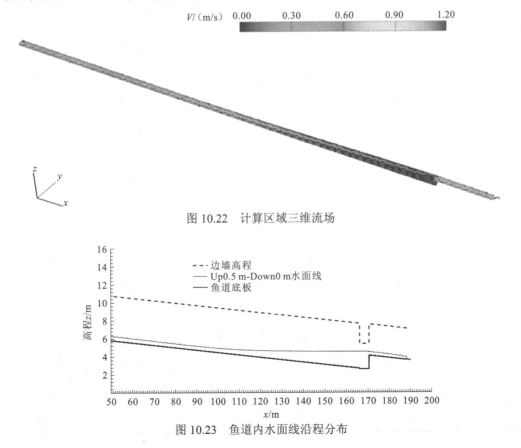

图 10.22　计算区域三维流场

图 10.23　鱼道内水面线沿程分布

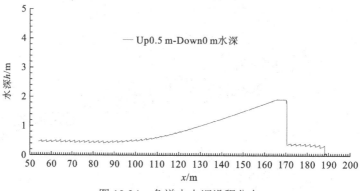

图 10.24　鱼道内水深沿程分布

表 10.4　沿程水深变化

水池序号	x 坐标/m	池内平均水深/m	水池序号	x 坐标/m	池内平均水深/m
1	56.4	0.50	21	101.4	0.55
2	58.6	0.50	22	103.7	0.56
3	60.9	0.50	23	105.9	0.59
4	63.2	0.50	24	108.1	0.61
5	65.4	0.50	25	110.3	0.64
6	67.6	0.50	26	110.6	0.68
7	69.9	0.50	27	114.9	0.71
8	72.1	0.50	28	117.1	0.77
9	74.4	0.50	29	119.4	0.81
10	76.7	0.50	30	121.6	0.85
11	78.9	0.50	31	123.8	0.89
12	81.1	0.50	32	126.1	0.94
13	83.4	0.50	33	128.4	0.99
14	85.6	0.50	34	130.6	1.03
15	87.9	0.50	35	132.9	1.10
16	90.2	0.50	36	135.1	1.16
17	92.4	0.50	37	137.3	1.21
18	94.6	0.50	38	139.6	1.28
19	96.9	0.51	39	141.9	1.33
20	99.1	0.53	40	144.1	1.38

续表

水池序号	x 坐标/m	池内平均水深/m	水池序号	x 坐标/m	池内平均水深/m
41	146.4	1.45	溢流池	168.1	1.92
42	148.6	1.50	51	173.4	0.40
43	150.8	1.55	52	175.6	0.40
44	153.1	1.61	53	177.8	0.40
45	155.4	1.67	54	180.1	0.40
46	157.6	1.73	55	182.4	0.40
47	159.9	1.79			
48	162.1	1.86			
49	164.3	1.92			
50	166.6	1.92			

　　严重影响鱼道的过鱼效果。为了避免单进口与多进口机械控制造成的不利影响，将提出一种无闸门控制、自动适应水位变化的鱼道出口布置方式，其平面布置如图 10.25 所示。

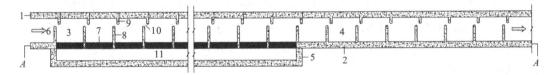

图 10.25　自适应水位变化的鱼道出口平面布置图

1.左侧边墙；2.右侧边墙；3.溢流常规水池；4.常规水池；5.挡水墙；6.水流方向；7.溢流墙；

8.隔板；9.导板；10.竖缝；11.集水池；A—A.横切面

　　如图 10.25 所示的自适应水位变化的鱼道出口布置形式，竖缝式鱼道倾斜水槽内相对设置导板与隔板，导板位于隔板的下游，导板与隔板之间形成竖缝，水流通过竖缝流向下一级常规水池；常规水池长度为其宽度的 1.25 倍；导板长度与厚度分别为常规水池宽度的 25% 与 10%；竖缝长度与宽度分别为常规水池宽度的 15% 与 5%；溢流常规水池溢流墙上设置渔网，以防止鱼类从溢流墙上游出；出口左、右侧边墙高度为最高水位时出口水深与安全超高之和；若在出口段设置了 n 个溢流常规水池，最高水位时出口水深与鱼道正常水深之差为 Δh，则进口右侧边墙顶面比相邻溢流墙顶面高 $\Delta h/n$；相邻溢流墙顶面高程差为 $\Delta h/n$；最下游溢流墙顶面比相邻右侧边墙顶面低安全超高；溢流常规水池左侧边墙顶面比溢流墙顶面高安全超过；溢流常规水池底板坡度与常规水池相同；挡水墙高度为常规水池宽度的 1.0～2.0 倍；溢流常规水池内隔板和导板高度与左侧边墙高度相等；常规水池内隔板、导板及左、右两侧边墙高度相等，其值为鱼道正常水深与安全超高之和。

自适应水位变化的竖缝式鱼道出口平面布置图中 $A—A$ 横切面的高程如图 10.26 所示,在图中上游最高水位处于高程 1,最低水位处于高程 3,而处于最高与最低水位之间的任一水位用高程 2 表示。根据图 10.25 与图 10.26,将自适应水位变化的鱼道出口运行过程中的水力特性进行初步分析。

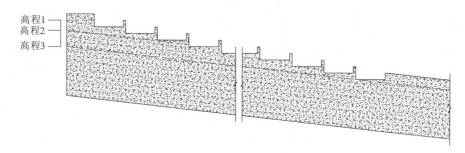

图 10.26 鱼道出口平面布置中 $A—A$ 横断面的高程图

(1)当上游水位处于高程 1 时,竖缝式鱼道出口的水流通过竖缝流入溢流常规水池,因其右侧溢流墙高度低于水深而引起水体从溢流墙顶面以堰流形式流出,堰流流速较小,溢流常规水池内水面与溢流墙顶面相平;溢流墙顶面高程之间的落差值恒定,导致相邻溢流常规水池内水面线之间的落差值相等,因此溢流常规水池上游竖缝断面的平均流速相同;在底板高程最小的溢流常规水池内,溢流墙高度与竖缝式鱼道工作水深相同,促使此溢流常规水池的水深为鱼道正常工作水深,保证鱼道主体流向下游鱼道进口的水深为正常工作水深;从溢流墙顶面流向集水池的水流,通过管道及时排放至鱼道进口作为诱鱼水流,以增加鱼道诱鱼效果。

(2)当上游水位从高程 1 降至高程 2 时,在鱼道出口段与其相邻的若干级溢流常规水池内水面线与底板相平行,但水体流入某级溢流常规水池 i 内,其水面高于溢流墙顶面,造成水流开始以堰流形式从溢流墙顶面流入集水池内;在第 i 级溢流常规水池下游的溢流常规水池均出现水流从溢流墙顶面流入集水池的现象,保证底板高程最低的溢流常规水池内水深为鱼道工作水深;集水池中的水通过管道及时排放至鱼道进口作为诱鱼水流,增强了鱼道的诱鱼效果。

(3)在当上游水位从高程 2 降至高程 3 时,出口水深为正常鱼道水深,溢流墙顶面高于水面线,溢流常规水池内水体均未出现从溢流墙顶面溢出的现象,此时溢流常规水池与常规水池起到顺直段竖缝式鱼道的作用。

(4)在上游水位上升过程中,自适应水位变化的鱼道出口运行方式与水位下降过程互逆。

在图 10.25 中,在竖缝式鱼道出口段内将布置的 n 个溢流常规水池从上游至下游依次标记为 $1\sim n$,当上游水位处于高程 1、高程 2 与高程 3 时,各级溢流常规水池运行工况的水力学指标见表 10.5。

表 10.5　溢流常规水池运行工况的水力学指标列表

高程	溢流常规水池	溢流量/(m³/s)	上游竖缝流量/(m³/s)	水深/m	上游竖缝断面平面流速/(m/s)
1	第 1 级	Q	$nQ+Q_0$	$h_0+(n-1)\Delta h$	$(nQ+Q_0)/[(h_0+n\Delta h)b]$
	第 a 级($1<a<n$)	Q	$(n-a+1)Q+Q_0$	$h_0+(n-a)\Delta h$	$[(n-a+1)Q+Q_0]/\{[h_0+(n-a+1)\Delta h]b\}$
	第 n 级	Q	$Q+Q_0$	h_0	$(Q+Q_0)/[(h_0+\Delta h)b]$
	常规水池	0	Q_0	h_0	$Q_0/(h_0b)$
2	第 $1\sim i{-}1$ 级(未溢)	0	$Q_i+(n-i)Q+Q_0$	$h_0+(n-i)\Delta h$	$[Q_i+(n-i)Q+Q_0]/\{[h_0+(n-i)\Delta h+\Delta h_i]b\}$
	第 i 级(溢出)	Q_i	$Q_i+(n-i)Q+Q_0$	$h_0+(n-i)\Delta h$	$[Q_i+(n-i)Q+Q_0]/\{[h_0+(n-i)\Delta h+\Delta h_i]b\}$
	第 n 级	Q	$Q+Q_0$	h_0	$(Q+Q_0)/[(h_0+\Delta h)b]$
	常规水池	0	Q_0	h_0	Q_0/h_0b
3	最 $1\sim n$ 级	0	Q_0	h_0	Q_0/h_0b
	常规水池	0	Q_0	h_0	Q_0/h_0b

　　溢流墙上的豁口形状可灵活从矩形调整为三角形或其他形状,但豁口上方设置渔网或格栅等,以防止鱼类在水流溢流时从溢流墙上游出;从溢流墙顶面流入集水池内的水体,可利用管道及时通向下游,作为进口的补水流量或作为诱鱼水流。自适应水位变化的出口布置方式具有较强的技术优势:在上游水位上升或下降过程中,溢流常规水池竖缝断面流速始终保持与洄游鱼类的临界流速一致,内部水流流态有利于洄游鱼类上溯洄游,在竖缝式鱼道进口段末端自动将水深调节为鱼道的正常水深,以保证鱼道正常运行;自适应水位变化的鱼道出口不需要设置闸门机械系统,避免了闸门启闭造成的水流紊乱等不利流态发生与机械噪声惊吓鱼类的可能性,同时节省了机械控制系统运行经费。

　　对于图 10.25 所示的自适应水位变化的鱼道出口布置形式,其水力学特性需进行的定量研究内容:①当水位处于高程 1 时,溢流常规水池的溢流量、其上游竖缝流速分布规律与两者之间的关系;②当水位处于高程 2 时,开始溢流的溢流常规水池的溢流量、其上游竖缝流速分布规律与两者之间的关系。

(扫一扫,见本章彩图)

参 考 文 献

艾克明, 2010. 鱼道水力设计的基本要点与工程实例[J]. 湖南水利水电(3): 3-6.

包莉, 安瑞冬, 2012. 竖缝式鱼道的弯道布置与结构形式研究[J]. 水电站设计, 28(3): 80-82.

边永欢, 2015. 竖缝式鱼道若干水力学问题研究[D]. 北京: 中国水利水电科学研究院.

蔡露, KATOPODIS C, 金瑶, 等, 2002. 中国鲤科鱼类游泳能力综合分析和应用[J]. 湖泊科学, 34(6): 1788-1801.

曹刚, 2009. 三湾水利枢纽工程鱼道设计[J]. 中国水运(下半月), 9(4): 122-123.

曹庆磊, 杨文俊, 陈辉, 2010a. 异侧竖缝式鱼道水力特性试验研究[J]. 河海大学学报(自然科学版), 38(6): 698-703

曹庆磊, 杨文俊, 周良景, 2010b. 国内外过鱼设施研究综述[J]. 长江科学院院报, 27(5): 39-43.

曹文宣, 2021. 关于对长江水生态环境状况的评估与考核[J]. 水生生物学报, 45(6): 1381.

曹文宣, 2011, 长江鱼类资源的现状与保护对策[J]. 江西水产科技(2), 1-4.

曹晓红, 陈敏, 吕巍, 2013. 我国鱼道建设现状及展望[C]// 中国环境科学学会. 2013 中国环境科学学会学术年会论文集(第六卷). 北京: 环境保护部环境工程评估中心: 6.

陈国亮, 李爱英, 2013. 新疆某枢纽工程鱼道的设计[J]. 水生态学杂志, 34(4): 38-42.

陈静, 郎建, 何涛, 等, 2013. 高坝鱼道工程设计案例分析[J]. 水生态学杂志, 34(4): 19-25.

陈凯麒, 常仲农, 曹晓红, 等, 2012. 我国鱼道的建设现状与展望[J]. 水利学报(2): 182-188.

陈凯麒, 葛怀凤, 郭军, 等, 2013. 我国过鱼设施现状分析及鱼道适宜性管理的关键问题[J]. 水生态学杂志, 34(4): 1-6.

陈明千, 脱友才, 李嘉, 等, 2013. 鱼类产卵场水力生境指标体系初步研究[J]. 水利学报, 43(11): 1303-1308.

陈求稳, 张建云, 莫康乐, 等, 2020. 水电工程水生态环境效应评价方法与调控措施[J]. 水科学进展, 31(5): 793-810.

陈银瑞, 杨君兴, 李再云, 1998. 云南鱼类多样性和面临的危机[J]. 生物多样性(4), 32-37.

陈永灿, 朱德军, 李钟顺, 2015. 气候变暖条件下镜泊湖冷水性鱼类栖息地的评价[J]. 中国科学: 技术科学, 45(10): 1035-1042.

陈曾龙, 1998. 长江鲟鱼类资源的保护和利用[J]. 湖北农学院学报, 18(4): 47-49.

程玉辉, 薛兴祖, 2010. 吉林省老龙口水利枢纽工程鱼道设计[J]. 吉林水利(6): 1-4.

丁少波, 施家月, 黄滨, 等, 2020. 大渡河下游典型鱼类的游泳能力测试[J]. 生态学杂志, 41(1): 46-52.

董志勇, 冯玉平, ERVINE A, 2008. 同侧竖缝式鱼道水力特性及放鱼试验研究[J]. 水力发电学报, 27(6): 121-125.

方真珠, 潘文斌, 赵扬, 2012. 生态型鱼道设计的原理和方法综述[J]. 能源与环境(4): 84-86.

房敏, 蔡露, 高勇, 等, 2013. 温度对鲢幼鱼游泳能力及耗氧率的影响[J]. 水生态学杂志, 34(3): 49-53.

傅菁菁, 李嘉, 安瑞冬, 等, 2013. 基于齐口裂腹鱼游泳能力的竖缝式鱼道流态塑造研究[J]. 四川大学学报(工程科学版), 45(3): 12-17.

高玉玲, 连煜, 朱铁群, 2004. 关于黄河鱼类资源保护的思考[J]. 人民黄河, 26(10): 12-14.

公培顺, 李艳双, 2011. 老龙口水利枢纽工程鱼类保护工程[J]. 吉林水利(10): 36-39.

龚丽, 吴一红, 白音包力皋, 等, 2015. 草鱼幼鱼游泳能力及游泳行为试验研究[J]. 中国水利水电科学
    研究院学报, 13(3): 211-216.

郭坚, 芮建良, 2021. 以洋塘水闸鱼道为例浅议我国鱼道的有关问题[J]. 水力发电, 36(4): 8-10.

郭维东, 赖倩, 王丽, 等, 2013a. 同侧竖缝式鱼道水力特性数值模拟[J]. 水电能源科学, 31(5): 77-80, 144.

郭维东, 孙磊, 高宇, 等, 2013b. 同侧竖缝式鱼道流速特性研究[J]. 水力发电学报, 32(2): 155-158.

郭卓敏, 2013. 模糊综合评判法对四种竖缝式鱼道过鱼能力的评估[D]. 宜昌: 三峡大学.

郭子琪, 李广宁, 郄志红, 等, 2021. 水温对竖缝式鱼道中齐口裂腹鱼上溯行为影响试验研究[J]. 中国
    水利水电科学研究院学报, 19(2): 255-261.

国家能源局, 2015. 水电工程过鱼设施设计规范: NB/T35054—2015[S]. 北京: 中国电力出版社.

洪峰, 陈金生, 2008. 浅议长江水电开发修建鱼道的价值[J]. 水利渔业(4): 72-74.

侯轶群, 蔡露, 陈小娟, 等, 2020. 过鱼设施设计要点及有效性评价[J]. 环境影响评价, 42(3): 19-23.

胡望斌, 韩德举, 张晓敏, 等, 2008. 长江流域鱼类洄游通道恢复对策研究[J]. 渔业现代化(3), 52-55, 58.

环境保护部环境工程评估中心, 2011. 鱼类保护(鱼道专题)技术研究与实践[M]. 北京: 中国环境科学出
    版社.

黄亮, 2006. 水工程建设对长江流域鱼类生物多样性的影响及其对策[J]. 湖泊科学, 18(5): 553-556.

黄明海, 周赤, 张亚利, 等, 2009. 竖缝-潜孔组合式鱼道进鱼口渠段三维紊流数值模拟研究[C]//水力学
    与水利信息学进展. 西安: 西安交通大学出版社.

金瑶, 王翔, 陶江平, 等, 2022. 基于 PIT 遥测技术的竖缝式鱼道过鱼效率及鱼类行为分析[J]. 农业工
    程学报, 38(4): 251-259.

金弈, 康建民, 喻卫奇, 等, 2011. 旬阳水电站的鱼道设计[J]. 水力发电, 37(12): 13-15.

李昌刚, 丁磊, 吴海林, 2009. 对鱼道设计常见问题的文献综述[J]. 灾害与防治工程, 30(2): 19-23.

李传印, 李殿香, 2003. 南四湖鱼类物种多样性衰减原因初步分析[J]. 水利渔业, 23(2): 49-50.

李广宁, 孙双科, 郄志红, 等, 2019. 电站尾水渠内鱼道进口位置布局[J]. 农业工程学报, 35(24): 81-89.

李建, 夏自强, 王远坤, 等, 2009. 葛洲坝下游江心堤对中华鲟产卵场河道动能梯度影响[J]. 水电能源
    科学, 27(2): 79-82.

李捷, 李新辉, 潘峰, 等, 2013. 连江西牛鱼道运行效果的初步研究[J]. 水生态学杂志, 34(4): 53-57.

李强, 2012. 长沙综合枢纽工程鱼道布置浅析[J]. 湖南水利水电(2): 13-16.

李修峰, 黄道明, 谢文星, 等, 2006. 汉江中游江段四大家鱼产卵场调查[J]. 江苏农业科学(2): 145-147.

李阳希, 侯轶群, 陶江平, 等, 2021. 大渡河下游 3 种鱼感应流速比较[J]. 生态学杂志, 40(10): 3214-3220.

梁朝皇, 涂晓霞, 2012. 石虎塘航电枢纽鱼道工程布置设计[J]. 人民珠江, 32(6): 37-39.

廖国璋, 2004. 河口鱼类组成与影响种群数量因素及恢复保护措施[J]. 渔业科技产业(1): 5-8.

刘绍平, 陈大庆, 段辛斌, 等, 2002. 中国鲥鱼资源现状与保护对策[J]. 水生生物学报, 26(6): 679-685.

刘志雄, 岳汉生, 王猛, 2013. 同侧导竖式鱼道水力特性试验研究[J]. 长江科学院院报, 30(8): 113-116.

柳松涛, 李广宁, 石凯, 等, 2024. 竖缝式鱼道桩柱结构过鱼效果探究[J]. 水生态学杂志, 45(2): 148-158.

龙笛, 潘巍, 2006. 河流保护与生态修复[J]. 水利水电科技进展, 26(2): 21-25.

路波, 刘伟, 梁圆圆, 等, 2014. 草鱼快速启动过程的加速—滑行游泳行为[J]. 水产学报, 38(6): 829-834.

罗小凤, 李嘉, 2010. 竖缝式鱼道结构及水力特性研究[J]. 长江科学院院报, 27(10): 50-54.

吕海艳, 徐威, 叶茂, 2011. 鱼道水力学试验研究[J]. 水电站设计, 27(4): 102-105.

吕强, 2016. 双侧竖缝式鱼道水力特性研究[D]. 北京: 中国水利水电科学研究院.

吕强, 孙双科, 边永欢, 2016. 双侧竖缝式鱼道水力特性研究[J]. 水生态学杂志, 37(4): 55-62.

吕巍, 王晓刚, 2013. 浅议我国鱼道运行管理存在的问题及对策: 以洣水洋塘鱼道为例[J]. 水生态学杂志, 34(4): 7-9.

吕新华, 2006. 大型水利工程的生态调度[J]. 科技进步与对策, 23(7): 129-131.

马卫忠, 安瑞冬, 李敏讷, 等, 2021. 洄游鱼类坝下集群的水动力学特征与行为预测[J]. 北京师范大学学报(自然科学版), 57(3): 433-440.

毛熹, 李嘉, 易文敏, 等, 2011. 鱼道结构优化研究[J]. 四川大学学报(工程科学版), 43(1): 54-59.

毛熹, 脱友才, 安瑞冬, 等, 2012. 结构变化对鱼道水力学特性的影响[J]. 四川大学学报(工程科学版), 42(3): 13-18.

梅峰顺, 王玉华, 2012. 老龙口水库及下游鱼道联合运行方案探讨[J]. 北京农业(18): 183.

南京水利科学研究所, 1982. 鱼道[M]. 北京: 水利电力出版社.

牛宋芳, 路波, 罗佳, 等, 2015. 鲢快速逃逸游泳行为研究[J]. 水生生物学报, 39(2): 394-398.

农静, 2008. 长洲水利枢纽工程鱼道设计[J]. 红水河, 27(5): 50-54.

戚印鑫, 孙娟, 邱秀云, 2009. 水利枢纽中的鱼道设计及试验研究[J]. 水利与建筑工程学报, 7(3): 55-58.

戚印鑫, 孙娟, 张明义, 等, 2010. 鱼道流量系数的试验研究[J]. 中国农村水利水电(1): 73-75, 79.

乔娟, 石小涛, 乔晔, 等, 2013. 升鱼机的发展及相关技术问题探索[J]. 水生态学杂志, 34(4): 80-84.

施炜纲, 张敏莹, 刘凯, 等, 2009. 水工工程对长江下游渔业的胁迫与补偿[J]. 湖泊科学, 21(1): 10-20.

石小涛, 陈求稳, 黄应平, 等, 2011. 鱼类通过鱼道内水流速度障碍能力的评估方法[J]. 生态学报, 31(22): 6967-6972.

史斌, 王斌, 徐岗, 等, 2011. 浙江楠溪江拦河闸鱼道进口布置优化研究[J]. 人民长江, 42(1): 69-71.

宋德敬, 姜辉, 关长涛, 等, 2008. 老龙口水利枢纽工程中鱼道的设计研究[J]. 海洋水产研究, 29(1): 92-97.

隋晓云, 2010. 中国淡水鱼类分布格局研究[D]. 北京: 中国科学院大学.

孙斌, 杨锡安, 李俊, 等, 2013. 湘江土谷塘航电枢纽工程鱼道进鱼口优化方案试验研究[J]. 湖南交通科技, 39(2): 189-192.

孙双科, 张国强, 2012. 环境友好的近自然型鱼道[J]. 中国水利水电科学研究院学报, 10(1): 41-47.

孙双科, 邓明玉, 李英勇, 2007. 北京市上庄新闸竖缝式鱼道的水力设计研究[C]//第三届全国水力学与水利信息学大会论文集. 南京: 河海大学.

谭红林, 谭均军, 石小涛, 等, 2021. 鱼道进口诱鱼技术研究进展[J]. 水生态学杂志, 2021, 40(4): 1198-1209.

谭细畅, 陶江平, 黄道明, 等, 2013. 长洲水利枢纽鱼道功能的初步研究[J]. 水生态学杂志, 34(4): 58-62.

汤荆燕, 高策, 陈昊, 等, 2013. 不同流态对鱼道进口诱鱼效果影响的实验研究[J]. 红水河, 32(1): 34-39, 44.

汪红波, 王从锋, 刘德富, 等, 2012. 横隔板式鱼道水力特性数值模拟研究[J]. 水电能源科学, 30(5): 65-68.

汪红波, 王从锋, 刘德富, 等, 2013. 兴隆水利枢纽工程鱼道水力学数值模拟[J]. 水利水电科技进展, 33(5): 47-51.

汪靖阳, 李广宁, 郊志红, 等, 2023. 竖缝式鱼道内齐口裂腹鱼洄游行为模拟[J]. 农业工程学报, 39(02): 173-181.

汪亚超, 陈小虎, 张婷, 等, 2013. 鱼道进口布置方案研究[J]. 水生态学杂志, 34(4): 30-34.

王琲, 2016. 基于河流鱼类适宜生境控制的梯级水库优化调度方法研究[D]. 武汉: 武汉大学.

王桂华, 夏自强, 吴瑶, 等, 2007. 鱼道规划设计与建设的生态学方法研究[J]. 水利与建筑工程学报, 5(4): 7-12.

王珂, 刘绍平, 段辛斌, 等, 2013. 崔家营航电枢纽工程鱼道过鱼效果[J]. 农业工程学报, 29(3): 184-189.

王猛, 岳汉生, 史德亮, 等, 2014. 仿自然型鱼道进出口布置试验研究[J]. 长江科学院院报, 31(1): 42-46.

王然, 2012. 鱼道规划设计研究进展[J]. 水利建设与管理, 32(5): 11-13.

王尚玉, 廖文根, 陈大庆, 等, 2008. 长江中游四大家鱼产卵场的生态水文特性分析[J]. 长江流域资源与环境, 17(6): 892-897.

王晓, 廖冬芽, 俞立雄, 等, 2022. 温度梯度对四大家鱼临界游泳速度的影响[J]. 渔业科学进展, 43(2): 53-61.

王晓刚, 李云, 何飞飞, 等, 2020. 竖缝式鱼道休息池水动力特性研究[J]. 水利水运工程学报, 179(1): 40-50.

鲜雪梅, 曹振东, 付世建, 2010. 4 种幼鱼临界游泳速度和运动耐受时间的比较[J]. 重庆师范大学学报(自然科学版), 27(4): 16-20.

肖玥, 2012. 生态护坡和鱼道在水利水电工程中的应用[J]. 四川水力发电, 31(6): 76-79.

熊锋, 王从锋, 刘德富, 等, 2014. 松花江流域青鱼、草鱼、鲢及鳙突进游速比较研究[J]. 生态科学, 33(2): 339-343.

徐海洋, 魏浪, 赵再兴, 等, 2013. 大渡河枕头坝一级水电站鱼道设计研究[J]. 水力发电, 39(10): 5-7.

徐体兵, 孙双科, 2009. 竖缝式鱼道水流结构的数值模拟[J]. 水利学报, 40(11): 1386-1391.

许晓蓉, 2012. 西藏典型裂腹鱼游泳能力及鱼道方案优化数值模拟研究[D]. 宜昌: 三峡大学.

许晓蓉, 刘德富, 汪红波, 等, 2012. 涵洞式鱼道设计现状与展望[J]. 长江科学院院报, 29(4): 44-48.

许晓蓉, 裴华刚, 王从锋, 等, 2013. 鱼道优化设计数值仿真研究[J]. 电子世界(24): 99-100.

闫滨, 王铁良, 刘桐渤, 2013. 鱼道水力特性研究进展[J]. 长江科学院院报, 30(6): 35-42.

杨德国, 危起伟, 王凯, 等, 2005. 人工标志放流中华鲟幼鱼的降河洄游[J]. 水生生物学报, 29(1): 26-30.

杨军严, 2006. 初探水利水电工程阻隔作用对水生动物资源及水生态环境影响与对策[J]. 西北水力发电, 22(4): 80-82.

杨宇, 2007. 中华鲟葛洲坝栖息地水利特性研究[D]. 南京: 河海大学.

杨宇, 严忠民, 陈金生, 2006. 鱼道的生态廊道功能研究[J]. 水利渔业, 26(3): 65-67.

易伯鲁, 1981. 关于长江葛洲坝水利枢纽工程不必附建过鱼设施的意见[J]. 人民长江, 12(4): 4-9.

易雨君, 王兆印, 2009. 大坝对长江流域洄游鱼类的影响[J]. 水利水电技术, 40(1): 29-33.

于晓东, 罗天宏, 周红章, 2005. 长江流域鱼类物种多样性大尺度格局研究[J]. 生物多样性, 13(6): 4-26.

张超, 2018. 竖缝式鱼道过鱼试验与布置体型改进研究[D]. 北京: 中国水利水电科学研究院.

张国强, 2012. 竖缝式鱼道的水力特性与设计方法研究[D]. 北京: 中国水利水电科学研究院.

张国强, 孙双科, 2012. 竖缝宽度对竖缝式鱼道水流结构的影响[J]. 水力发电学报, 31(1): 151-156.

张辉, KYNARD B, JUNHO R, 等, 2013. 亚马逊流域玛代拉河 Santo Antnio 鱼道设计与建造的启示[J]. 水生态学杂志, 34(4), 95-100.

张铭, 谢红, 杨宇, 等, 2021. 崔家营枢纽下游流场模拟与鱼类水力特性偏好研究[J]. 水利水运工程学报(5): 40-47.

赵希坤, 韩桢锷, 1980. 鱼类克服流速能力的试验[J]. 水产学报(1): 31-37.

郑金秀, 韩德举, 胡望斌, 等, 2010. 与鱼道设计相关的鱼类游泳行为研究[J]. 水生态学杂志, 31(5): 104-110.

郑铁刚, 孙双科, 柳海涛, 等, 2016. 基于鱼类行为学与水力学的水电站鱼道进口位置选择[J]. 农业工程学报, 32(24): 164-170.

郑铁刚, 孙双科, 柳海涛, 等, 2023. 过鱼设施进口区域水温对集诱鱼效果的影响[J]. 农业工程学报, 39(1): 195-202.

职小前, 李亚农, 王泽溪, 等, 2013. 鱼道结构: 201220362840. 9[P]. 2013-1-23.

中华人民共和国水利部, 中华人民共和国国家统计局, 2013. 第一次全国水利普查公报[R]. 北京: 中国水利水电出版社.

仲召源, 石小涛, 谭均军, 等, 2021. 基于鱼类游泳能力的鱼道设计流速解析[J]. 水生态学杂志, 42(6): 92-99.

周世春, 2007. 美国哥伦比亚河流域下游鱼类保护工程、拆坝之争及思考[J]. 水电站设计(3): 21-26.

ALEXANDRE C M, QUINTELLA B R, SILVA A T, et al., 2013. Use of electromyogram telemetry to assess the behavior of the Iberian barbel (Luciobarbus bocagei Steindachner, 1864)in a pool-type fishway[J]. Ecological Engineering, 51: 191-202.

ALVAREZ-VÁZQUEZ L J, MARTÍNEZ A, RODRÍGUEZ C, et al., 2007a. Optimal shape design for fishways in rivers[J]. Mathematica and Computer in Simulation, 76(1): 218-222.

ALVAREZ-VÁZQUEZ L J, MARTÍNEZ A, VÁZQUEZ-MÉNDEZ M E, et al., 2007b. An optimal shape problem related to the realistic design of river fishways[J]. Ecological Engineering, 32(4): 293-300.

ALVAREZ-VÁZQUEZ L J, MARTÍNEZ A, VÁZQUEZ-MÉNDEZ M E, et al., 2011. The importance of design in river fishways[J]. Procedia Environmental Sciences(9): 6-10.

AUNINS W A, BROWN L B, BALAZIK M, et al., 2013. Migratory movements of american shad in the James River Fall Zone, Virginia[J]. North American Journal of Fisheries Management, 33(3): 569-575.

BAEK K O, KIM Y D, 2014. A case study for optimal position of fishway at low-head obstructions in tributaries of Han River in Korea[J]. Ecological Engineering, 64(1): 222-230.

BARTON A F, KELLER R J, 2003. 3D free surface model for a vertical slot fishway[C]//XXX IAHR Congress. Greece.

BERMÚDEZ M, PUERTAS J, CEA L, et al., 2010. Influence of pool geometry on the biological efficiency of vertical slot fishways[J]. Ecological Engineering, 36(10): 1355-1364.

BUNT M C, COOKE J S, MCKINLEY S R, 2000. Assessment of the dunnville fishway for passage of walleyes from lake erie to the Grand River, Ontario[J]. Journal of Great Lakes Research, 26(4): 482-488.

BUNT M C, POORTEN V B T, WONG L, 2001. Denil fishway utilization patterns and passage of several warmwater species relative to seasonal, thermal and hydraulic dynamics[J]. Ecology of Freshwater Fish, 10(4): 212-219.

CEA L, PENA L, PUERTAS J, et al., 2007. Application of several depth-averaged turbulence models to simulate flow in vertical slot fishways[J]. Journal of Clinical Neuroscience, 133(2): 160-172.

COOKE J S, HINCH G S, 2013. Improving the reliability of fishway attraction and passage efficiency estimates to inform fishway engineering, science, and practice[J]. Ecological Engineering, 58(3): 123-132.

COUTO T, MESSAGER M, OLDEN J, 2021. Safeguarding migratory fish via strategic planning of future small hydropower in Brazil[J]. Nature Sustainability, 4(5): 409-416.

DAVIES C E, DESAI M, 2008. Blockage in vertical slots: Experimental measurement of minimum slot width for a variety of granular materials[J]. Powder Technology, 183(3): 436-440.

EAD A S, RAJARATNAM N, KATOPODIS C, et al., 2014. Generalized study of hydraulics of culvert fishways[J]. American Society of Civil Engineers, 128(11): 1018-1022.

FOULDS L W, LUCAS C M, 2013. Extreme inefficiency of two conventional, technical fishways used by European River lamprey (lampetra fluviatilis)[J]. Ecological Engineering, 58(10): 423-433.

FUJIHARA M, KINOSHITA S, 2001. Numerical simulation of flow in vertical slot fishways using adaptive quadtree graids[C]//XXIX Biennial congress of the international association of hydraulic engineering and research. Beijing.

GEBLER R J, 1991. Naturgemäße bauweisenvon sohlenbauwerken und aufstiegen zur vernetzung der fließgewässer[J]. Karlsruhe, Mitteilungen des institutes fur wasserbau und kulturtechnik (11): 181.

GUSTAFSSON S, ÖSTERLING M, SKURDAL J, et al., 2013. Macroinvertebrate colonization of a nature-like fishway: The effects of adding habitat heterogeneity[J]. Ecological Engineering, 61(12): 345-353.

HARO A, ODEN M, CASTRO-SANTOS T, et al., 1999. Effect of slope and headpond on passage of American shad and blueback heRring through simple denil and deepened Alaska Steeppass fishways[J]. North American Journal of Fisheries Management, 19(1): 51-58.

HEIMERL S, HAGMEYER M, ECHTELER C, 2008. Numerical flow simulation of pool-type fishways: New ways with well-known tools[J]. Hydrobiologia, 609(1): 189-196.

HERSHEY H, 2021. Updating the consensus on fishway efficiency: A meta-analysis[J]. Fish and Fisheries, 22: 735-748.

JAVIER F B, JORGE V C, ANA G V, et al., 2021. Fish passage assessment in stepped fishways: Passage success and transit time as standardized metrics[J]. Ecological Engineering (163): 106172.

JUSTIN O C, ROBIN H, MARTIN M C, et al., 2022. Developing performance standards in fish passage: Integrating ecology, engineering and socio-economics[J]. Ecological Engineering, 182: 106732.

KARISCH S E, POWER M, 1994. A simulation study of fishway design: an example of simulation in environmental problem solving[J]. Journal of Environmental Management, 41(1): 67-77.

KATOPODIS C, WILLIAMS J G, 2012. The development of fish passage research in a historical context[J]. Ecological Engineering, 48(7): 8-18.

KIM J H, 2001. Hydraulic characteristics by weir type in a pool-weir fishway[J]. Ecological Engineering, 16(3): 425-433.

LARINIER M, TRAVADE F, PORCHER J P, 2002. Fishways: Biological basis, design criteria and monitoring[M]. Bull: Peche Piscic.

LI G N, SUN S K, 2017. A self-adapting fishway entrance for the large variation of downstream water level[C]// Proceedings of the 37th IAHR World Congress. Kuala Lumpur.

LI G N, SUN S K, ZHANG C, et al., 2019. Evaluation of flow patterns in vertical slot fishways with different slot positions based on a comparison passage experiment for juvenile grass carp[J]. Ecological Engineering, 133: 148-159.

LI G N, SUN S K, LIU H T, et al., 2021. Schizothorax prenanti swimming behavior in response to different flow patterns in vertical slot fishways with different slot positions[J]. Science of the Total Environmen: 754: 142142.

LINDBERG D, LEONARDSSON K, AADERSSON A G, et al., 2013. Methods for locating the proper position of a planned fishway entrance near a hydropower tailrace[J]. Limnologica-Ecology and Management of Inland Waters, 43(5): 339-347.

MALLEN-COOPER M, STUART G I, 2007. Optimising denil fishways for passage of small and large fishes[J]. Fisheries Management and Ecology, 14(1): 61-71.

MAO X, 2018. Review of fishway research in China[J]. Ecological Engineering, 115: 91-95.

MARRINER B A, BAKI A B M, ZHU D Z, et al., 2014. Field and numerical assessment of turning pool hydraulics in a vertical slot fishway[J]. Ecological Engineering, 63(2): 88-101.

MOHAMMAD A, AMIR G, HOSSEIN M, et al., 2021. Numerical investigation of hydraulics in a vertical slot fishway with upgraded configurations[J]. Water, 13(19): 2711.

MORRISON R R, HOTCHKISS R H, STONE M, et al., 2009. Nrbulence characteristics of flow in a spiral corrugated culvert fitted with baffles and implications for fish passage[J]. Ecological Engineering, 35(3): 381-392.

ODEN M, 2003. Discharge rating equation and hydraulic characteristics of standard denil fishways[J]. Journal of Clinical Neuroscience, 129(5): 341-348.

PUERTAS J, PENA L, TEIJEIRO T, 2004. An experimental approach to the hydraulics of vertical slot fishways[J]. Hydraulic Engineering, 130(1): 10-23.

PUERTAS J, CEA L, BERMUDEZ M, et al., 2012. Computer application for the analysis and design of vertical slot fishways in accordance with the requirements of the target species[J]. Ecological Engineering, 48(9): 51-60.

QUANG P X, GEIGER H J, 2002. A statistical approach to estimating fish passage using a form of echo integration[J]. Alaska Fishery Research Bulletin, 9(1): 9-15.

RAJARATNAM N, VINNE G V D, KATOPODIS C, 1986. Hydraulics of vertical slot fishway[J]. Canadian Jouranal of Civil Engineering, 19(3): 909-927.

RAJARATNAM N, KATOPODIS C, SLLANSKI S, 1992. New designs for vertical slot fishways[J]. Ecological Engineering, 19(3): 402-414.

RODRIGUEZ T T, AGUDO J P, MOSQUERA L P, et al., 2006. EvaluatIIng vertical-slot fishway designs in terms of fish swimming capabilities[J]. Ecological Engineering, 21(1): 37-48.

RONALD M, BRUCH, TIM J, et al., 2023. Cost and relative effectiveness of Lake Sturgeon passage systems in the US and Canada[J]. Fisheries Research, 257: 106510.

SANTOS J M, BRANCO P, KATOPODIS C, et al., 2014. Retrofitting pool-and-weir fishways to improve passage performance of benthic fishes: Effect of boulder density and fishway discharge[J]. Ecological Engineering, 73(10): 335-344.

SCHILT C, 2007. Developing fish passage and protection at hydropower dams[J]. Applied animal Behaviour Science, 104(3): 295-325.

SILVA A. T, KATOPODIS C, SANTOS J M, et al., 2012. Cyprinid swimming behaviour in response to turbulent flow[J]. Ecological Engineering, 44(3): 314-328.

SILVA A, LUCAS M, CASTRO S T, et al., 2018. The future of fish passage science, engineering, and practice[J]. Fish and Fisheries, 19: 340-362.

STUART I G, ZAMPATTI B P, BAUMGARTINER L J, 2008. Can a low-gradient vertical-slot fishway provide passage for a lowland river fish community[J]. Marine and Freshwater Research, 59(4): 332.

THIEM J D, BINDER T R, DUMONT P, et al., 2013. Multispecies fish passage behavior in a vertical slot fishway on the Richhelieu river, Quebec, Canada[J]. River Research and Applications, 29(5): 582-592.

UDDIN M Z, MAEKAWA K, OHKUBO H, 2001. Tumbling flow in steeped-weir channel-cum-fishwa[J]. Resource and Environment in the Yangtze Basin, 10(1): 60-67

WADA K, AZUMA N, NAKAMURA S, 1999. Migratory behavior of juvenile ayu related to flow fields in denil and steeppass fishways[J]. Journal of Hydroscience and Hydraulic Engineering, 17(1): 165-170.

WU S, RAJARATNAM N, KATOPODIS C, 1999. Structure of flow in vertical slot fishway[J]. Hydraulic Engineering, 125(4): 351-360.

YAGCI O, 2010. Hydraulic aspects of pool-weir fishways as ecologically friendly water structure[J]. Ecological Engineering, 36(1): 36-46.

ZHENG T G, NIU Z P, SUN S K, et al., 2020. Comparative study on the hydraulic characteristics[J]. Water(12): 955.

ZHENG T G, NIU Z P, SUN S K, et al., 2022. Optimizing fish-friendly flow pattern in vertical slot fishway based on fish swimming capability validation[J]. Ecological Engineering, 185: 106796.